中央宣传部　新闻出版总署　农业部
推荐"三农"优秀图书

新编 21 世纪农民致富金钥匙丛书

仔猪饲料配方设计
高 级 技 术

王继华　王绥华　吴秀存　董恩球　著

中国农业大学出版社
·北　京·

图书在版编目(CIP)数据

仔猪饲料配方设计高级技术/王继华等著．—北京:中国农业大学出版社,2012.3

ISBN 978-7-5655-0450-1

Ⅰ.①仔… Ⅱ.①王…②王…③吴…④董… Ⅲ.①仔猪-饲料-配方 Ⅳ.①S825.5

中国版本图书馆 CIP 数据核字(2011)第 251936 号

书 名	仔猪饲料配方设计高级技术
作 者	王继华 王绥华 吴秀存 董恩球 著

策划编辑	张秀环	责任编辑	杨晓昱
封面设计	郑 川	责任校对	陈 莹 王晓凤
出版发行	中国农业大学出版社		
社 址	北京市海淀区圆明园西路 2 号	邮政编码	100193
电 话	发行部 010-62818525,8625	读者服务部	010-62732336
	编辑部 010-62732617,2618	出 版 部	010-62733440
网 址	http://www.cau.edu.cn/caup	e-mail	cbsszs @ cau.edu.cn
经 销	新华书店		
印 刷	涿州市星河印刷有限公司		
版 次	2012 年 3 月第 1 版 2012 年 3 月第 1 次印刷		
规 格	850×1 168 32 开本 12.5 印张 310 千字		
印 数	1~4 000		
定 价	25.00 元		

图书如有质量问题本社发行部负责调换

内 容 提 要

仔猪饲料配方设计技术是目前饲料厂竞争的焦点和难点。为了促进我国养猪业和饲料业的发展,我们在总结前人研究成果的基础上,系统整理了自己的研究成果,全面探讨了仔猪饲料配方设计的技术原理,编写成书。主要内容包括猪的生长模型、仔猪消化生理的营养调控、仔猪饲养标准的使用方法、饲料配方设计的数学原理、用 Excel 设计饲料配方的详细方法、饲料配方设计的精度、迭代的目标规划原理、模糊规划原理、随机规划的原理和 Excel 程序、多配方规划的数学原理和饲养实验设计与实验结果的分析方法等 6 章。

近 20 年来,作者从未间断为饲料厂做兼职技术服务(技术总监),本书很多内容凝聚着作者的研究成果和实践经验,例如关于仔猪生长模型、仔猪饲料产品标准的设计理念、仔猪营养方案的运筹、饲料配方的线性规划、目标规划和随机规划方法的数学模型及其使用、饲料配方设计的可靠性及其精确性、动物饲养试验的最佳设计与试验结果的统计分析、成对反转试验(交叉设计)的设计与分析等。文后有 4 个附录,包括国内外最新的仔猪饲养标准,尤其是奉献出自己的仔猪饲料配方标准和大量的实用过的饲料配方,希望能够抛砖引玉,对我国的养猪业和饲料业有所贡献。

本书内容简单易懂,通俗实用,可操作性强。适合养殖场工作人员和饲料厂饲料配方师及农业院校相关专业老师参阅。

前　言

经 30 年发展,我国饲料业已形成一支"配方师"大军,成为我国饲料业进一步发展的主力。饲料配方设计技术是饲料生产的核心技术,配方科技含量决定饲料产品的竞争实力。科学技术不断进步,营养学家不断发布新成果,配方师与时俱进才是王道。

网上有很多饲料配方软件可免费下载,这些傻瓜型软件总跟不上营养学发展,而微软的办公软件 Excel 提供了基本的数学规划程序,简单易学,易于变通,略加修改就可设计出线性规划、目标规划、甚至随机规划的饲料配方软件。规划饲料配方的数学模型不仅涉及复杂的数学问题,而且涉及数学与动物营养学的交叉。营养学与数学的结合正在逐步形成一门新兴的交叉学科——动物营养模型。由于数学本身的普遍性、逻辑性、可操作性,使现代科学常借助数学模型技术来认识和处理研究对象,数学不再仅仅是处理数据的工具,数学模型化方法已成为现代高新技术研究的核心方法和技术,高新技术的出现已把现代社会推进到数学模型化方法的时代,动物科技领域也不例外。

设计饲料配方的关键技术之一是饲料营养标准的设计,其中最重要的是蛋白质水平的设置。大量研究表明,NRC(1998)推荐的蛋白质水平偏高,一般报道的结果是可以降低 3~4 个百分点而不影响猪的生产性能,这就是所谓的"低蛋白质日粮"。目前几乎普及的一个观念是,仔猪的蛋白质营养实际是氨基酸营养,饲养标准中的粗蛋白质指标好像是多余的,所以最新的美国养猪协会推荐的《国家猪营养指南》(NSNG,2010)干脆没有推荐粗蛋白质的营养水平,给人的印象好像是蛋白质水平可以很低。实际上,仔猪日粮的蛋白质水平太高易导致拉稀，太低又可能使猪体用昂贵的必需氨基酸合成非必需氨基酸。那么实践中，配方师该如何设置具体的饲养标准才最适合呢？本书给出了笔者在实际设计饲料配方时确定蛋白质水平的方法和原理。

关于饲料配方的可靠性（概率保证值），国内报道极少，国外有零星报道，但常为了易懂，简化一些复杂的数学问题，而正是这种简化，使得他们的结论令人啼笑皆非。例如，把饲养标准的养分指标提高1个标准差，就可以使饲料配方的可靠性从线性规划法的50%提高到68%，要使可靠性提高到95%，就需要提高2个标准差。这2个标准差的养分是多大的成本？这不等于把这种提高饲料配方可靠性的方法给枪毙了吗！本书给出了正确完整的原理和方法解释。

正规饲料厂的新饲料配方要经过自己的动物试验。关于动物饲养试验技术，本有很多专著，但就国内发表的研究报告看，不仅常发现试验设计问题，而且对试验结果的统计处理，也常可商榷甚至错误。如何以最少经费得到可靠试验结论？这就是最佳试验设计问题。国内生产实践和科学研究，每年有大量动物饲养试验，最佳试验设计及其统计分析方法无疑极具价值。然而所谓最佳试验设计，常是不平衡设计，这种试验设计的统计分析方法需要线性模型技术。本书给出了饲养试验最佳设计和试验结果统计分析的原理和方法。

反转试验（交叉设计）是一般生物统计学书上介绍较多的设计方案之一。在比较反转试验（交叉设计）相对于平行设计（例如完全随机设计）时，Louis，Lavori，Bailar，and Polansky（1984）指出，"就试验动物数而言，交叉设计的效率可能比平行设计高10倍"；Garcia et al.（2004）也认为，要达到相同试验效率，"平行设计需要的试验动物是交叉设计的4～10倍"。通过分析交叉设计的数学模型，笔者有幸发现了经典交叉设计的不足，并给出了改进的交叉设计及其统计分析方法,即成对反转试验的设计与试验结果的分析方法。

总之,饲料配方设计技术要求复杂的数学方法为基础。动物科技工作者,数学造诣的深浅,决定了你在科学上能走多远。

由于书稿编写时间太长,许多参考文献已无法找到出处,只有在此向原作者表示感谢和歉意。本书出版过程中,得到中国农业大学出版社张秀环副编审的大力支持和帮助,在此一并致谢。限于作者学识和技术水平,书中难免不足甚至错误之处,恳望读者不吝赐教。我的电子信箱是:hdwangjihua@126.com

王继华 2011 年 10 月 10 日星期一
于河北工程大学动物科学系

目　　录

第 1 章　仔猪生长规律

养猪实践中常重视一些事实表象,重视猪对营养的反应;科学是研究表象背后的客观规律,为养猪营养决策提供理论指导。动物的生长发育规律是动物科学研究的最基本问题。

可以从三个水平上研究动物生长现象:组织器官水平、细胞水平和分子水平。由于组织器官水平的研究属于宏观水平,所以研究最多,取得的成果也最多,对养殖业生产起到了很好的指导作用。

第 1 节　猪的时态生长模型

猪的生长发育遵从一般哺乳动物生长发育模式,生命早期在一生中生长强度最大,早期生长发育状况会影响其后一生性能。仔猪生长发育规律和消化代谢的生理学是仔猪营养的理论基础。

生长(Growth)是极其复杂的生命现象。从物理角度看,生长是动物体尺增长和体重的增加;从生理角度看,是机体细胞的增殖和增大,组织器官的发育和功能的日趋完善;从生化角度看,生长是机体化学成分(即蛋白质、脂肪、矿物质等)的积累。最佳的生长体现在动物有一个正常的生长速度和功能健全的组织器官。为取得最佳生长效果,必须供给动物合适的饲粮。

§1.1　研究生长模型的意义

家畜的任何性能,包括生长速度、饲料效率、胴体质量等,都是在个体发育过程中形成与表现的,是个体生长发育到一定时期的外在表现形式。一定基因型的个体在正常环境中的生长发育是有规律的,当环境变化时发生有规律的变化。这里"环境"既包括饲养管理,又包括饲料营养。研究猪的生长发育规律及表现这种规律的机制,有重要价值,因为要有效利用这些规律,取得高效益,就必须先掌握它,这是任何养猪技术的理论基础和技术依据,也是准确确定仔猪营养需要量的理论基础和技术依据。

动物生长发育的过程是有规律的。为揭示这一规律,人们用机理分析法建立了动物生长模型来描述动物生长过程,常见的有 Logistic 模型(P. F. Verhulst,1838),Gompertz 模型(Gompertz,1825)等。模拟动物生长过程的意义在于揭示动物生长发育的规律,探索生命奥秘;生产上实现营养的动态配给,推进养猪业现代化、集约化,为生产自动化、计算机管理奠定理论基础。目前一般以体重反映整个机体的变化规律,机体体尺的增大与体重的增加密切相关。家畜生后体重的生长规律一般用累积生长曲线表示,而用数学模型表示则具有更大价值。

数学模型具有广泛的适应性,应根据生物学原理把某些生物现象模型化,按数学方法的基本假设,把现实生产中已存在的杂乱无章的资料按符合逻辑的方法推导展开,并力求在数学模型所约束的范围内,尽量减少用它推导结果所带来的误差。

人类在对一个事物认识的初级阶段,往往是感性的、描述性的。马克思说过,"一门科学,只有当它成功地利用了数学的时候,才算上升到了高级阶段"。动物营养的理论和应用要有大发展,就必须有数学的更多参与。只有利用数学这一工具,对营养机理进行深入分析,才可使目前基本处于描述性阶段的动物营养科学推向深入。数学不应只表现在对动物营养系统的分析结果的表述,而且还应该表现在认识营养系统的过程,在这里,数学模型化研究法不仅是手段和工具,而且是思维和抽象,是建立高层次动物营养理论的必由之路。

近年来数学模型化技术与动物科学的相互促进正在迅速升温,数学模型化技术正在成为现代动物科学研究的核心方法和技术,高新技术的出现已经把现代社会推进到数学模型技术的时代。在两个传统领域,群体和疾病模型化领域和一个新的领域,动物营养和新陈代谢领域,已经使数学模型成为最振奋人心的领域。从 J. Anim. Sci. 发表的文章看,在 1970 年以前,没有发现"模型化"的论文,1970 年代是 3.2%,1980 年代是 17%,1990 年代是 31.5%,2000 年后发表的论文有 50% 涉及数学模型化。大量业界人士预测,这会是一个增长最快的领域(R. Gous et al.,2006)。再者,"模型化"的内涵也正在变为机理建模,而不再停留在经验建模水平上。动物系统的机理模型化已经为我们理解动物科学原理和生产过程做出了不少贡献,在动物科学中这个过程正在继续。在更一般的动物模型化问题上,已有很多可用的原理和方法(J. France and E. Kebreab,2008)。

科技人员的数学造诣深浅,决定了你在学术上能走多远(王继华等,2009)。

根据不同条件下不同营养水平日粮时仔猪的生长反应的结果来建立仔猪生长的营养模型,就可以把仔猪生产过程数字化,把仔猪生长过程用数学模型表达,上升到更加理性的养猪水平。例如对饲料配方的饲养效果做定量分析,估计仔猪对某个饲养标准的日增重、采食量和料重比等,尤其是生长模型可以推断出最佳效果的饲养标准与参数组合。

常见的猪生长模型有时态生长模型和分化生长模型,而猪的营养模型近年来已经成为研究焦点,越来越受到重视。例如体重与采食量模型、胴体组成与日粮模型、猪的维持需要量模型、体蛋白质沉积模型、氨基酸平衡模型、体物质代谢模型等。

§1.2　Logistic 模型的建立

从时态观点看,家畜整体(或部分)的重量(或体积)大小随年龄增大而呈有规律的变化,这种现象称为时态生长律(The Law of Chronologic Growth)。因此,可借助统计手段分析不同性状(即整体或部分,或组织器官等)的重量、大小或尺度(常称为体尺)等的生长模式,并用数学模型简单表达,这类数学模型称时态生长模型。对于给定基因型的猪,体重 W_t 随日龄(时间 t)和饲养管理(可理解为营养水平 z)而变化,可以表示为:

$$W_t = g(z, t) \tag{1}$$

那么体重 W_t 关于日龄 t 的图像就表示仔猪的生长曲线。大量观察表明,家畜体重的生长曲线,包括猪的生长曲线,是 S 状,如图 1.1 中的累积生长曲线所示。叫做累积生长曲线是因为,家畜任一时刻的体重,都是此前生长的累积结果。

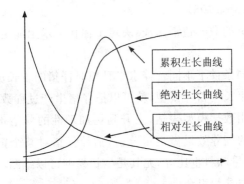

图 1.1　家畜体重的生长规律

如果,在某一时刻,仔猪的生长速度用体重对日龄的微分表示,记为 $GR = \partial W_t / \partial t = \partial g(z, t) / \partial t$,在时刻 t 的生长速度还与此时的体重有关,为此需要引入相对生长速度(RGR)的概念,暂记为:

$$RGR = \partial W_t / \partial t / W_t = r = r(z)$$

这里可以把 $r = r(z)$ 理解为特定基因型仔猪的营养水平的函数。

很明显,相对生长速度就是单位体重的生长速度,也就是生长强度。在仔猪生长初期,对于给定基因型的猪,生长强度和生长速度都与营养方案、体重和日龄有关,而不是一个不变的常数,初始生长强度最大,年龄越大,生长强度越小;当仔猪达到成年最大体重(记为 A)后不再生长,生长强度和生长速度都降为零,猪体维持它的体重不再生长,体重不再随日龄而变化,即 $\partial W_\infty / \partial t = 0$,这时累积生长曲线逐渐接近渐近线:$W_\infty = A$。

上述分析的猪生长发育规律,说明由于遗传(基因型)的影响,使得仔猪生长强度(RGR,见图中相对生长曲线)不会随营养水平的提高而无限变大。所以应该把生长强度的模型修改为:

$$RGR = r - kW_t = \partial W_t / \partial t / W_t \tag{2}$$

整理这个微分方程,求关于日龄 t 的积分就可导出自然生长方程:

$$W_t = \frac{r/k}{1 + \left[\dfrac{(r/k) - W_0}{W_0}\right] \exp(-rt)}$$

式中:exp 为自然对数的底,W_0 为仔猪初始体重(常数)。如果让 $t \to \infty$,上述方程中的 $\exp(-rt) \to 0$,所以有

$$W_\infty = \lim_{t \to \infty} W_t = r/k$$

可见,模型中的 r/k 就是一定遗传型的猪的最大成年体重(常数 A),即 $A = r/k$,所以模型可改写为

$$W_t = \frac{A}{1 + \left(\dfrac{A - W_0}{W_0}\right) \exp(-rt)} \tag{3}$$

这就是常说的 Logistic 模型,体重 W_t 是日龄 t 的函数。以日

龄为横坐标,以体重为纵坐标,绘制出的曲线图就是图1.1中的累积生长曲线。这个曲线前面部分是凹向上,后面部分是凸向上,中间有个转折点,数学上称为拐点。

习惯上把 r 定义为出生时的相对生长速度(RGR),事实上它可以是受精卵形成时($t=0$)合子的相对生长速度,从数学角度看,r 反映体重从"初始"值 W_0 改变为"终值(最大成年体重 A)"的速度,这在肉用动物有重要意义,因为经济早熟性具有重要经济价值。这个模型一般著作上简写为:

$$W_t = A/[1 + a\exp(-rt)] \tag{4}$$

此式与式(3)比较可以明显看出:

$$a = (A - W_0)/W_0 = A/W_0 - 1 \tag{5}$$

由式(5)可清楚参数 a 的生物学意义。

对式(4)求体重关于日龄的一阶导数,即 $GR = \mathrm{d}W_t/\mathrm{d}t$,这就是实践中的生长速度或日增重的理论形式:

$$GR = \partial W_t/\partial t = Aar\exp(-rt)/[1 + a\exp(-rt)]^2 \tag{6}$$

常用单位时间内的绝对增重表示生长速度,在直角坐标系中,以日龄为横坐标,式(6)定义的生长速度一般是一条钟形曲线(图1.1)。由式(6)可知大型猪(A 大)长得快。

对式(4)求体重 W_t 关于日龄 t 的二阶导数,可用微分方程记为 $L = \partial GR/\partial t = \partial W_t/\partial t\partial t$,这就是理论上的生长强度,或相对生长速度,也就是生长速度的变化率:

$$L = \partial W_t/\partial t^2 = Aar\exp(-rt)[ar\exp(-rt) - r]/$$
$$[1 + a\exp(-rt)]^3 \tag{7}$$

在直角坐标系中,以日龄为横坐标,式(7)定义的生长强度一般是一条"L"状的曲线(图1.1)。5～10 kg 的仔猪每日可在自身体重基础上增重 7.5%。根据物质不灭定律可以推断,为满足仔猪高生长强度,仔猪需要的饲粮养分浓度也该较高。

由式(7)得:当 $L = \partial W_t / \partial t^2 = 0$ 时,$t = (\ln a)/r$,这时 $W_t = A/2$。说明 W_t 随动物日龄增加而增大,曲线拐点是 $t = (\ln a)/r$;也就是说,当动物日龄在区间【$0, t = (\ln a)/r$】时,曲线是凹向上,当动物日龄在区间【$t = (\ln a)/r, \infty$】时,曲线是凸向上,所以动物体重不会无限长大。需要注意的是,曲线的拐点在 $W_t = A/2$,恰好是成年体重的一半。根据数学原理可知,当二阶导数为零时一阶导数取最大值,这就是说,当 $W_t = A/2$ 时动物的生长速度最大。另外,当体重为 w 时,日增重为 $rw/2$,所以最大日增重为 $Ar/2$。

记 a 的自然对数为 $\ln a = \beta$,则 Logistic 模型可写为如下形式

$$W_t = \frac{A}{1 + \exp(\beta - \gamma t)} \tag{8}$$

式中:β 是生长曲线拐点的日龄,γ 一般为 $t = 0$ 即出生时的相对生长速度(近似),若自受精开始观测,则为受精卵的相对生长速度;W_t、A 和 exp 的意义同前。模型参数的生物学意义可用图 1.2 表示。

科研上还常见其他动物生长模型,见表 1.1。

表 1.1 几种非线性生长模型的表达式及参数

数学模型	表达式	拐点体重	拐点年龄	增重速度
Logistic	$W_t = A/[1 + a\exp(-\gamma t)]$	$A/2$	$(\ln a)/\gamma$	$w\gamma/2$
Compertz	$W_t = A\exp[-\beta\exp(-\gamma t)]$	A/e	$(\ln\beta)/\gamma$	$w\gamma$
VonBertalanffy	$W_t = A/[1 - \beta\exp(-\gamma t)]^3$	$8A/27$	$(\ln 3\beta)/\gamma$	$3w\gamma/2$

§1.3 Logistic 模型的参数估计

猪的很多经济性状随年龄变化,称动态性状,揭示这类性

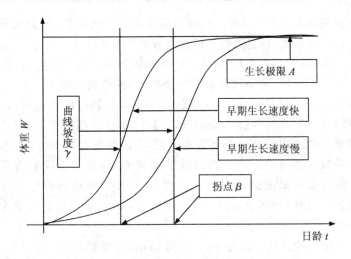

图 1.2　生长模型参数的意义:早期生长速度的比较

状的时态生长规律很重要,生长模型参数的估计是其基础工作。估计动态性状模型参数一般是先建立群体和个体动态性状的数学模型,用为数不多的几个模型参数描述动态性状的变化规律。

　　Logistic 模型是根据机理分析建立的数学模型,应该优先于其他的统计模拟模型,而估计模型参数的方法,如果有机理分析的方法,也是应该优先考虑的。王继华等(2010)提出了对三参数模型 $W_t = A/[1 + \beta\exp(-\gamma t)]$ 的参数估计方法。在家畜科学研究上完全可以观测到最大成年体重 A 和初始体重 W_0,以实测的体重平均数为相应的两个估计值,则可按 $a = (A - W_0)/W_0$ 估计出与曲线拐点有关的这个参数,这样,三参数模型就只有一个待估参数 γ 了。笔者用四个鸡群的实测数据对这种参数估计方法做了验证,结果表明,我们的方法效果较好。在其他动物的拟合优度有待验证。

§1.4 Gompertz 模型

Gompertz(1825)模型是以组织或器官的重量为依变量 W，以组织的生长状况(例如年龄)的指数函数为自变量 t，模型参数包括 W 的生长极限 A 和生长系数 B，主要特征是曲线拐点在 A/e。

Gompertz 模型也有不同形式，常见的是 $W = A\exp[-\beta\exp(-\gamma t)]$，所以 $\partial W/\partial t = w\gamma$，就是说，当体重为 w 时，日增重为 $w\gamma$，最大日增重为 $A\gamma$。当 $\partial W/\partial t^2 = 0$ 时，$t = (\ln\beta)/\gamma$，这时 $w = A/e$。

§1.5 断奶的影响

在自然或半人工状态下，猪通常在 12～17 周龄逐渐断奶。商品猪在 3～4 周龄断奶是很大应激，断奶一天内仔猪常不食，动用体贮存维持生命，如果饲料营养和饲养管理不到位，断奶时常发生营养性拉稀，所以仔猪体重下降，一般下降 10% 左右，断奶越早影响越大。例如 21～28 日龄断奶的需要 4 d 即可恢复，12～17 日龄断奶的仔猪 1 周时间才能恢复，小公猪和阉公猪的断奶抑制比小母猪严重，但这种差异持续时间 1 周后就会消失。

据报道，一般仔猪在断奶(3 或 4 周龄)后 5 h 开始采食固体饲料，50 h 后约有 95% 的仔猪开始采食，不同个体间变异很大，不同报道间差别也很大。有些仔猪到 54 h 后才开始采食(Brooks,1999)，平均 15.4 h(Bruininx 等,2002)，大约有 10% 的仔猪断奶后 40 h 才开始采食，个别仔猪断奶后 100 h 才开始采食。但是在 12 h 光照程序下，断奶后 4 h 有 53% 的仔猪开始采食，而此后的 12 h 黑暗时间里仅增加了 3% 的新开食仔猪，再接下来的 12 h 光照时间里，又增加了 32% 的开食仔猪，这表明光照时间的影响。见图 1.3。

仔猪断奶时体重对其采食行为也有明显影响，体重小的开食早，体重大的开食晚。断奶后立即给予流食(包括牛奶或脱脂奶)可明显提高仔猪采食量，断奶前如果也给予相同流食，则效果更显著

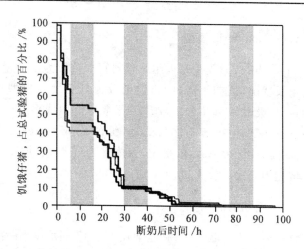

图 1.3　断奶后不同时间不采食仔猪的比例(阴影表示天黑时期)

引自谯仕彦等译《断奶仔猪》,2009

(Dunshea 等,1999),断奶后 1 周的日增重和采食量可分别达到 240 g/d 和 260 g/d,而断奶前不给流食,断奶后直接给予干饲料的仔猪,断奶后 1 周的日增重不足 30 g/d,干物质采食量仅为 88 g/d。

断奶前使用教槽料的仔猪,断奶后第一次采食较早,图 1.4 是 Cehave 报道的结果。

商品颗粒教槽料加水制成流食饲喂,断奶后第一周和第四周,日增重分别比颗粒饲料增加 110% 和 25%(Russell,1996)。给予的流食如果是牛奶,仔猪易拉稀。可以用乳酸菌发酵后饲喂,其 pH 值较低,能抑制病原微生物。用流食有两个问题:一是饲喂设备复杂;二是食物卫生难保,仔猪舍温高,流食会很快变质。

图 1.5 表示的是断奶应急导致的仔猪生长的停滞。

断奶前后两条经验性生长曲线的最小二乘方程为:

$$哺乳阶段:Y = 273(\pm 3.6) - 289(\pm 28)$$
$$\exp(-0.38(\pm 0.05))x_1$$

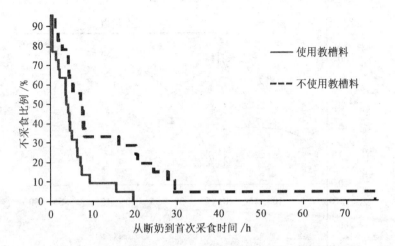

图 1.4　有无教槽料断奶后首次采食时间——适应性差异

断奶阶段:$Y = 650(\pm 53) - 784(\pm 57)$

$$\exp(0.103(\pm 0.02))x_2$$

式中:Y=生长速度(g/d),x_1=日龄,出生时;x_2=日龄,断奶时。

从图 1.4 中生长目标线(虚线)可以看出,如果给予适当的饲养管理,克服了断奶应激,仔猪的生长速度不应该在断奶前后下降。人工饲养结果(Hodge,1974;Harrel,1993)也证明,哺乳仔猪和断奶仔猪的日增重可以分别高达 450~550 g/d 和 700~800 g/d,表明供给充足营养,并且其他影响仔猪生长的因素都得到优化时,仔猪的生物学潜力远高于目前实践中达到的性能。

断奶后仔猪的体脂肪和体蛋白质几乎是成比例增加的,据吴德(PPT,2010)报道:

脂肪的增加(g/d)=0.29×空腹体重增加量-56
蛋白质的增加(g/d)=0.15×空腹体重增加量-4

断奶后第一周体重负增重 0.5~1 kg,出栏时间延长 15~

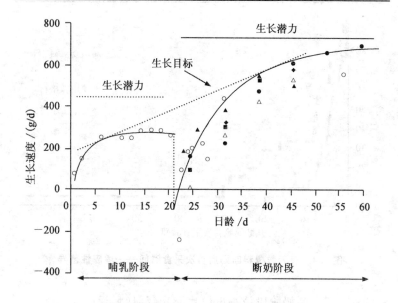

图 1.5 断奶导致的仔猪生长速度的鸿沟

（据张宏福,唐湘方译.断奶仔猪营养与饲养管理新技术.2006）

20 d。如果这一周用流食饲喂,则断奶时的负增长可变为正增长,如果这一周增重 0.3~0.9 kg,则出栏时间提前 5~15 d。见表 1.2。

表 1.2 断奶后头 1 周日增重与后期生长表现(kansas 大学)

日增重/g		<0	0~150	150~230	>230
断奶后体重/g	28 日龄	14.7	16.0	17.0	18.2
	56 日龄	30.1	31.0	32.5	34.8
	156 日龄	105.5	108.4	111.4	113.5
至上市体重的天数		183.3	179.2	175.2	173

注:平均断奶日龄 21 d,平均体重 6.2 kg。

仔猪断奶时消化道的结构与功能快速转换导致消化能力下降。断奶后第一周,仔猪内脏重量显著变化,小肠重量显著减少,分别为断奶前的141%和80%。小肠的蛋白质和DNA重量以及小肠绒毛高度都下降。因为断奶后第一周大肠是仔猪消化固体饲料的主要场所,大肠重量增加。小肠短暂失重后迅速增重,组织结构也发生显著变化,肠绒毛高度第一周下降65%,第二周修复。断奶后因仔猪采食能量不足胴体组成也发生变化,其中最显著的是因采食量不足而动用体脂和糖元储备以供能。前2 d大概每天要损失80 g体脂,此后几天损失量下降,大概到断奶后17周才可以恢复到断奶前的体脂比例。而采用流食饲喂的仔猪可以保持体脂比例不变。断奶后肠道绒毛高度的降低不是饲料的形态(颗粒料或流食)造成的,而是由于养分采食量不足。

表1.3是李职(2010)报道的商品猪的采食量和日增重情况。

表 1.3 21 d 断奶仔猪的采食量和日增重

饲料	初重 /kg	末重 /kg	日增重 /g	日采食 /g	料肉比
教槽料 21~35 日龄	6.5±0.22	9.7	238±4.304	286±6.917	1.25±0.021
过渡料 35~49 日龄	9.7±1.76	15.2	391±5.618	587±8.627	1.50±0.013
小猪料	15.2	31.5	582±11	1 175±15	2.02±0.03
中猪料	31.5	63.6	765±5	2 196±15	2.87±0.016
大猪料	63.6	89.5	924±23	2 714±40	2.9±0.098
3~21 周	6.5	89.5	659	1 693	2.51

资料来源:英伟中国集团总裁李职的PPT,2010。

需要强调的是,断奶日龄越大,断奶应激越小,并且断奶日龄对断奶后生长的影响远大于断奶体重和断奶后第一周增重。目前多数猪场实行21~28日龄断奶,在这个范围内,断奶日龄越大,断奶后的生长速度越大。延迟断奶仔猪的营养程序取得成功的要点与更早断奶的仔猪相似,断奶后务必要让仔猪尽快吃上饲料,这是绝对关键的。除此之外,最大限度地提高断奶仔猪采食量、严格执行饲料预算、采用高质量的日粮原料,并最大限度地提高母猪泌乳期的采食量,这些措施都有助于提高猪场的利润。

　　仔猪早期生长速度一直可以影响到上市前增重速度,图 1.6 示意的就是猪早期生长对达到 100 kg 体重日龄的影响。所以要权衡日粮成本与仔猪生产性能之间的适当平衡。断奶后尽快转换为普通的玉米-豆粕型饲料以降低总的饲料成本是饲养断奶仔猪的关键技术之一,所以按断奶体重和年龄划分为不同阶段实施饲养方案,结合仔猪管理、健康等来决定日粮复杂性。

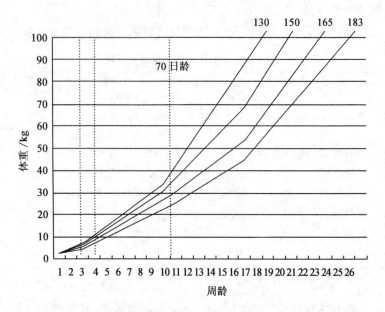

图 1.6　猪早期生长对达到 100 kg 体重日龄的影响

§1.6 营养对猪生长规律的调控

研究显示在从 DNA 到 RNA,再到蛋白质的每一步骤,基因表达都可被调控。基因表达调控包括:转录调节、RNA 加工调节、RNA 转运调节、翻译调节、信使 RNA(mRNA)稳定性调节以及翻译后调节,在每一个调节位点上营养素均可以不同方式对其发生影响。

日粮中的营养成分可能通过多种途径来调控动物基因的表达,从而影响动物机体的代谢过程,并最终影响动物生长、发育和繁殖。因此,通过日粮配合来控制基因转录、翻译,调节基因表达,可以有效地提高和控制动物生长。

仔猪的功能发育受神经-内分泌及营养调节。营养调节与神经内分泌调节比单纯营养调节更为合适,效果更好。生长轴在仔猪功能的调节起主要作用,半胱胺(CT2000)调节生长轴,在仔猪的功能调节中有重要意义。

第2节 猪的时态生长规律

犊牛、幼犬和人的 6 周体重为出生体重的 2 倍,羔羊为 4 倍,仔猪为 10 倍。所以,仔猪生长强度最大,必须供给充分营养。

§2.1 体重的生长规律

目前规模化猪场的商品猪,出生至 21 d 日增重 250 g 以上,21 d 体重达 6.5 kg 以上;21~42 d 日增重 400 g 以上,42 d 体重达 12 kg 以上;42~56 d 日增重 600 g 以上;56 d 体重达 20 kg 以上;150 d 体重达 100 kg 以上。15 kg 至出栏(100 kg 体重以上)只需 95 d,料肉比 2.8 以下。

　　仔猪有巨大生长潜力。体重50 kg以下时由于食欲和营养问题其生长发育总是受到限制。在研究条件下可获得的生长速度：5 kg的仔猪400 g/d，10 kg的仔猪700 g/d，20 kg的仔猪1 000 g/d。例如有报道，50日龄时仔猪达到了32 kg，总生长速度达到700 g/d。在试验条件下，虽然3周龄仔猪体重容易达到10 kg，但商品猪场很少超过7 kg，以5.5 kg计，折合日增重

$$(5\ 500 - 1\ 300)/21 = 200(g/d)$$

28日龄达到7.5 kg体重时的日增重是

$$(7\ 500 - 1\ 300)/28 = 215(g/d)$$

　　所以28日龄断奶后的目标就是尽快恢复215 g/d的日增重。

　　仔猪在猪一生生长强度最大，生后随年龄增加其生长强度逐渐降低。例如，6 kg仔猪在10 d内可长到9 kg，平均日增重300 g，日增重是其初始体重的5%；9 kg仔猪在8 d内可长到12 kg，平均日增重375 g，而这个日增重只稍多于初始体重的4%。20日龄仔猪，每千克体增重的蛋白质日沉积量为9～14 g，而成年猪仅为0.3～0.4 g，前者是后者的30～35倍。仔猪出生后3～4周体重达出生体重的5～7倍，60日龄为15.7倍。钙、磷代谢也很旺盛，每千克增重含7～9 g钙，4～5 g磷，所以仔猪的单位体重所需养分高。

　　用Gompertz模型表示断奶仔猪的日增重时：

　　　　日增重＝活重×生长系数×ln(最大成年体重/活重)

　　式中生长系数一般为0.001～0.015，随性别和基因型而不同。

　　实验证明，采食量达到营养需要量阈值时的生长系数为0.02。推算的15 kg体重仔猪潜在日增重可达1 000 g，但实际上，即使

没应激和疾病,仔猪在 21 日龄断奶后的第一、二、三周内的生长速度也只可达到 100 g,200 g 和 400 g。主要限制因素是采食量,而采食量受饲料消化率影响:

$$采食量(kg/d)＝0.013×W/(1－饲料消化率)$$

假定饲料消化率为 0.80,则 10 kg 仔猪日采食量应该是 650 g。

目前国内较好的洋三元猪 21～22 周龄体重可达 90～100 kg,料肉比 2.6～3.0,背膘厚度达标。这样的生产水平对仔猪阶段的生产要求是:初生重 1 500 g,3～4 周龄断奶,断奶体重达到 6.0～8.0 kg,断奶至 10 周龄的平均日增重大于 500 g,料重比 1.6,10 周龄体重达到 30 kg,150 日龄可达 100 kg。从表 1.4 至表 1.8 和图 1.6 可看出现代瘦肉型猪体重生长的一般规律。

表 1.4　Logistic 模型估测的大约克夏猪生长速度

日龄	观测数	实测体重/kg	估测体重/kg	日增重/kg
0	49	1.61±0.29	—	—
70	51	29.31±3.71	28.80	0.567 1
85	60	38.23±4.34	38.25	0.691 5
100	60	49.53±5.93	49.46	0.799 7
115	60	61.73±7.81	62.05	0.870 0
130	60	75.42±10.03	75.29	0.885 8
145	60	88.91±12.38	88.32	0.842 8
160	60	100.94±13.00	100.33	0.752 0
175	47	110.64±11.95	110.75	0.633 5
190	47	119.44±10.74	119.31	0.508 3

注:肖炜,等.大约克夏猪生长肥育期生长规律的研究.中国畜牧杂志.2007。

表 1.5 猪的生长与饲料消耗

周	天数	周末体重/kg	日增重/kg	日耗料/kg	周耗料/kg	总耗料/kg	料肉比	到出栏所需料/kg	所需面积/m²
0	0	1.45	0	0	0	0		249.98	
1	7	2.3	0.12	0	0	0		249.98	
2	14	4	0.24	0.01	0.07	0.07		249.88	
3	21	5.9	0.27	0.02	0.14	0.21		249.74	
4	28	7.9	0.29	0.21	1.47	1.69	0.735	248.27	
5	35	10.1	0.31	0.36	2.52	4.2	1.145 5	245.75	
6	42	12.9	0.4	0.51	3.57	7.77	1.275	242.18	0.24
7	49	16.3	0.49	0.69	4.83	12.6	1.421	237.35	0.25
8	56	20.3	0.57	0.8	5.61	18.21	1.403	231.74	0.27
9	63	25	0.67	0.96	6.73	24.94	1.432	225.01	0.29
10	70	29.8	0.69	1.14	7.99	32.93	1.665	217.02	0.31
11	77	34.7	0.7	1.36	9.52	42.45	1.943	207.5	0.35
12	84	39.75	0.72	1.55	10.86	53.31	2.150	196.64	0.4
13	91	44.95	0.74	1.76	12.32	65.63	2.369	184.32	0.45
14	98	50.3	0.76	1.95	13.63	79.26	2.548	170.69	0.5
15	105	55.8	0.79	2.16	15.12	94.38	2.749	155.57	0.55
16	112	61.45	0.81	2.4	16.8	111.18	2.973	138.77	0.6
17	119	67.3	0.84	2.64	18.48	129.69	3.159	120.29	0.65
18	126	73.45	0.88	2.9	20.31	150	3.302	99.98	0.7
19	133	79.95	0.93	3.16	22.12	172.09	3.403	77.86	0.75
20	140	86.85	0.99	3.43	23.99	196.11	3.477	53.87	0.8
21	147	94.15	1.04	3.71	25.97	222.08	3.558	27.9	0.85
22	154	101.45	1.04	3.98	27.9	249.98	3.822	0	0.9

表 1.6　美国报道的主生长数据

日龄	18	21	28	56	60	70	150	160	175
体重/kg	5.9	7.7	9.1	25	27	35	105	112	123
饲料效率							2.1～2.3	2.2～2.4	2.3～2.5

可以按照下表数据对仔猪生长速度进行评价。

表 1.7　美国仔猪生长速度评价标准

生长速度/(g/d)	250	220	200	180
28 d 断奶重 /kg	8.3	7.5	6.9	6.3
评价	很好	好	一般	差

来源:谯仕彦等译.断奶仔猪。2009.

图 1.7 示出了不同日龄瘦肉型猪采食量、日增重与饲料效率的关系。

哺乳期是仔猪一生的奠基时期,乳猪饲养目的一般是获得最大断奶重和群体整齐度。断奶体重较大的仔猪可以顺利过渡到断奶饲粮,并且营养性腹泻的发生率低;哺乳期生长较快的仔猪在此后的生长速度亦快,Campbell(1990)表明,28 日龄断奶仔猪的断奶体重(W)与达到 20 kg 活重所需的时间(T)之间存在强烈的负相关,回归模型如下:

$$T = 52.1(\pm 1.69) - 3.39(\pm 0.224)W$$
$$R^2 = 0.85(P < 0.001)$$

Cabrera. A 等(2010)发现,分别在 2 d,14 d 或 20 d 断奶的仔猪,断奶体重与断奶后生长期的平均日增重和生存率都有线性关系,且断奶日龄影响生长的组织成分。

仔猪断奶体重对其一生生产性能有重要影响,见表 1.8(Tokach 等,1991)。

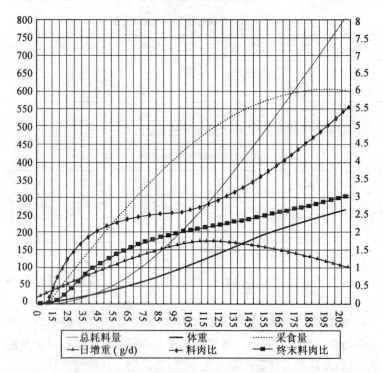

图 1.7 不同日龄瘦肉型猪采食量、日增重与饲料效率曲线

表 1.8 断奶体重对仔猪生产性能的影响

| 断奶体重/kg | 断奶后不同日龄时的体重/kg | | | 至上市体重的天数 |
	28 d	56 d	156 d	
4.5～5.0	12.3	27.6		
5.5～5.9	13.9	30.2	107.4	181.3
6.4～6.8	15.1	31.8	109.3	179.2
7.3～7.7	16.2	33.9	113.0	174.1
8.2～8.6	17.2	35.4	113.8	171.8

注:①平均断奶日龄为 21 d,1 350 头猪资料。

②Tokach 等,1991.

可见,断奶仔猪的体重每增加 1 kg,体重达到 20 kg 的日龄就会提前 3 d,上市日龄减少 10 d(Cole 和 Close,2001),任何一种能够增加仔猪断奶体重的技术都可以使上市日龄提前。这表明仔猪哺乳期有影响断奶体重和断奶后生长速度的重要因素,例如初生重。据报道,生后因素的效应比生前因素的效应大 3 倍,例如断奶体重对日后生长性能的影响可以占到总变异的 30%～60%;断奶后第 1 周增重约 900 g 的仔猪比没有增重的仔猪提前 15 d 出栏;21 日龄断奶后第 1 周增重超过 225 g/d 的仔猪,达到 109 kg 体重的时间可提前 10 d,由此可见仔猪早期生长的重要性。60 日龄仔猪体重能否达标(23 kg),是衡量猪场经济效益的关键指标。

仔猪生长受环境温度影响很大。新生仔猪的最适温度是比母体温度低 2℃,最低不要低于母体温度 6℃。仔猪最适环境温度每天可以降低 0.5℃。仔猪断奶时对环境温度的要求不等,因断奶体重和断奶后是否立即采食而异。据“中加瘦肉猪项目”资料,在温度稳定的环境中(<±2℃),断奶仔猪平均日增重和料肉比分别是 344 g 和 1.17,而温度不稳定的环境(>±2℃)中分别是 306 g 和 1.45。

断奶前补饲可降低断奶饲料形态变化对仔猪采食量的影响。Appleby 等(1991,1992)指出,断奶前采食较多固体饲料的仔猪,断奶后 2 周内增重较多。Makkin(1993)发现断奶前与断奶后饲料采食量呈正相关;断奶后采食量高的仔猪,其消化和吸收能力较强。Nabuurs(1991)证明补饲对肠道形态结构有好的作用,能在一定程度上阻止肠绒毛缩短、腺窝加深,从而减轻断奶引起的营养负代谢程度。不过,乔瑞岩(2008)认为,对于 28 日龄断奶的饲养系统,14 日龄开始补料就足够了,不要指望 14 日龄前的仔猪吃很多料,这只会徒然增加劳动强度和饲料浪费,也不要指望断奶前仔猪会吃很多饲料,更不要指望这点饲料能带来多少增重。

我们认为,仔猪料用于纯粹长体重,经济上不划算,仔猪饲料成本高,而且早期增重还要后期的饲料来维持。我们以为,早期仔猪饲料的主要任务是消化系统(肠道)、免疫系统和骨架的生长发育,为其后的健康生长奠定基础;10 d 时间足够让仔猪开口并习惯固体饲料,但是对日粮中大分子蛋白质抗原的免疫耐受,则需要采食日粮 600 g 以上,才能为断奶后的顺利过渡做好准备。

断奶日龄对断奶当日采食量有显著影响。断奶日龄每延长 1 d,断奶当日采食量就增加 23 g,断奶日龄对断奶后各天采食量都有显著影响。例如,在 21 日龄或 23 日龄断奶的仔猪,其采食量在断奶后 10 d 内的每一天都达不到 24 日龄断奶仔猪的采食量。在断奶以后 7～10 d,24～29 日龄断奶的仔猪单日采食量随着断奶日龄的延长而逐渐接近,断奶后第 10 d 采食量基本相同。断奶日龄晚的仔猪,断奶后每日采食量增长更加均匀。

断奶体重对断奶后采食量有重要影响,体重大的采食量也大。

断奶日龄越延迟,断奶后的日增重越大;同一日龄断奶的仔猪,体重越大,断奶后的日增重越大;尤其是,断奶后的日增重与断奶日龄的相关性,大于断奶后的日增重与断奶体重的相关性;有研究(赵春鹏,2009)表示,180 日龄体重与早期体重为负的相关关系(见图 1.8)!换句话说,如果仅仅考虑断奶后日增重,宁可选日龄大但体重小的猪断奶,也不要选日龄小但体重大的猪断奶;断奶日龄越早,断奶后的表现变异越大,延迟断奶日龄可增加断奶后增重的均匀度;在 21～28 日龄之间,晚一天断奶,断奶后的平均日增重就增加 10 g。

断奶后第 1 周的生长速度对其后的生长有重要影响,见表 1.9。

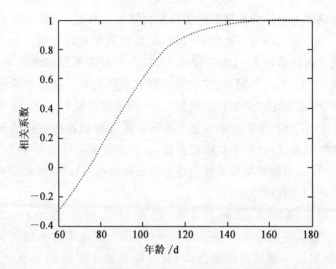

图 1.8 仔猪 180 日龄体重与各日龄体重间的相关系数(赵春鹏)

表 1.9 断奶后 1 周内的增重对出栏天数的影响

| 断奶后 1 周 | 不同日龄的体重/kg | | | 出栏 | |
内的增重/g	28 日	56 日	156 日	天数	差异
≤0	14.7	30.1	105.3	183.3	0
0～150	16.0	31.8	108.1	179.2	−4.1
150～225	16.9	32.5	111.2	175.2	−8.1
＞225	18.2	34.7	113.2	173.0	−10.3

注:21 d 断奶,体重平均 6.23 kg。

§2.2 仔猪体重的变异及其分析

上面给出的只是猪群生长的平均数,实际上猪群内存在变异。群内仔猪间体重的变异幅度越小,就越容易根据群体体重采用适宜的饲料和饲养管理方案。所以,大猪场每年至少要在不同季节进行两次测定以分析猪群的生长发育情况。测定误差的来源有三个,一是人为误差,二是测量仪器,三是猪的肠道内容物。肠道内容物可占体重的 5%;为克服这个误差,一般是早晨空腹称重,测定前 6~12 h 取出饲料,连续 2 d 测定求平均数。猪群本身存在变异,所以测定时要随机抽取测定个体,全群猪要称 10%,最少不少于 6%,其中每个猪舍不少于 3 头。最后根据这些数据绘制猪群的生长曲线,分析生长模型参数,比较猪群生长状况与理想模型的差异,对照猪群生长曲线与理想生长曲线的差异,据此制定和修改猪场饲养管理方案。

目前国内养猪的首要问题是仔猪初生重小(1.2~1.35 kg),应努力争取提高到 1.5~1.6 kg。初生重小断奶重就小,断奶重小断奶过渡难度大,而且断奶重小育肥期增重慢,出栏时间延长。出生重每增加 100 g,断奶重增加 0.35~1.07 kg。表 1.10、表 1.11 和表 1.12 说明了不同出生重对商品猪生产性能的影响。

表 1.10　初生重对 21 日龄断奶重的影响

初生重/kg	1.0	1.2	1.4	1.6
断奶重/kg	5.0	5.4	5.8	6.3

初生重占断奶重变异的 37%

表 1.11　初生重对生产性能的影响

初生重/kg	至 90 kg 体重的日龄	初生重/kg	至 90 kg 体重的日龄
<1.0	159.7	1.6~1.8	139.4
1.0~1.2	150.9	1.9~2.1	134.4
1.3~1.5	144.0		

表 1.12　新生仔猪初生重与死亡率的关系

体重	头数	占总产仔数	死亡率/%
<1.0	104	6.4	36.0
1.0~1.5	632	38.7	8.0
1.5~2.0	750	45.9	5.0
>2.0	147	9.0	—
总计	1 633	100	

　　饲养仔猪的重要技术是提高仔猪群体的整齐度,但是正常情况下猪群内存在变异,所以猪群整齐度是一个相对指标,这在分析猪群生长时需要注意。例如,研究表明仔猪断奶体重的分布一般近似正态分布,标准差(SD)约 2 lb,表 1.13 是美国 NSNG(2010)给出的断奶仔猪体重的分布(%)。例如在一个平均断奶体重为 10 lb 的仔猪群,约有 2% 的仔猪体重小于 6 lb,14% 的仔猪在 6~8 lb 之间,34% 的在 8~10 lb 之间。超过平均数的仔猪数与此相似,体重在 10~12 lb 约 34%,体重在 12~14 lb 的约占 14%,体重在 14 lb 以上的约占 2%。所以,距平均体重 2 lb 的范围内的仔猪约占 68%,大于平均体重 2 lb 以上的仔猪约占 16%,小于平均体重 2 lb 以下的仔猪也是约占 16%。如果在这个猪群中,距平均体重 2 lb 的范围内的仔猪比例大于 68%,那就说明这个猪群的整齐度高,小于 68% 就说明这个猪群不整齐;大于平均体重 2 lb 以上的仔猪比例如果大于 16%,也说明猪群不整齐。

表 1.13　断奶仔猪的体重分布　　　　　　%

猪体重/lb	断奶仔猪平均体重/lb					
	8	9	10	11	12	13
<2	0.1					
2~3	0.5	0.1				
3~4	1.7	0.5	0.1			

续表 1.13

猪体重/lb	断奶仔猪平均体重/lb					
	8	9	10	11	12	13
4～5	4.4	1.7	0.5	0.1		
5～6	9.2	4.4	1.7	0.5	0.1	
6～7	15.0	9.2	4.4	1.7	0.5	0.1
7～8	19.1	15.0	9.2	4.4	1.7	0.5
8～9	19.1	19.1	15.0	9.2	4.4	1.7
9～10	15.0	19.1	19.1	15.0	9.2	4.4
10～11	9.2	15.0	19.1	19.1	15.0	9.2
11～12	4.4	9.2	15.0	19.1	19.1	15.0
12～13	1.7	4.4	9.2	15.0	19.1	19.1
13～14	0.5	1.7	4.4	9.2	15.0	19.1
14～15	0.1	0.5	1.7	4.4	9.2	15.0
15～16		0.1	0.5	1.7	4.4	9.2
16～17			0.1	0.5	1.7	4.4
17～18				0.1	0.5	1.7
18～19					0.1	0.5
＞19						0.1

资料来源：NSNG，2010。

断奶时常把不同窝的仔猪合群，彼此常有几个小时的争斗以排列群体中的位次。群体均匀时争斗时间较长，不均匀的群体和不熟悉的群体有较快的日增重。

饲养上要检验猪群的均匀度，实际上就是检查猪群生长的分布，一般应该是正态分布，仔猪断奶体重的变异系数（$100 \times$ 标准差/平均数％）在 12％左右。如果变异系数小于 12％，就说明猪群整齐，饲养管理良好的猪群变异系数应该在 10％以内；大于 16％，就说明猪群不整齐，发育不正常；在 12％附近，则说明猪群整齐度一般。实践中检查猪群体重的分布,既可以用 EXCEL 表进行分析,也可以使用 SPSS 软件,现在网上可以轻易找到免费的过期 SPSS 软件,很好用。具体操作方法以实例简介如下。

(1)大致评估—图示法。分析猪群分布图比较直观,简明。

P—P 图。以样本累计频率作横坐标,以按正态分布计算的相应累计概率作纵坐标,把样本值表现为直角坐标系中的散点。如果资料服从整体分布,则样本点应围绕第一象限的对角线分布。

Q—Q 图。以样本的分位数作横坐标,以按照正态分布计算的相应分位点作纵坐标,把样本表现为指教坐标系的散点。如果资料服从正态分布,则样本点应呈一条围绕第一象限对角线的直线。

以上两种方法以 Q—Q 图为佳,效率较高。

直方图。判断方法:是否以钟形分布,同时可以选择输出正态性曲线。

箱式图。判断方法:观测离群值和中位数。

茎叶图。类似与直方图,但实质不同。

(2)计算法。计算偏度系数(Skewness)和峰度系数(Kurtosis)。计算公式:

$$偏度计算公式:u=\frac{|g_1-0|}{\sigma_{g1}}$$

$$峰度计算公式:u=\frac{|g_2-0|}{\sigma_{g1}}$$

式中:g_1 表示偏度,g_2 表示峰度,通过计算 g_1 和 g_2 及其标准误 σ_{g1} 及 σ_{g2} 然后作 U 检验。两种检验同时得出 $U < U_{0.05} = 1.96$,即 $p > 0.05$ 的结论时,才可以认为该组资料服从正态分布。由公式可见,部分文献中所说的"偏度和峰度都接近 0…可以认为…近似服从正态分布"并不严谨。

非参数检验方法。非参数检验方法包括 Kolmogorov-

Smirnov 检验（D 检验）和 Shapiro-Wilk（W 检验）。SPSS 中规定：①如果指定的是非整数权重，则在加权样本大小位于 3 和 50 之间时，计算 Shapiro-Wilk 统计量。对于无权重或整数权重，在加权样本大小位于 3 和 5 000 之间时，计算该统计量。由此可见，部分 SPSS 教材里关于"Shapiro-Wilk 适用于样本量 3～50 之间的数据"的说法是片面理解，误人子弟。② 单样本 Kolmogorov-Smirnov 检验可用于检验变量（例如 income）是否为正态分布。

上述两种检验，如 P 值大于 0.05，表明资料服从正态分布。

（3）SPSS 操作示例。SPSS 中有很多操作可以进行正态检验，在此只介绍最主要和最全面最方便的操作：

第一步：工具栏——分析—描述性统计—探索性。

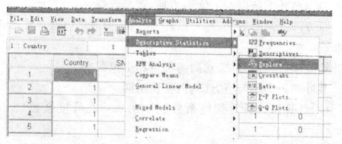

第二步：选择要分析的变量，选入因变量框内，然后点选图表，设置输出茎叶图和直方图，选择输出正态性检验图表，注意显示（Display）要选择双项（Both）。

第三步：输出结果。

1）Descriptives：描述中有峰度系数和偏度系数，根据上述判断标准，数据不符合正态分布。

Sk＝0，Ku＝0 时，分布呈正态，Sk＞0 时，分布呈正偏态，Sk＜0 时，分布呈负偏态。Ku＞0 时曲线比较陡峭，Ku＜0 时曲线比较平坦。由此可判断本数据分布为正偏态（朝左偏），较陡峭。

2）Tests of Normality：D 检验和 W 检验均显示数据不服从

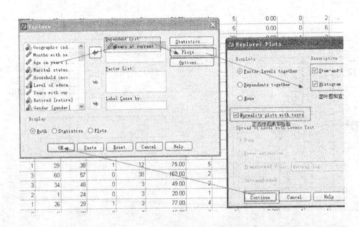

Descriptives			Statistic	Std. Error
Years at current address	Mean		11.55	.319
	95% Confidence Interval for Mean	Lower Bound	10.93	
		Upper Bound	12.18	
	5% Trimmed Mean		10.74	
	Median		9.00	
	Variance		101.741	
	Std. Deviation		10.087	
	Minimum		0	
	Maximum		55	
	Range		55	
	Interquartile Range		15	
	Skewness		1.106	.077
	Kurtosis		.860	.155

正态分布,当然在此,数据样本量为 1 000,应以 W 检验为准。

Tests of Normality						
	Kolmogorov-Smirnov[a]			Shapiro-Wilk		
	Statistic	df	Sig.	Statistic	df	Sig.
Years at current address	.131	1000	.000	.897	1000	.000

a. Lilliefors Significance Correction

3)直方图。直方图验证了上述检验结果。

4)此外还有茎叶图、P−P 图、Q−Q 图、箱式图等输出结果,不再赘述。结果同样验证数据不符合正态分布。

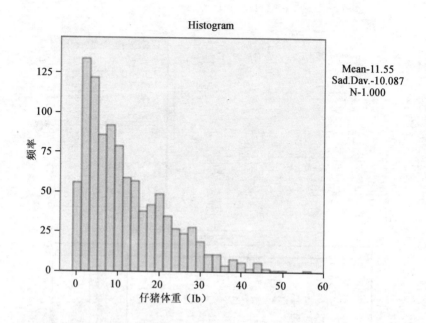

§2.3　消化器官的发育规律

　　生存和生长发育的前提是消化系统的功能发育。肠道最基本的功能是消化吸收,也是体内最大的免疫器官,各种营养物质主要在此吸收转运,处于沟通机体内外环境的重要位置。肠道的发育越来越成为限制仔猪后期健康生长的重要因素,认识仔猪消化道的发育过程对做好仔猪早期断奶及断奶仔猪的生产管理非常重要。因此,仔猪肠道健康及其调控对规模化养猪具有现实意义。

　　仔猪消化道的生长优先于胴体的生长,乳、仔猪阶段的生长重点是消化道的发育。仔猪消化道发育主要是指上皮细胞和肠道绒毛的发育。减少断奶仔猪腹泻,保护肠道黏膜上皮和消化道的正常发育,不仅有利于仔猪的生长,也有助于猪后期的生长。一旦消化道的发育发生不可逆转的器质性损伤,会严重影响此后仔猪的生长发育,甚至会出现僵猪。

仔猪消化系统发育不完善,消化道容积小;胃功能不全,分泌胃酸的能力不足;消化酶系不发达,对日粮的消化能力低;肠道微生物区系在食物来源引导下逐渐形成一个相对动态平衡、稳定的微生态系统。

消化系统的发育较早。从妊娠 28～36 d 至出生(妊娠期 115±3 d),胃、十二指肠、小肠和胰脏的生长强度大于胚胎重(Marrable,1971)。如果由母乳喂养新生仔猪,则生后一周内保持上述增长模式;此后,若以母乳为唯一食物源,则 2～6 周龄前胃、十二指肠、小肠和胰脏的生长强度低于体重的生长强度。如果给予饲料,至少在 2 周龄断奶仔猪,上述器官的生长率和相对于体重的重量会远大于哺乳仔猪。

从初生到 2 月龄,消化器官中胃和大肠生长的生长强度依然大于体重,小肠生长强度与体重相近,消化器官的绝对生长速度在 4 月龄达到最高峰;从 2 月龄到 6 月龄,繁殖器官生长最快,脂肪虽开始生长,但未达最高水平;从 6 月龄至 10 月龄或 12 月龄时,脂肪组织继续强烈生长,肌肉、消化器官和生殖器官的生长强度明显下降,其他组织和器官的生长也逐渐下降到最低水平。这时除脂肪组织继续生长外,整个机体的其他组织和器官已不再生长。

新生仔猪生后早期,尤其是哺乳后的 6 h 内,肠道尺寸发育强度很大(Zhang,1997)。哺乳后 24 h 的仔猪与未哺乳的新生仔猪相比,肠道长度增长 29%,重量增加 86%,黏膜面积增加 130%(Buddington 等,2001)。仔猪断奶后整个消化系统要适应饲料消化的需要,要有协调的功能,据此或可推断,断奶后仔猪的胃、肝脏、胰腺和肠黏膜酶系统等整个消化系统应该协调发育。然而大量观察结果是,仔猪断奶后,小肠在前 3 d 相对重量降低,至第 10 d 恢复,这或许与采食后小肠上皮的绒毛损伤有关;而大肠则因是断奶仔猪的主要消化器官,因采食饲料得以发育较快,重量比例提高;肝脏、胰腺也得以快速发育,重量比例升高,是与采食饲料有关的适应性生长,不过关于胰腺在断奶后快速生长的报道不一致,或许与饲料组成有关。

在仔猪消化器官的重量、长度和容积发生变化的过程中,其形态和结构也发生明显变化。随年龄增长,小肠绒毛高度减小,隐窝深度增加。仔猪断奶后肠道形态的这种变化比吮乳时更明显,断奶越早越明显。仔猪断奶是个很大的应激,断奶后肠道上皮的绒毛萎缩和腺窝加深实际上是肠道上皮细胞损伤,可导致营养吸收功能受损、脱水、腹泻和感染。

总地说,仔猪出生时已发育到一定程度,可以适应母乳营养,但是还没发育完善,早期不能很好地适应饲料营养。为了及早锻炼仔猪适应饲料,一般在哺乳期给仔猪补饲一定量饲料,大量报道表明确可降低断奶后肠绒毛损伤程度。断奶后的日粮设计和饲喂方式也很重要,例如使用奶制品和血浆蛋白,以流食形式给饲等。流食是仔猪用干粉料加水调和而成,加水量的多少,笔者经验是水∶料比在(1.5～2)∶1较好。仔猪断奶后肠道微生物与肠黏膜的相互作用也很重要,断奶时仔猪胃酸分泌不足,肠道酸度不足,可导致仔猪肠道微生态不平衡而发病。几十年来一直使用抗生素提高仔猪生长性能,其作用原理,可能是减少了肠道内的细菌数量,由此改善了小肠上皮细胞的功能;而大肠内细菌数量的减少对仔猪生长的影响较小。

内部器官(即肝、肠道等)在哺乳阶段生长较快,其他器官(如繁殖器官)在断奶后发育较快。由于不同组织氨基酸需要模型不同,所以设计饲料配方时要注意仔猪骨骼和肠道生长发育的营养需要。在其肌肉组织生长强度最大的阶段,可给予高蛋白质饲料;在其骨骼组织生长强度最大的阶段,应该注重骨骼生长的营养需要,重视矿物质供给,满足仔猪长骨的天性。其实,仔猪生长具有

"阶段性",如果在长骨阶段没有充分使骨架生长起来,那么,过了长骨的阶段后,再给予一般的养分,就难以使猪长出大的体型。目前猪营养理论和技术都以体重的生长为标准,而不考虑体尺的生长,笔者认为是不完善的。

§2.4　组织的生长规律

动物各组织生长规律不同,从胚胎开始,最早发育和最先完成的是神经系统,依次为骨骼、肌肉,直到动物达成熟体重的50%~60%时,开始长脂肪,就是"小猪长骨,中猪长肉,大猪长膘"。早熟品种和营养充足的动物生长速度快,器官生长发育完成早,但骨骼、肌肉和脂肪生长发育强度的顺序不变。见图1.9。

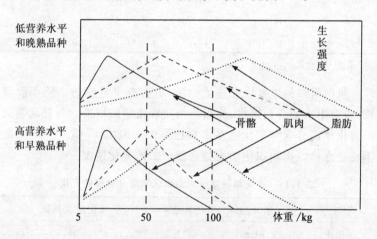

图 1.9　猪体组织生长发育的顺序与生长强度

(引自 Kirchgessner,M(1987),p.245)

§2.5　猪体化学成分和氨基酸的变化

猪出生后,机体化学成分随体重生长而变化,见表1.14。

表 1.14　猪体的化学成分

体重/kg	化学组成/%			
	水	蛋白质	脂肪	灰分
1.5	82.06	10.11	1.73	3.12
6.4	71.60	15.17	11.01	3.01
18	69.32	15.75	11.33	2.16
36	66.08	16.31	11.47	2.77
54	58.48	16.00	17.25	2.79
73	56.58	14.64	22.98	2.49
91	53.33	14.33	28.04	2.48
109	51.01	14.40	30.42	2.47
127	42.32	13.73	39.43	2.44
145	42.28	12.61	41.10	2.37

来源：shields et al.1983。

　　肌肉组织的主要成分是蛋白质，也含有少量脂肪。随年龄增长，肌肉中水分含量减少，而粗蛋白质和粗脂肪增加。各种动物组织其化学成分含量变化的基本规律类似。表 1.15 是 0～28 周龄生长肥育猪肌肉组织化学成分含量（％）的变化情况。

表 1.15　不同年龄猪肌肉组织化学成分含量的变化

年龄/周	水分/%	脂肪/%	蛋白质及其他/%
出生	81.5	1.9	16.6
4	75.7	4.3	19.9
8	76.2	4.7	19.0
16	75.7	3.4	20.9
20	74.4	4.0	21.6
28	71.8	5.6	22.6

注：引自 Kirchgessner,M.(1987)p.246。

蛋白质的氨基酸组成随年龄和体重而变化,但变化不大(张宝荣等,1998),这可以从表1.16看出。所以 NRC(1998)使用了固定模型。

表 1.16　各胴体重阶段肌肉中氨基酸的含量

氨基酸种类	胴体重/kg					平均
	52.21	57.78	61.75	67.06	73.25	62.41
必需氨基酸/%						
赖氨酸	1.49	1.48	1.55	1.53	1.34	1.478
苏氨酸	0.77	0.75	0.81	0.79	0.75	0.774
蛋氨酸	0.47	0.52	0.51	0.52	0.47	0.498
精氨酸	1.1	1.11	1.18	1.15	1.1	1.128
异亮氨酸	0.79	0.83	0.85	0.85	0.79	0.822
亮氨酸	1.36	1.31	1.44	1.41	1.34	1.372
缬氨酸	0.86	0.91	0.92	0.91	0.85	0.89
苯丙氨酸	0.84	0.85	0.85	0.89	0.81	0.848
酪氨酸	0.6	0.59	0.62	0.61	0.56	0.596
组氨酸	0.63	0.63	0.69	0.67	0.63	0.65
脯氨酸	0.53	0.45	0.57	0.49	0.53	0.514
色氨酸	0	0	0	0	0	0
胱氨酸	0	0	0	0	0	0
合计	9.44	9.43	9.99	9.82	9.17	9.57
非必需氨基酸/%						
丝氨酸	0.64	0.64	0.69	0.66	0.64	0.654
谷氨酸	2.58	2.62	2.79	2.72	2.6	2.662
甘氨酸	0.72	0.72	0.76	0.77	0.72	0.738
丙氨酸	0.92	0.94	0.98	0.97	0.93	0.948
天门冬氨酸	1.57	1.57	1.68	1.62	1.56	1.6
合计	6.43	6.49	6.9	6.74	6.45	6.602

注:必需氨基酸中色氨酸和胱氨酸没测定,非必需氨基酸更没测定全。

张宝荣等,1998。

需要指出,表1.16是胴体肌肉的氨基酸组成,仔猪肠道的氨基酸组成未见报道。

§2.6　体尺的生长规律

猪的体高和体长等体尺的时态生长规律如 图1.10所示。猪出生时体高还没达生长高峰,而体长已过了第一个高峰,所以猪出生时比成年时体型长。草食动物在出生时体高已达生长高峰,生后生长强度逐渐降低,而体长的生长强度在出生后逐渐增加达第二个高峰。所以,草食动物出生时体型短,成年后体型变长。

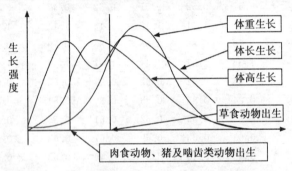

图1.10　体尺的生长规律:生长强度

猪出生时比草食动物出生时处于较早的发育阶段,因为猪是强悍的杂食动物,而草食动物生后就要具有快速奔跑的逃生能力。

第3节　猪的分化生长规律

§3.1　分化生长模型

动物体尺和体重等宏观性状不仅服从时态生长规律,而且,不同性状的生长发育是相关的,因为动物体是一个有机的整体,机体各部分,各组织器官的生长发育都是协调进行的。度量相关生长的指标很多,但是其基本原理都服从分化生长模型。

定义特定年龄时两个性状的生长强度之比,即

$$\frac{\partial y/\partial t/\partial t}{\partial x/\partial t/\partial t}=a \tag{9}$$

为分化生长率,此式可写为 $\partial y=a\partial x$,两边分别求积分,就得到异速生长方程:

$$y=bx^a \tag{10}$$

式中: a 是性状 y 的生长强度与性状 x 的生长强度之比,即分化生长率;b 是模型参数,当 $a=1$ 时,它表示性状 y 与性状 x 的相对大小。

在很多情况下,如果观测的时期不长,就会近似地有 $a=1$,就是说,性状间的关系可以近似用线性模型表示为:$y=bx+c$。过去常用 $b=y/x$ 来作为分析性状间相关生长的指标,尤其在分析家畜生长规律时常用,看来都是 $a=1$ 时的特例。例如体型指数(又叫体长指数)$b=$(体长/体高)$\times 100\%$,表示四肢发育情况,猪生后随年龄增加体型变短,也就是 b 随年龄增加而变小,说明四肢长度在出生前长得慢,出生后长得快。又如骨量指数 $b=$(骨重/体重)$\times 100\%$,猪在出生后骨重占体重的百分比逐渐下降,说明骨骼在生命早期生长强度大。这可从图 1.10 解释。

除 $a=1$ 时的体型指数的变化规律外,更多的报道是以整体重为自变量 x,这时观测的组织或器官为依变量 y,估计的模型参数 a 即为分化生长率。

§3.2　相关生长律的统计分析

当 $a=1$ 时 $y=bx$,统计分析简单。但有时 $a\neq 1$,这时分析复杂,所以报道较少。一般是用来研究家畜某个组织或器官的体积

或重量(y)相对于整个机体(x)的相关生长规律。观测数据型式可用表 1.17 表示。表中数据对(x_{ij}, y_{ij})表示在第 i 个年龄第 j 个体的两个性状 x 和 y 的观测值。可用表中最后一列数据,即各年龄的数据均数$(x_i., y_i.)$配合分化生长模型。

表 1.17 分化生长的数据模型

日龄	m 个个体的观测数据						平均
	1	2	$\cdots$	j	$\cdots$	m	
1	$x_{11} y_{11}$	$x_{12} y_{12}$	$\cdots$	$x_{1j} y_{1j}$	$\cdots$	$x_{1m} y_{1m}$	$x_1. y_1.$
2	$x_{21} y_{21}$	$x_{22} y_{22}$	$\cdots$	$x_{2j} y_{2j}$	$\cdots$	$x_{2m} y_{2m}$	$x_2. y_2.$
$\vdots$	$\vdots$			$\vdots$		$\vdots$	$\vdots$
i	$x_{i1} y_{i1}$	$x_{i2} y_{i2}$	$\cdots$	$x_{ij} y_{ij}$	$\cdots$	$x_{im} y_{im}$	$x_i. y_i.$
n	$x_{n1} y_{n1}$	$x_{n2} y_{n2}$	$\cdots$	$x_{nj} y_{nj}$	$\cdots$	$x_{nm} y_{nm}$	$x_n. y_n.$

对分化生长模型两边取对数可得 $\lg y_i. = \lg b + a \lg x_i.$,所以可用再参数化法转换有关参数,令:$Y = \lg y_i.$,$X = \lg x_i.$,用相关:

$$r = \frac{\sum XY - (\sum X)(\sum Y)/n}{\sqrt{\dfrac{\sum X^2 - (\sum X)^2}{n} \cdot \dfrac{\sum Y^2 - (\sum Y)^2}{n}}} \tag{11}$$

按 $\mathrm{d}f = n - 2$ 检验 γ 的显著性。若相关系数显著,则说明 X 与 Y 的观测值符合分化生长模型。这时可用下式估计模型参数:

$$a = \frac{\sum XY - (\sum X)(\sum Y)/n}{\sqrt{\dfrac{\sum X^2 - (\sum X)^2}{n}}} \tag{12}$$

$$b = \exp(\sum Y/n - a \sum X/n) \tag{13}$$

模型的拟合优度为:

$$R^2 = 1 - \frac{\sum (\overline{Y} - \hat{Y})^2}{\sum (Y - \overline{Y})^2} \tag{14}$$

若仅在两个年龄观测了 m 头动物，$n=2$，则可直接按下式求 a 和 b 的估计值：

$$a = \frac{(\log Y_2. - \log Y_1.)}{(\log X_2. - \log X_1.)}, b = \sqrt{\frac{Y_2 \times Y_1.}{X_2^a. \times X_1^a.}} \tag{15}$$

$n=2$ 时，$df=0$，不能进行可靠性检验。

若分化生长率的估计值为 $a=1$，则说明在第一至第 n 次观测期间，局部 y 的生长强度与整体 x 的生长强度相等。若 $a>1$ 则说明在整个观测期局部 y 生长强度大于整体 x 的生长强度。若 $a<1$ 则说明在整个观测期内局部 y 的生长强度小于整体 x 的生长强度。注意：b 总大于零，这一点也可以从分化生长模型看出。

如果在出生后观测某个组织或器官的分化生长，这时分析得到的模型参数 a 不仅反映了该性状相对于整体的分化生长率，而且还可以反映该性状成熟早晚。当 $a>1$ 时，反映该性状晚熟，因为在出生后它的生长强度大于整体。若 $a<1$，则反映该性状早熟，因为它在生后的生长强度小于整体生长强度。这里的早熟与晚熟是相对于出生前后而言的。分化生长曲线见图 1.11。

如果观测是胚胎期，则情况正好相反，当 $a>1$ 时表示观测组织或器官是早熟的，因为在怀孕期生长强度比整体的生长强度大。若 $a<1$ 则说明在胚胎期它的生长强度小于整体的生长强度，所以是晚熟的。这里的早熟与晚熟也是相对于初生而言的。

猪体成分可用分化生长公式 $y = ax^b$ 或 $\log y = \log a + b \times \log x$ 计算。这里 y 是体成分，x 是猪空腹体重。a 和 b 的值见表 1.18。

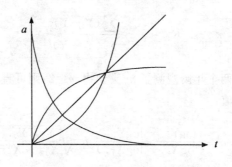

图 1.11　分化生长曲线：$b > 0$

表 1.18　自由采食 20～160 kg 活重猪的分割胴体的分化生长率

	b	A	x 为 100 时的 y 值
胴体的去骨瘦肉	0.97	0.41	36
胴体的去骨脂肪	1.40	0.03	19
胴体的骨骼	0.83	0.16	7.3
整体的蛋白质	0.96	0.19	16
整体的水	0.86	0.93	49
整体的脂肪	1.50	0.02	20
整体的灰分	0.92	0.049	3.4

注：①活重＝空腹体重×1.05。

②来源：ARC，1981。

§3.3　影响分化生长率的生物学因素

①分化生长率随年龄而变化。经常有人对出生至成年最大体重这段时期内的观测数据进行综合分析，如前面介绍的估计分化生长参数 a 和 b 的方法，这显然是生后各期分化生长率的平均估计结果。另一种办法是在同一日龄观测 m 头家畜，据此 m 对数据

配合相关生长模型 $y = bx^a$，估计出该日龄的参数 a 和 b。例如表 1.17 中的数据有 n 个日龄，每个日龄 m 头动物被观测，所以可配合出 n 个相关生长方程和 n 个相应的分化生长率。若按日龄（体重）排列这 n 个分化生长率 a，在直角坐标系中以日龄（体重）为横坐标，以分化生长率为纵坐标，描点连线，便可以绘出整个观测期内分化生长率随日龄（体重）变化的曲线。

用某一日龄的 m 对数据配合分化生长模型时，仍然可用公式 (8)～(10) 的步骤和方法，只是需把公式中 n 换为 m。

②体重是决定分化生长率的主要因素。McCance(1967) 用低营养水平喂猪，周岁体重仅 5～6 kg，而正常饲养的同窝猪已长到 100 kg，它们的体躯比例也大不相同。此后，对限食猪恢复正常饲养，它们逐渐接近了正常猪体重，其他差别也逐渐缩小。当然，营养决定体重，但不能说营养是决定分化生长率的主要原因，因为体重本身也含有年龄因素，而营养则否。这个试验表明，猪的不同性状的分化生长率是相互协调的，以形成协调的器官。

第 4 节　商品猪的体型评定

商品猪生产中有一个根本问题，就是评价商品仔猪饲养管理和饲料营养方案，这也是配方师设计仔猪饲料配方的目标，断奶前商品仔猪的饲养目标是什么？从目前世界各国的饲养标准来看，都以断奶体重大小作为评价指标。这有什么问题吗？

§4.1　早期体重要后来的饲料维持

§4.1.1　断奶体重维持到出栏的耗料量

通常仔猪维持需要的营养可用体重的指数函数来表示。ARC(1981) 根据分析 5～90 kg 猪的资料，得到维持的代谢能需要量为 $172W^{0.60}$ kcalMEn/d，如果用 0.75 作为指数，那么该公式就

变为 $109W^{0.75}$(kcalMEn/d)，而 NRC(1998)推荐猪各阶段的维持能需要量为：

$$DEm = 460.24W^{0.75}kJ\ DE/d\ 或\ DEm = 110W^{0.75}kcalDE/d$$
$$MEm = 443.5W^{0.75}kJ\ ME/d\ 或\ MEm = 106W^{0.75}kcalME/d$$

这里 W 为猪的自然体重(kg)，一般把 $W^{0.75}$ 叫做代谢体重。

对于 25 日龄断奶仔猪，如果体重为 6.5 kg，日粮消化能为 3.550 Mcal/kg (14.8 MJ/kg)，断奶后维持其断奶体重的基础代谢需要，每天至少要采食消化能 $0.11W^{0.75}$ Mcal，折合日粮：

$$\begin{aligned} M &= 0.11W^{0.75}McalDE/3.55McalDE \\ &= 0.11 \times 6.5^{0.75}/3.55 \\ &= 0.126\ 139(kg) \end{aligned}$$

假定到 155 日龄出栏，为讨论方便，假定日粮不变，那么，到出栏的维持需要的日粮总数为(仅仅是维持断奶体重需要的日粮)

$$\begin{aligned} TM &= 130 \times 0.11W^{0.75}McalDE/3.55McalDE \\ &= 16.398\ 07(kg)! \end{aligned}$$

仔猪的维持代谢能需要还与环境温度有关，不过为了讨论的简单，我们假定出栏前全期的猪舍温度都处于等热区。

§4.1.2　早期投入的维持饲料的成本

根据经济学原理，早期投入的饲料成本要大于后期投入的饲料成本。为简单，这里不考虑养猪风险因子。这时计算投资回报的公式一般为：

$$C = C_0(1+r)^t$$

式中：C_0 为资本金，r 为资金利率，t 为投资期。

假定第 25 日龄的体重为 6.5 kg，则维持需要量为 0.11/3.55 $\times 6.5^{0.75}$=0.126 kg/d，目前饲料价格为 2.5 元/kg，银行贷款利

息率为 0.006/月,则仅仅断奶体重,到出栏需要的维持饲料资金为

第 25 日龄到出栏需要的维持饲料资金为

$$C_{25}=0.126\times2.5(1+0.006)^{(155-25)/30}=0.307\ 878$$

第 26 日龄到出栏需要的维持饲料资金为

$$C_{26}=0.126\times2.5(1+0.006)^{(155-26)/30}=0.307\ 817$$

......

第 d 日龄到出栏需要的维持饲料资金为

$$C_d=0.12\times2.5(1+0.006)^{(155-d)/30},这里\ d=25\sim155$$

自断奶到出栏的整个生长期需要的维持资金为

$$C=\sum_{d=25}^{155}C_d$$
$$=\sum_{d=25}^{155}\left[M\times K\times(1+r)^{(155-d)/30}\right]$$
$$=M\times K\times\left[\sum_{d=25}^{155}(1+r)^{(155-d)/30}\right]$$

式中:M 为断奶体重每天的维持需要量;K 为维持饲料的价格(元/kg);r 为银行贷款利率;d 为仔猪日龄。

带入有关数据,计算出本例的结果为

$$维持到出栏需要的维持资金=M\times K\times\left[\sum_{d=25}^{155}(1+r)^{(155-d)/30}\right]$$
$$=0.126\times2.5\times\left[\sum_{d=25}^{155}(1+r)^{(155-d)/30}\right]$$
$$=0.315\times131.712\ 7$$
$$=41.54(元)$$

§4.2　商品仔猪的体型评定

由上述分析可以看出,仔猪饲料纯粹用于长体重是极不划算的,仔猪饲料的成本那么高,尤其是早期增长的体重需要后来的饲料来维持,对于整个饲养期是负担! 所以用仔猪增重为唯一标准来评价商品仔猪饲养管理和营养管理方案是不科学的。

诚然,我们不可能让仔猪跳过前期的生长发育阶段,这里的关键是生长发育的内容,或者说是饲养管理目标和营养方案目标。目前饲料市场上,"不拉稀"、"皮红毛亮"、"适口性"、"物美价廉"是一般养猪场对仔猪教槽料的基本要求;采食有效养分多,能消弭断奶应激,日增重和饲料效率好,是对仔猪教槽料的高档要求。就各国推荐的饲养标准来看,评价饲养管理和饲料营养方案的理念(指导思想)普遍是只注重表象——体重,例如 NRC(1998)等,体重虽然与体型和体尺相关很高,但体重毕竟不是体型或体尺。我们认为应该综合考虑仔猪的生长发育规律,以最低成本满足仔猪生理需要,主要是骨架(关键是体型、肢蹄、精神状况或体质外形)、肠道、免疫功能等的生长发育,为其一生的生存和生产奠定厚实的基础。

评价仔猪骨架、肠道和免疫系统生长发育状况的方法,可以采用体质外形评价法,这个方法虽然古老但是仍有使用价值,我们简称之为仔猪体型评定。

评定仔猪体型的具体方法步骤,首先目测,体型要符合品种标准,骨架大的表示骨骼发育好,骨骼发育好的往往抗病力强;肥瘦可以目测,七八成膘最好;精神状态要好(抓它时活蹦乱跳),仔猪每天大约有 2/3 的时间在活动,不像大猪那么懒;然后触摸,从髋骨突起处触摸,有骨感的表示瘦,没骨感的表示肥,髋骨突出的表示太瘦,用力按压才有骨感的表示太肥,仔猪七八成膘最好(图 1.12,图 1.13);最后鉴定肢蹄,卧系是发育不良,洋猪的蹄叉并拢,我国地方猪常见蹄叉分开(图 1.14)。尾巴要粗,不断摆动或卷成 Q 状。

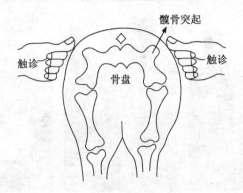

图 1.12　仔猪的膘情评价

（据洪平的课件修改，2010）

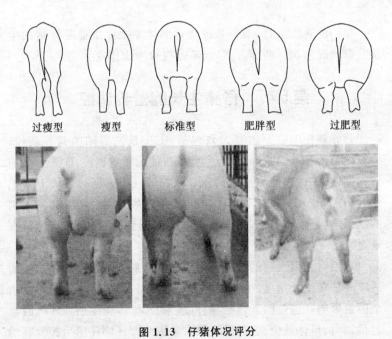

过瘦型　　瘦型　　标准型　　肥胖型　　过肥型

图 1.13　仔猪体况评分

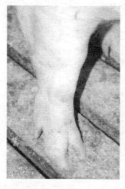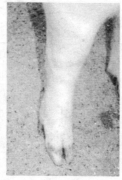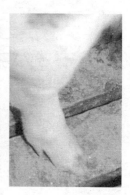

图 1.14　仔猪的肢蹄评分

（www.nationalhogfarmer.com）

　　我们的观点就是,结合考虑体重和体型来评价商品仔猪的生长发育状况和饲料营养方案,而不是仅仅考虑体重。

第5节　仔猪生长的营养调控

　　营养调控的主要内容大致包括:①生长调节轴的营养调控;②消化道内环境的营养调控;③免疫机能的营养调控;④采食量的营养调控;⑤动物产品品质的营养调控等几个方面。传统上常把营养归属于"环境效应",动物生长发育是基因型与环境共同作用的结果,这里强调的是,营养可以调控基因型的表达,而且简单有效,快速安全。

　　日粮对基因表达的调控作用可加强断奶时仔猪对固体日粮的适应。仔猪生长速度、生长内容和饲料效率等都受遗传和环境两个因素影响。遗传因素包括品种(品系)、年龄和性别。环境因素包括饲料、母体效应、管理等。只有掌握全部影响仔猪生长发育的因素及对其生长发育的影响规律,才能设计出科学的饲料配方。

§5.1　生长受阻与补偿生长

因为仔猪断奶、饲养管理或疾病等原因,使家畜体重停止生长或减轻,外形和组织器官也会产生相应变化,通常把这种现象叫生长受阻(Growth Retardation);情况恢复正常后,家畜体重和受阻部位会以异常快的生长速度恢复正常,这种现象被称为补偿生长(Compensatory Growth or Catch-up Growth)。多种动物表现补偿生长效应。

(1)发育受阻的规律。

1)某一部分若处于生长强度最大时遭到营养不足,那么该部分所受影响最大。

2)任何阶段营养不足,对不同部分或组织所产生的阻抑作用,与该部分成熟的早晚有关。营养不足发生之前已成熟的部分受影响最小,此后才能成熟的部分受影响最大。例如正常情况下成熟早晚顺序是脑→骨→肌肉→脂肪,若营养不足发生在骨骼成熟后肌肉成熟前,那么受影响最小的是脑,其次是骨,受影响最大的是肌肉和脂肪。

3)营养不足时,机体本能地分解利用本身组织为养分,以保持生存。分解利用的顺序,与正常成熟早晚的次序相反。最初是脂肪,其次为肌肉,最后是骨骼。图1.15中箭头多少表示该组织在维持生存和物种持续中所起作用的大小。营养不足时每种组织各减一个箭头,这时脂肪生长停止,其他成熟早的组织器官则以较慢速度生长。当营养来源继续减少时,再减一个箭头,肌肉停止生长,而脑、骨和胎盘胎儿仍可继续生长,这里脂肪箭头数已为负1,表示开始分解脂肪以维持生存和胎儿所需之能量。营养更不足时再减一个箭头,这时骨骼生长停止,肌肉也开始分解以维持生命和胎儿。若营养更不足,则胎儿流产,母体本身也可能死亡。

4)某一部位或组织发育受阻时,会影响相关部位生长。如体轴骨和四肢骨生长受阻,必将导致体长和体高等体尺生长受阻;肌肉和脂肪发育受阻,必然导致胸围、体重等的相应变化。

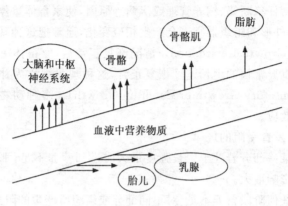

图 1.15　血液养分供应示意图

(Hommond,1944)

　　仔猪断奶后因采食量不足,首先动用糖元和体脂贮存,此后分解体蛋白供能。值得注意的是,在分解体蛋白质时先分解骨骼肌后动用消化系统和肠道肌肉蛋白。这些代谢方面的变化都是在激素调节的作用下适应固体饲料的过程。

　　(2)补偿生长的规律。生长受阻过后情况恢复正常时,各组织开始补偿生长。各组织从血液获取养分的优先顺序与该组织在维持生存中所起的作用成正比。图 1.14 中箭头多的优先摄取。

　　生长受阻能否完全补偿? 这要看受阻程度和受阻时间。一般地说,家畜具有迅速、强大的补偿生长能力。前述 Mccance(1967)用猪做的实验就可说明这一点。

　　在 1990 年美国畜牧学会会议上,佐治亚大学研究报道指出,断奶后生长受阻现象对上市前的生产性能表现出持续影响,实质上推迟了上市日龄。明尼苏达大学的试验(Stair 等,1991)也证明了没有生长补偿作用,仔猪在采食添加脱脂奶粉日粮后所得到的增重在后期不仅不会损失,而且还能提高生长肥育期的生产性能。因此,阶段饲喂方式所取得的经济效益不仅包括开食期生产性能的改善,而且还应包括后续至上市阶段生产性能的提高。

(3)补偿生长效应的作用机制。针对动物补偿生长效应的作用机制已有大量研究,提出了 5 种理论,简介于下。

细胞分化理论。细胞内 DNA 含量是恒定的,所以可以测定动物体组织的 DNA 含量来精确估计细胞数目。体重控制是由组织本身通过控制细胞数目和总 DNA 量实现的,DNA 的数量是控制动物体重的主要因素。生长早期是细胞数目的增加,后来是细胞体积的增大。如果营养受限没改变 DNA 数量,因此在营养恢复正常后,动物能达到正常体重。如果在细胞增殖期发生营养受限,限制了细胞增殖,则 DNA 数量发生改变;如果恢复正常营养的时间在细胞增殖期后,动物不能通过细胞数目的增殖来生长,只能靠细胞增大来生长,那么就无法通过补偿生长达到正常体重。就是说,细胞数量减少将导致永久性生长迟缓,而细胞体积减少可通过恢复正常营养供给而达到正常水平。Zubair(1994)研究成年大鼠,营养受限没改变 DNA 数量,因此,在营养恢复正常后,能达到正常体重。

中枢神经控制理论。动物中枢神经系统中存在控制不同日龄体重的标准。生长激素分泌及调节的许多环节受日粮营养水平调节。营养受限后恢复正常营养水平时,生长激素(growth hormone,GH)释放增高,使动物短时间达到与其日龄相适宜的体重。

消化道代偿理论。动物消化道在营养物质消化吸收中发挥重要作用,消化道不仅为动物提供其所需的营养素,而且其自身也要消耗大量营养素。

免疫调节理论。动物机体免疫机制被激活后,使部分营养用于免疫反应和抵抗疾病而不用于生长,从而降低动物生长性能。

由营养受限导致的激素水平变化改善动物免疫机能,在营养恢复后,动物表现出更好的健康状况和生长性能。

推拉平衡理论。机体生长取决于拉动力和推动力的互作,是二者平衡的结果。在动物生长中的拉动力包括动物的遗传潜力(即动物沉积蛋白质和体脂肪的潜力)、免疫反应、应激反应及活动量,而推动力是指日粮的营养供给状况。营养受限时动物生长的推动力不足,在营养恢复正常后,巨大的拉动力会结合充足的推动力使动物生长在最短时间内达到其遗传潜力的生长性能。

(4)补偿生长效应对动物生长性能及机体组成的影响。

对动物生长性能的影响。对肉鸡、猪和肉牛的研究都发现在营养受限后恢复正常营养供给后,表现出饲料利用率的改善。

补偿生长效应对猪体组成的影响,研究结果差异较大,这可能取决于影响程度,是否伤及了当时的细胞分化——DNA含量的增长。早期严重限制仔猪的蛋白质摄入,可限制后期猪只体蛋白积蓄和生长速度,减少DNA在肌肉中的含量,即使这些猪只后期饲喂营养平衡的饲料时,脂肪的增长提高而蛋白的增加减少。

(5)英国最新的研究结果令人鼓舞,该研究结果表明了,促使仔猪一开始就加速生长,可以使生长育肥猪一直到屠宰都保持良好的生长势头,而不增加背膘厚度。不但在欧洲,而且在美国和澳大利亚的试验证据都同时反对补偿性生长;生长缓慢的仔猪其体重不会在以后赶上同群的其他猪,在断奶最初几周内增重缓慢,就意味着这些猪以后整个生长育肥期内都不会充分生长,要延长10~20 d才能达到可上市的体重!

§5.2　营养对仔猪生长的影响

动物生长性状的遗传力一般在25%~30%,说明动物生长主要受环境控制;不过有的生长性状受主基因控制。前述 Mccance (1967)的实验表明,仔猪体重不仅是年龄的函数,更主要的,是累计营养采食量的函数。就是说,仔猪的累积生长模型,不应该仅仅考虑年龄因素,更主要的是要考虑营养因素,因此我们把仔猪体重写作 $W=g(z,t)$。前已导出 $W=A/[1+((A-W_0)/W_0)\exp(-rt)]$,而 $r=r(z)$,所以我们有

$$g(z,t)=A/[1+((A-W_0)/W_0)\exp(-r(z)t)] \tag{16}$$

考虑到不同年龄的仔猪所需要的营养水平不同,所以应该修改 $r=r(z)$ 为 $r=r(z,t)$,这时的累积生长模型修改为:

$$g(z,t)=A/[1+((A-W_0)/W_0)\exp(-r(z,t)t)] \tag{17}$$

前已表明,$r=r(z,t)$ 与生长曲线坡度有关。饲料营养水平(z)越高,$r=r(z,t)$ 越大,曲线越陡,仔猪早期生长速度越大,上市日龄越早。这个模型清楚表明了动物营养方案与仔猪生长的关系,对于制定营养方案有重要指导意义;此外,这个模型在制定仔猪最佳营养方案时也有重要作用(De La Llata 等,2001)。

一般地说,中等营养水平有利于改善生长速度,低营养水平有利于改善饲料效率,而免疫力的改善需要高的营养水平,如图 1.16 所示。

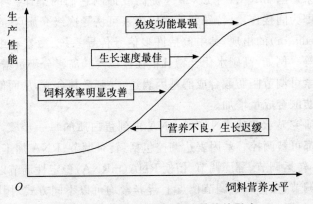

图 1.16　营养水平对猪生产性能的影响

§5.3　营养对基因表达的调控

按发育生物学观点,日粮中常量养分如碳水化合物、蛋白质、氨基酸、粗脂肪均可在一定程度上影响动物基因表达。这种作用可发生在转录水平或转录后水平,从而影响机体代谢过程。

基因转录和翻译是决定动物生产的基本代谢活动,日粮养分影响许多基因的表达。养分不改变动物遗传结构,但可启动或终止一些基因表达,改变遗传特征出现的时间框架。所以可通过改变日粮组成来调控基因表达。例如脂肪酸合成酶复合物基因表达在转录和翻译水平上受养分调控。20碳、4个双键的花生酸可抑制该酶复合物基因转录。

营养对基因表达的调节方式有直接作用和间接作用两种。直接调控就是营养素可与细胞内组分,通常为调节蛋白(包括转录因子)作用,从而影响基因的转录速度及 mRNA 的丰度和翻译。视黄醇、钙三醇和某些固醇和脂肪酸以转录因子的配体形式与其结合,从而改变基因表达。再如锌是通过占据转录因子上的一个位点来增加转录率,而铁则是通过与那些可与 mRNA 作用的蛋白结合来影响 mRNA 丰度,最终提高或抑制它们的翻译。第二种方式即为间接作用,特殊营养物质摄入可诱导次级介质(Secondary mediator)的出现,其中包括许多信号传导系统、激素和细胞分裂素等。例如,高碳水化合物日粮往往诱发胰岛素分泌量增加,而胰岛素可调节脂肪酸合成酶基因表达,并刺激其合成,从而使动物体脂肪酸合成量增加。

研究显示在从 DNA 到 RNA 再到蛋白质的每一步骤,基因表达都可被调控。基因表达调控包括:转录调节、RNA 加工调节、RNA 转运调节、翻译调节、信使 RNA(mRNA)稳定性调节以及翻译后调节,在每一个调节位点上营养素均可以不同方式对其发生影响,如图 1.17 所示。

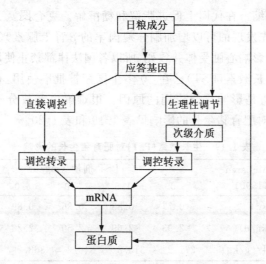

图 1.17　营养对基因表达的直接和间接调控

(引自高民等,2001)

总之,日粮中的营养成分可能通过多种途径来调控动物基因的表达,从而影响动物机体的代谢过程,并最终影响动物生长、发育和繁殖。因此,通过日粮配合来控制基因转录、翻译,调节基因表达,可以有效地提高和控制动物生长。

§5.4　非营养性添加剂的调控作用

仔猪是猪一生中生长发育最强、饲料利用率最高、开发潜力最大的一个阶段,死亡率最高、饲养管理最繁杂。除做好品种选育、搞好饲养管理、合理营养外,可采取一定营养技术措施:如酸化剂、酶制剂、调味剂、代乳品、益生素、寡糖、小肽、类抗生素等添加剂的应用。

(1)β 肾上腺素兴奋剂。机体细胞受体对肾上腺素产生反应——两者为组织类反应。其生理效应是使支气管收缩,心律加快,血管收缩。在代谢上促进脂解和糖酵解。克仑图氨(克喘素)是一种早先发现的可以增加胴体瘦肉率的 β 肾上腺素兴奋剂,不幸的是,它影响心脏受体并致死,所以各国法律都禁止使用。

(2)生长激素(PST)已在 10 多个国家被批准使用,有效的释放体系一直是影响广泛应用的原因。很难解决释放分子的半衰期。PST 对肥育猪生长的影响见表 1.19 和表 1.20。

表 1.19　生长激素(PST)对肥育猪生长的影响

来源:McLaren et al(1990)	PST 剂量/(mg/d)				
	0	1.5	3.0	6.0	9.0
增重/(kg/d)	0.77	0.83	0.86	0.89	0.84
采食量/(kg/d)	2.93	2.69	2.50	2.28	2.26
增重/饲料/(g/kg)	271.2	310.8	340.2	368.2	355.3

表 1.20　生长激素对猪胴体组成的影响

观测项目	PST 剂量/(mg/d)				
	0	1.5	3.0	6.0	9.0
胴体重/kg	78.1	76.0	74.6	74.4	77.5
眼肌面积/cm^2	34.7	38.4	39.3	37.7	38.5
脂肪 ST/%	7.52	5.39	4.44	4.40	4.03
P-2 膘厚/cm	2.68	1.84	1.41	1.26	1.12

注:McLaren et al. 1987。

(3)添加剂等也可以促进仔猪生长。

§5.5　仔猪的生长潜力

现代遗传育种技术使猪群每年的遗传进展远大于过去,当前的猪比先前的猪生长速度更快、蛋白沉积更多,所以当前瘦肉型猪的氨基酸需求量高于 NRC(1998)的标准。鉴于当前基因型猪对氨基酸需求的增加,研究主要集中于这方面。

仔猪早期营养水平对后期生长有奠基作用。早期体重大的到出栏体重所需时间也短,多数研究结果是,早期体重较小在后期生长中并不表现代偿性生长,早期限制蛋白质摄入量可限制后期体蛋白质沉积速度,例如断奶体重对后期的影响甚至比断奶后饲喂高营养饲料的影响还大。现在饲养的培育猪种,早期生产性能很高,例如哺乳期生长速度可达 200 g/d,而此时生长潜力可达 400 g/d。仔猪阶段的营养需要变化很快,因而现在采用多阶段饲喂方式。设计饲料配方时要根据其消化生理特点、营养需要、断奶综合症的根源等,科学合理地调整日粮营养成分、功能性非营养成分、加工工艺,尤其是原料。

据报道,在断奶后日粮更换期,生长快的仔猪(日增重在225～340 g/d)比生长慢的仔猪(日增重在 0～110 g/d)提前 10～28 d 达到上市体重。采食量不足是仔猪断奶时小肠结构变化的主要原因,例如肠绒毛变短,腺窝加深等。断奶后仔猪处于应激状态,维持需要的代谢能增加,而断奶后采食量和日粮消化率降低,限制了仔猪生产性能的发挥,使得营养管理成为仔猪断奶期管理的核心内容之一。据报道,断奶后 1 周的平均维持需要量为 461 kJME/kgW$^{0.75}$,而断奶后 5 周是 418 kJME/kgW$^{0.75}$。由于采食量降低和维持的代谢能需要量增加,仔猪断奶后第一天就需要消耗体贮存的能量来维持能量需要。但是,如果仔猪在断奶后 4～5 d 的时间内可以采食到断奶前的能量,就可避免绒毛萎缩的发生,保持消化酶活性。

虽然进行了大量研究,至今断奶仔猪日粮设计仍然是养猪业中最难解决的技术难题。有研究指出,猪潜在的和生产上要求达到的性能指标之间存在巨大差异,但是这个差异,也许仅仅是我们已经发现的差异,实际上,我们目前对仔猪生长潜力的了解,我们已经知道的那些技术水平如遗传改良、饲养管理、环境设备等,也许只达到了最好水平的 30%、20%,甚至是 10%,这个观点可以图示为图 1.18。例如图 1.7 中给出的断奶导致的仔猪生长速度的鸿沟，只是我们目前已发现的差距，其实我们未发现的也许更大。表 1.21 示出了猪潜在的和生产中要求实现的性能指标。

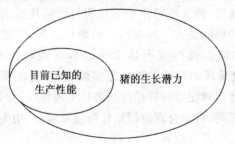

图 1.18　猪的生长潜力

表 1.21　猪潜在的和生产中要求实现的性能指标

日龄	潜能			实际目标		
	体重/kg	生长/(g/d)	料肉比	体重/kg	生长/(g/d)	料肉比
0	1.5			1.5		
25	10.2	350		7.0	220	
45	22.7	625	1.4	14.2	360	1.2
65	38.7	800	1.4	27.8	680	1.6
110	87.7	1 080	2.0	63.8	800	2.2
145	122.7	1 000	2.6	95.3	900	2.7
170	148.0	1 000	2.9	119.0	950	3.2
出生后的生长速度/(g/d)	870			700		

配方师根据仔猪生理特点和环境及管理的影响，制定相应营养措施，一是保持能量采食量，降低可能发生的应激，这对保持仔猪最佳生产性能和健康状态至关重要；二是提高仔猪的抗应激能力。这些营养措施包括制定适宜的日粮营养结构，采用优质原料

并配合适宜加工以及实施适宜的饲喂措施。

　　设计仔猪饲料配方已成为饲料厂品牌竞争的焦点。笔者认为仔猪饲料产品设计目标有三：一是根据仔猪生长发育规律，仔猪阶段骨骼生长强度很大，所以仔猪营养目标应该重点满足骨骼生长；目前普遍追求的体重大并不正确，但作仔猪生长的衡量指标也很有效，因为一般地说体重大的体型也大。二是满足仔猪肠道发育，因为仔猪肠道发育强度也很高，再者长一副好肠子可奠定一生消化吸收和生长发育的基础。三是提高仔猪抗病力，只有健康仔猪才可能有良好性能。值得庆幸的是，骨骼和肠道发育良好的仔猪，其免疫系统的发育也相对较好，这使得我们的理念便于推广和应用。

参 考 文 献

　　[1] 高民，赵志恭，卢德勋，等.营养对基因表达的调控（上）[J].内蒙古畜牧科学，2001，22（3）：33-35.

　　[2] 高云云，范志勇，杨丹丹，等.体况评定在繁殖母猪中的应用[J].养猪，2009（1）：12-15.

　　[3] 葛剑，谷子林，李英，等.河北柴鸡 1～16 周龄生长曲线分析与拟合的比较研究[J].中国家禽，2005，27（14）：9-11.

　　[4] 强巴央宗，翟明霞，谢庄，等.藏鸡体重和胫长 Gompertz 生长曲线及相关性分析[J].南京农业大学学报，2008，31（2）：86-90.

　　[5] 普拉斯克.断奶仔猪[M].谯仕彦，郑春田，管武太译.北京：中国农业大学出版社，2009.

　　[6] 王继华，等.家畜育种学导论[M].北京：中国农业科技出版社，1999.

　　[7] 王继华，安永福，张伟峰，等.动物科学研究方法[M].北京：中国农业大学出版社，2009.

［8］王继华,张爱萍,安永福.家畜生长数学模型配合法［J］.畜牧与兽医,2010,29(2):1-3.

［9］吴德.仔猪营养及饲养调控技术［PPT］.四川农业大学动物营养研究所,2010.

［10］伍喜林,杨凤.动物补偿生长效应研究［J］.中国饲料,2003,5:9-11.

［11］肖炜,云鹏,于凡,等.大约克夏生长肥育期生长规律的研究［J］.中国畜牧杂志,2007,43(9):1-3.

［12］杨运清,等.动物生长模型优化拟合实用法［J］.生物数学学报,1991,6(3):104-107.

［13］张宝荣,郭应全,闻殿英.猪肉中氨基酸与胴体重和瘦肉率变化关系的分析［J］.黑龙江畜牧科技,1998(3):29-31.

［14］M. A. Varley,J. Wiseman.断奶仔猪营养与饲养管理新技术［M］.张宏福,唐湘方译.北京:中国农业科学技术出版社,2006.

［15］赵春鹏.猪生长曲线,料肉比与猪际关系［D］.广州:华南农业大学,2009.

［16］周勤飞,王永才,王金勇,等.渝荣1号猪配套系商品猪生长规律分析［J］.中国畜牧杂志,2009,45(15):9-11.

［17］ARC. The Nutrient Requirements of Pigs［M］. Commonwealth Agricultural Bureaux. 1981. pp. 1-124.

［18］Bridges,T. C. , L. W. Turner,E. M. Smith,T. S. Stably,and O. J. Lower. A Mathematical Procedure for Estimating Animal Growth and Body Composition［C］. Transactions of the American SocieQ of Agricultural Engineering 29(September-October 1986):1342-1347.

［19］De Llata, S. S. Dritz, M. M. Langemeler, et. al. Economics of increasing lysine:calorie ratio and dietary fat addition for growing-finishing pigs reared in a commercial environment [J]. Journal of Swine Health and Production. 9:215-223.

[20] Hammond J. Physiological factors affecting birth weight. Proceedings of the nutrition society. 1944,2:8-12.

[21] Ioannis Mavromichalis. 2006. Applied nutrition of for young pigs[M]. www. cabi. org.

[22] K. L. Hossner. HORMONAL REGULATION OF FARM ANIMAL GROWTH[M]. CABI Publishing. www. cabi-publishing. org,2005.

[23] Michael A. Boland,Kenneth A. Foster,and Paul V. Preckel. Nutrition and the Economics of Swine Management[J]. Journal of Agricultural and Applied Economics,1999,31(1):83-96.

[24] R. A. Cabrera,R. D. Boyd,S. B. Jungst et. al. viability of progeny Impact of lactation length and piglet weaning weight on long-term growth and viability of progeny [J]. doi: 10. 2527/jas. 2009—2121 originally published online Feb 26, 2010; J Anim Sci. 2010,88:2265-2276.

[25] T. L. J. Lawrence,V. R. Fowler. Growth of Farm Animals[M],2nd Edition. Publisher: CABI. 2002-09-24.

第 2 章　仔猪消化生理的营养调控

　　仔猪哺乳期有母乳垫底,给予教槽料是辅助性质的,所以设计乳猪的饲料配方可能比设计断奶仔猪的饲料配方相对容易一些。仔猪断奶时采食量下降,胃酸分泌功能、消化吸收功能和免疫功能都没发育成熟,这是造成断奶仔猪腹泻的根本原因。具体地说,造成早期断奶仔猪腹泻的原因有以下几点。

　　(1)断奶应激。包括心理应激(母与仔分离)、营养应激(仔猪从母乳转向干饲料)和环境应激(仔猪从分娩栏到保育栏)。

　　在断奶应激中以营养应激最强烈,影响也最大。显微镜观察发现,仔猪断奶后,肠绒毛高度下降,隐窝深度加大,绒毛形状由手指形变为舌状。消化和吸收受损,导致小肠下段养分过剩,致使栖居肠道的有害微生物菌群大量孳生繁殖,为腹泻等消化紊乱症状的出现创造了条件。

　　(2)胃肠道内酸度(pH 值)下降。由于母乳含有大量乳糖,代谢产生乳酸,可以弥补仔猪胃酸分泌不足,肠道内酸度低时可以抑制病原菌生长。早期断奶使仔猪过早采食固体饲料,由于常规饲料一般不含乳酸且碱性也高,这使得胃内 pH 值上升,造成两个后果:一是仔猪断奶后肠道内有机酸分泌量低,pH 值升高会抑制乳酸杆菌增殖,激活大肠杆菌增殖,给病原菌繁殖提供合适条件;二是 pH 值高导致胃蛋白酶活性和消化道中其他消化酶活性显著下降,使蛋白质消化率显著下降,造成小肠下段养分相对过剩,涌入大肠,大肠内蛋白质在细菌作用下发生腐败,生成氨、胺类、酚类、吲哚、硫化氢等腐败产物——大多是毒素,对仔猪有危害作用。这种危害之一就是肠道菌群平衡变化,反馈性地促进有害微生物大量繁殖、附着并产生毒素,毒素被积累和吸收后,进一步加重肠道损伤,引起消化功能紊乱:抑制吸收、刺激分泌,肠黏膜大量分泌体液和电解质,结果导致腹泻。

(3)免疫反应抑制。母猪初乳中乳球蛋白(主要是免疫球蛋白)含量高达 7%。新生仔猪肠壁通透性很大,可完全吸收初乳中的免疫球蛋白,从而获得被动免疫。而此后的常乳中球蛋白含量仅 0.5%,仔猪主要依靠主动免疫。与自然吮乳仔猪相比,3 周断奶猪表现显著的免疫反应抑制,引起仔猪抗病力弱,容易腹泻。

(4)消化酶活性降低:仔猪胃肠道消化酶活性随着周龄增长而增长,但断奶对消化酶活性增长趋势有倒退影响,断奶仔猪胃酸分泌降低,乳酸来源终止,胃 pH 值上升也直接影响胃蛋白酶、胰蛋白酶的活性。

(5)消化生理功能不健全:早期断奶仔猪消化生理功能还不健全,不适应植物性蛋白质高的饲粮,引起胃肠机能紊乱,诱发腹泻的发生。

(6)胃肠道菌群的变化:由于乳糖的消失,乳酸来源中止,胃 pH 值的升高,使蛋白质不能被有效地消化吸收,消化过程生理失调。大肠中存在大量未被消化的蛋白质,导致肠道菌群区系失衡,从而为某些致病性大肠杆菌的增殖、附着和产生毒素创造了条件。

(7)缺铁性腹泻:初生仔猪常常发生缺铁现象,这是因为:①妊娠母猪对无机铁盐的"胎盘屏障"作用,限制了母体铁质向胎儿的传递。②母乳含铁量少。③生长发育正常的 3 周龄仔猪体重达到其初生重的 4~5 倍,快速生长需要有足够的铁质予以不断补充支持。

(8)仔猪补料诱导性腹泻:饲料抗原(尤其是豆制品)导致仔猪免疫力下降,导致仔猪免疫高敏感性,容易感染病原菌。

第1节　仔猪的采食量及其调控

采食为动物本能,直接影响仔猪健康和生产效率。采食量通过神经——内分泌、化学性和物理性的综合系统来调控,中枢神经系统是主要调控途径。采食量高低是仔猪营养第一限制因素,因此,弄清影响仔猪采食量的因素对调控仔猪采食量有重要意义。仔猪的采食量调控主要考虑两个问题:一是组成日粮的原料,这里强调味觉对仔猪采食量的影响远远大于嗅觉,二是营养水平。

正常情况下采食量与仔猪体重关系最大。一般情况下,小猪(断奶至 30 kg 体重)日采食量为其体重的 $5\%\sim6\%$,中猪(体重 $30\sim60$ kg)和大猪(体重 60 kg 至住栏)分别为 $4\%\sim5\%$ 和 $3\%\sim4\%$。

影响动物采食量的因素很多,主要有饲料、动物、饲养管理、环境和气候等方面。饲料方面的因素有:饲料气味、滋味、颜色、形状、颗粒大小和饲料质量(各种养分的平衡和消化率)。动物方面的因素有:种质、体重、体质、生产性能、健康状况、应激等。饲养管理方面的因素有:供水、换料、饲喂次数、饲喂方式、饲槽数、活动量等。环境方面的因素有:饲养密度、环境卫生、骚扰等。气候方面的因素有:温度、光照、湿度等。

需要强调,尤其是某些化学添加剂可抑制动物饱食神经中枢,从而增加采食量,这是目前各国都在积极研究的重要课题。

夏季要保证食欲和采食量,就要在保证日粮能量浓度的同时提高其他养分的浓度,特别是氨基酸、维生素、微量元素,同时添加氯化钠、碳酸氢钠等电解质;寒冷季节应适度提高能量水平;应激状态一般应增加维生素含量,如维生素 C 等;运输时可临时添加镇静剂。

§1.1　仔猪的采食量

把母乳和教槽料干物质合计,仔猪采食量的典型模式见图 2.1。

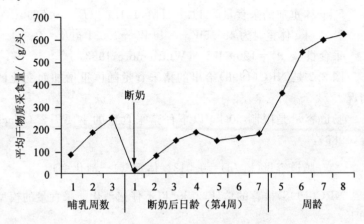

图 2.1　仔猪 21 日龄断奶的典型采食量模式

(引自谯仕彦主译《断奶仔猪》)

断奶后仔猪采食量以自由采食最好,断奶后 3 d 就可以恢复到断奶前体重,而间隔饲喂采食量低,断奶后 1 周都难以恢复到断奶前体重。断奶后仔猪采食量是由饮水量决定的,而不是采食量决定饮水量。味道不好的水可以适量添加甜味剂或香味剂以促进饮水量,但是清洁水不可添加,以免大量饮水阻碍采食量。

采食量对体重的影响可从累积生长模型(Parks,1982)看出:

$$w = w_0 + (A - w_0)\{1 - \exp[-(AB)F/A]\}$$

式中:w 为活重,w_0 为初生重,A 为成年体重,B 为饲料效率系数,F 为累计饲料采食量。

50 kg 以下仔猪自主调控能量采食量的功能不完善,尤其是哺乳仔猪,日粮能量浓度低时会严重降低有效能采食量,影响生长发育,所以仔猪日粮要求高能。采食量与仔猪体重有关,不同研究者给出的采食量模型不同,以下给出几个例子:

当饲料能量浓度为 3.4 Mcal DE 时(kcal/d),

5 kg 体重前的采食量为 11.2 日龄,151.7 g($R^2 = 0.72$),

5~15 kg 体重时为 $455.5W - 9.46 W^2 - 1.531$ g($R^2 = 0.92$)。

采食量(g/d)$= 120 \times W^{0.75}$(Whittemore,1983)

图 2.2 是 NRC(1998)给出的猪采食量随体重增加而变化的情况。

肠道容量是限制 50 kg 以下仔猪采食量的主要因素(Black 等,1986):

$$肠道容量(kg/d) = 0.013 \times 体重/(1 - 消化率)$$

NRC(1998)推荐的估计 20 kg 以下仔猪消化能采食量的模型如下:

$$消化能摄入量(kcal/d) = -133 + 251 \times BW - 0.99 \times BW^2$$

用消化能摄入量除以日粮消化能浓度即得日采食饲料量。

大于 20 kg 体重的生长猪的日采食量估计模型为

$$消化能摄入量(kcal/d) = 1\,250 + 188 \times BW - 1.4 \times BW^2 + 0.004\,4 \times BW^3$$

5~15 kg 仔猪代谢能摄入量的经验估计公式为(NRC,1987):

$$采食量(ME,MJ/d) = -6.40 + 1.93W - 0.040\,7W^2$$

或 $$采食量(ME,MJ/d) = -0.556 + 1.05W - 0.004\,13W^2$$

根据最后这个模型又可以得出如下的简单公式:

$$采食量(ME,MJ/d) = 55 \times [1 - \exp(0.017\,6W)]$$

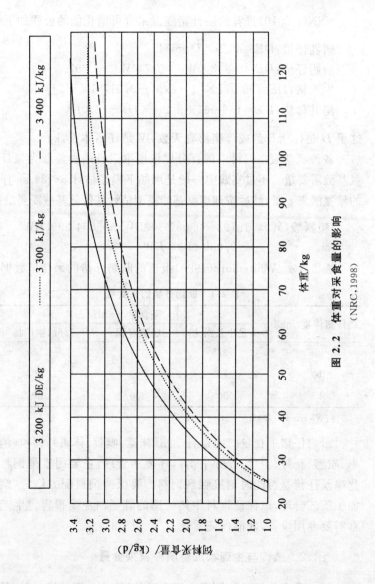

图 2.2　体重对采食量的影响
(NRC, 1998)

NSNG(2010)推荐的估计猪随意采食可消化能的公式如下：

哺乳仔猪：$DE=46.9×D-634.7$

断奶仔猪：$DE=1\,933×W-40.7×W^2-6\,397$

生长猪：$DE=55\,071×[1-\exp(-0.017\,6×W)]$

泌乳母猪：$DE=(56\,067+2\,494×D)-72×D^2$

这里 D 是仔猪日龄或母猪泌乳天数，W 是仔猪体重，kg。

各种氨基酸在饲料中的百分比浓度乘以日采食量即为每日的氨基酸需要量。不过实践中一般是用如下模型估计 3～20 kg 仔猪的赖氨酸需要量，然后按理想氨基酸模型估计其他氨基酸需要量：

$$赖氨酸(\%)=1.793-0.087\,3×BW+0.004\,29×BW^2$$
$$-0.000\,089×BW^3$$

表 2.1 是 Whitemore(1999)报道的断奶仔猪的采食量数据。

表 2.1　断奶仔猪的采食量

仔猪体重/kg	采食量/(g/d)		
	满足生长潜力	肠道容积	好的生产场
5	375	350	<100
10	750	700	400
15	1 000	800	800

注：Whitemore,1999。

影响仔猪采食量的因素有动物（味觉、嗅觉、体重），饲粮（消化率、质感、新鲜、卫生、养分平衡），环境和管理，主要因素是饲料消化率及仔猪是否能时刻接触到饲料。要保持饲料配方稳定，饲料加工工艺合理，以保证饲料中热敏感的乳蛋白免受损害。生产上常需要专用设备，才能保证质量。

§1.2　遗传与生理状况影响仔猪采食量

影响采食量的动物因素主要有遗传潜力、生理阶段、健康状况和感觉系统。

(1)遗传因素。采食量遗传力为 $h^2 = 0.3$，它与生长速度($r = 0.6$)和瘦肉率($r = 0.4$)的相关较大，故在以生长速度和瘦肉率为选择性状时也提高了采食量，这也是猪过食的主要原因。不同品种，不同生长发育阶段有不同采食量。一般来说，动物每天的单位代谢体重进食量随年龄增大而降低。

(2)生理因素。体重大的动物采食量大，这可以从前述的一些经验模型看出。母猪发情时采食量下降，甚至停止采食。妊娠、泌乳能刺激食欲，提高采食量。在神经-内分泌调控中存在许多食欲调控因子，可促进或抑制食欲，包括神经肽 Y(NPY)、丙甘肽(galanin,GAL)、内源性阿片样多肽(EOP)、生长素、黑素浓集激素(MCH)、γ-氨基丁酸(GABA)、食欲素(Orexin,OX)、谷氨酸等。饲料中的各种养分消化吸收进入血液后都可作为食欲调节信号反馈调节仔猪的神经-内分泌系统。调节食欲的神经中枢在下丘脑。

§1.3　饲料质量影响仔猪采食量

饲料质量主要是指能量浓度、营养平衡性与消化率。

(1)日粮能量浓度。这是影响采食量的决定因素，当饲料容积、物理性状等不是限制因素时，仔猪通过调节其采食量达到维持消化能进食量恒定，即在一定能量浓度范围内日粮消化能越高，饲料采食量越低，相反，日粮消化能越低，饲料采食量越高。不过仔猪的这种调节能力有限，这种调节能量日采食量的能力随年龄增大而加强。考虑到仔猪的饲料效率高，所以，仔猪教槽料的有效养分浓度做得高些是划算的，尤其是，采食量高的生长快，健康，而早期生长速度影响其一生的生长性能。

(2)营养平衡性。饲料营养不平衡时采食量明显增大，因为生长猪以生长和维持需要量为基础指导采食量，不平衡的饲料养分作为饲料填充物被动采食，可以理解为夹带物，这些夹带物实际上是猪的负担,因为采食后动物机体要消化和排泄它们。

　　对大多数动物,日粮缺乏蛋白质与蛋白质水平提高均会降低采食量。日粮氨基酸含量和平衡情况也影响采食量。当饲喂氨基酸缺乏程度较小的日粮时,猪会略微提高采食量以弥补氨基酸的缺乏。但如果日粮氨基酸严重不平衡、某种氨基酸严重缺乏或过量时,动物的采食量就会急剧下降。单胃动物能耐受更高水平的饲料脂肪,但随脂肪水平的提高,采食量会大大下降。矿物元素如钴、铜、锌、锰和维生素如核黄素、维生素 D、硫胺素、维生素 B 对采食量有调节作用。过多或缺乏会导致食欲减退,如硫胺素、叶酸、食盐、锌的缺乏和钙、碘、铁、锰的过量造成动物采食量下降。

　　谈到营养平衡,常忽视饮水问题,或把水作为管理因素。缺水时猪食欲明显减退,尤其不爱吃干粉料,失水更多。由于湿拌料[水料比(1.3~1.5):1]喂法采食量高,在不少猪场是湿拌料,但是加水量太多,猪不得不采食过多的水,这些多余的水也需要猪体排泄,构成负担,致使稀料采食量最差。所以湿拌料时要注意加水量略少些,给猪自由饮水,饮水要清洁卫生。

　　(3)日粮消化率。易消化吸收的饲料能缩短胃的排空时间,不产生"胃滞"现象,使仔猪产生饥饿感,仔猪就能多吃!

　　干湿喂、粉碎粒度、饲料气味或滋味及其变化(例如甜味剂、酸味剂、饲料发霉变质等)、特殊原料、配合饲料的养分(如粗纤维含量、盐分含量等),饲喂方式,都影响采食量;而仔猪断奶时采食量降低的最重要原因是肠道功能问题。由表 2.2 可以看出,日粮消化率对日粮采食量有重要影响。日粮消化率低不但加重小肠损伤,而且进一步降低日粮蛋白质在小肠的消化吸收,导致较多蛋白质进入大肠。仔猪采食量低主要受制于饲料的不可消化部分。例如含非淀粉多糖高不利于消化或者不能消化,会堵塞胃肠道,降低采食量。低消化率的饲料反馈抑制仔猪采食。Whittemore(1992)认为断奶仔猪采食量受体重和饲料消化率决定:

饲料日摄入量(kg/d)＝(0.013×体重)/(1－消化率)

所以要提高仔猪采食量,选用高消化率饲料是关键。

表 2.2　日粮消化率对仔猪采食量的影响

体重/kg	5				10			
消化率/%	60	70	80	90	60	70	80	90
采食量/g	163	217	325	650	325	433	650	1 300

注:Thacker,1999。

　　饲料养分的消化率、吸收率和利用率是三个层次的概念,只有最终可以利用的养分才是有效的。所以设计饲料配方的关键在于:准确把握特定动物的营养需要量;清楚地认识饲料原料的有效养分含量或生物学效价;科学地预测配合饲料加工贮藏过程中的养分损失。这些研究是营养学、饲料学和配方师的首要目标。

　　(4)日粮适口性。适口性是一种饲料或饲粮的滋味、香味和质地特性的总和,是动物在觅食、定位和采食过程中动物视觉、嗅觉、触觉和味觉等感觉器官对饲料的综合反应。适口性对慢性咀嚼动物影响特别大,猪,反刍动物比较敏感。饲料的滋味包括甜、酸、鲜和苦四种基本味。猪特别喜爱甜味;鸡怕酸不怕苦。饲料的香味来自许多挥发性物质。

　　猪味觉非常发达。猪对饲料气味的变化非常敏感。香味剂变化,例如乳香型、鱼腥型、鱼香型、香甜型之间的转换,或露于空气中时间过长,使气味挥发变淡,都会影响采食。饲料被霉菌污染产生霉味时采食量下降。环境温度高或饲料存放时间长,饲料中硫酸铜等微量元素添加量过高(150 mg/kg),饲料中的粗脂肪氧化酸败出现哈喇味,都降低采食量。

　　仔猪对饲料气味的偏好次序从高到低依次为:奶酪香型、水果香型、肉香型和甜味。很多饲料品牌是甜味,如果甜味剂所用的糖精钠不经疏水处理,并在饲料中结块或粒度在 100 目以下时会造成苦涩味,反而影响适口性。目前要求甜味剂中的糖精钠粉碎粒度在 160 目以上,且必须经过表面疏水处理,防止糖精钠与饲料和空气中的水分结团影响糖精钠的均匀分散。

添加酸味剂会促进仔猪采食,目前主张仔猪料采用低碱贮原料,少用石粉和磷酸氢钙,系酸力控制在 20 左右。

饲料中加不同油脂,例如豆油、玉米油气味不一样。气味变化影响采食量。仔猪对不饱和脂肪酸含量高的油脂消化吸收好,对鱼油、猪油、牛油等动物油消化吸收差。

其他原料的特殊气味:新鲜鱼粉有天然诱食物质,其脂肪氧化后反而影响采食量,严重的造成腹泻、肝脏肿大及免疫力下降。

特殊原料。①有适口性差的原料影响采食量。②盐分含量低于 0.2％时,采食量下降 20％,增重减少 38％。③抗生素提高采食量 7％~15％。但苦味药物添加量大也影响适口性,如痢菌净、喹乙醇等。④微量元素氨基酸螯合物适口性较好。

(5)某些饲料成分。①各种抗营养因子可能通过影响适口性、降低营养物质的消化代谢等降低采食量,例如饲料中非淀粉多糖含量。②日粮中蛋白质过高过低都降低采食量。③日粮氨基酸缺乏程度低时,可略微提高采食以弥补不足;氨基酸严重不平衡时,采食会大幅下降。氨基酸可直接作用于中枢神经系统(Central nervous systerm,CNS),CNS 有氨基酸受体,也可通过形成神经递质来实现调节。④色氨酸与中性氨基酸的比例。有报道,把 6~16 kg 仔猪基础日粮内色氨酸水平从 0.13％提高到 0.205％,可提高采食量 40％左右;回归分析表明,采食量和日增重与饲粮中色氨酸含量呈强正相关($r=0.96~0.98$,$P<0.001$);但是太多的色氨酸对猪的食欲无更多好处。⑤饲料维生素、矿物质的平衡,饲料酸碱度、离子平衡等均影响采食量。如饲料系酸力过低反而使采食量受限。⑥各种生长促进剂往往是通过提高采食量促进动物生

长,如抗生素、风味剂、益生素等。

(6)饲料容积对动物采食量影响较大,是通过对消化道的膨胀作用而限制采食,通过加工调制可降低这种限制作用。哺乳动物的食道、胃、小肠中均存在着牵张感受器,若在这些部位充满食料,可增强迷走神经活动,从而兴奋下丘脑饱感中枢,使动物停食(Mcdonald 等,1988)。

(7)饲料的物理性状包括饲料的物理、化学、机械加工程度,饲料形状等,物理性状不同对采食量有很大影响,如玉米粉碎粒度在 0.8~1.5 mm 为佳,过粗利用率下降,过细在消化道停留时间长可造成消化道溃疡,同时饲料过细适口性下降。

§1.4　饲养管理影响仔猪采食量

影响采食量的饲养管理因素主要包括环境温度、饲养密度、饲喂方式、时间和应激等。

(1)当仔猪舍温度低于最适温度时,仔猪会增加热消耗以保持体温。Whittemore 和 Fawcett(1976)提出:

$$动物抗寒需要的能量(MJ)=0.016W^{0.75}(T-T_0)$$

式中:$(T-T_0)$为仔猪舍温与最适温度之差(℃)。

当环境温度高时仔猪降低采食量,Whittemore(1998)提出:

$$高温时降低消化能采食量(MJ/d)=0.014W(T-T_0)$$

仔猪需要的最适温度可以按照下式估计:

$$T_0=27-0.6H$$

式中:H 为仔猪体的总热量支出。这表明,舍温每改变 1℃,仔猪采食量将变化 2%~3%。

实践中仔猪舍温可以每天降低 0.5℃。环境温度在温度适中区以下每下降 1℃,20 kg、20~60 kg 和 60~100 kg 的生长肥育猪每天分别需增加 14 g、27 g 和 38 g 饲料（12 kJME/g）以补偿热散失。表 2.3 是关于环境温度对仔猪生产性能影响的一组数据。

表 2.3　环境温度对仔猪生产性能的影响

环境温度/℃	20→20	24→20	28→20
生长速度/(g/d)	337	384	413
采食量/(g/d)	570	598	620
饲料利用率	1.4	1.26	1.2

（2）空气流速为 0.2 m/s 时，相当于仔猪实感温度改变 1℃，高温时相对湿度每增加一个单位，相当于仔猪实感温度增加 1℃（Close，1989）。

（3）仔猪占据面积（m^2）$= kW^{0.67}$，在较好的猪舍环境中，从采食量方面考虑，最适饲养密度是 $k = 0.050$。当 k 值低于最佳系数 0.005 时，采食量改变 4%（Whittemore，1998）。适宜采食量的面积：仔猪 0.4 m^2，生长猪 1.06 m^2，育肥猪 1.09 m^2。

（4）饲喂方式和时间。自由采食＞限制采食，群饲＞单饲，料槽要足，饲养密度合适，饲料有连续性，猪主要在白天采食。

（5）一些猪病及应激，例如转群、并圈、换料、防疫等都影响采食量。

（6）猪舍地面铺料（如稻草、水泥或木板）、食槽的设计（喂料口的位置和形状）、每头猪的采食活动空间都会影响猪采食量。

§1.5　断奶影响仔猪采食量

据报道，圈养的一般在 12 日龄（10～28 日龄）开始采食，但是到 20 日龄时采食固体饲料平均每天少于 5 g。第 4 周采食固体饲料约 63 g/d（2～205 g/d），到 28 日龄断奶前每头仔猪采食固体饲料总量为 13～1 911 g（也有报道为 0～2 382 g/头），占据母猪后面乳头的仔猪因缺乳而在 21 日龄体重较小,但采食固体饲料量较大,28 日龄断奶后的生长速度也快。用流食饲喂时,在寒冷和温暖季节,21 日龄断奶前采食饲料量分别为 375 g 和 1 490 g,断奶体重显著增加。21 日龄后仔猪自由饮水对采食量的影响很大。不过上述报道都有相反的报道。

克服断奶时的营养应激,避免饲料对肠道的创伤,这可能有助于维持小肠的完整性和通过加强或维持消化吸收能力而促进生长。仔猪断奶后不能每 45 min 定期采食,这样仔猪会常感觉饿并易过食,这会增加小肠负担,对黏膜生长和功能有潜在刺激作用。

哺乳期,仔猪肠绒毛发育良好,能充分发挥消化吸收功能。断奶后仔猪由摄食液体母乳转变为采食固体饲料,肠绒毛受损,吸收能力下降,影响采食量。此外,仔猪从哺乳期消化乳蛋白、乳脂肪转变为消化固体饲料中的动植物蛋白和碳水化合物,养分消化率的差异也导致仔猪采食量下降,成为制约断奶仔猪生长的首要因素,尤其在断奶后第 1 周。

对多数猪场来说,抑制断奶仔猪快速生长的因素主要是采食量不足,特别是能量不足。因此,足够采食量是保证充分生长的首要条件。日粮消化率下降,哪怕是一个百分点,对采食量的影响也很大,见表 2.4。所以根据断奶仔猪消化生理特点,选用适口性好、易消化的饲料原料和合理调制,对增加仔猪采食量,充分满足其营养需要有重要意义。

表 2.4 日粮消化率对 10 kg 重仔猪采食量的影响

日粮消化率性/%	随意采食量/(kg/d)
85	0.87
80	0.65
75	0.52

来源:Toplis 等,1995。

断奶仔猪营养是猪营养的焦点,早期断奶仔猪的成活率和生产性能不仅与猪的品种、疾病防治、饲养管理相关,更重要的是营养调控问题。

§1.6 断奶仔猪的饲料要求

(1)日粮的物理形态、来源和组成以及加工方法都影响肠道形态、消化酶活性、消化道酸度和消化吸收能力。日粮可诱导酶分泌,从而决定酶的种类和数量。

(2)日粮对消化道内酸度的影响特别明显。系酸力作为一项指标已在仔猪饲料配方中使用。日粮营养水平也间接影响其系酸力和仔猪消化道内的酸度。日粮某些营养素水平的提高,可能会增大其系酸力,尤其是蛋白质水平和矿物质水平。有人提出在保证仔猪氨基酸平衡的前提下,降低日粮蛋白质水平以减少仔猪采食后的消化道酸需要量。断奶仔猪消化道酸度明显不足,最直接、最有效的方法就是合理调配仔猪日粮。

(3)仔猪即使 10 周龄断奶,仍可吸收大豆抗原发生过敏反应,并产生大豆抗原特异性抗体。在接触大豆抗原后,仔猪血清中产生大豆抗原特异性抗体,且随抗原吸收量增加,在一定时期内大豆抗原特异性抗体的水平也显著升高。断奶前仔猪可通过初乳吸收母源大豆特异性抗体。Barnett 等(1989)提出断奶前仔猪抗体水平升高不是由于少量补饲,而可能是由母亲通过初乳获得,并且该抗体可维持到断奶后 7 d。

大豆抗原过敏造成的肠绒毛损伤即使修复也有可能会造成伤痕,影响此后的消化吸收功能,因此影响仔猪的生长发育。

(4)仔猪断奶对消化道酸度、酶活和肠道形态结构的不利影响程度与断奶日龄和断奶后日粮密切相关。在卫生和管理条件好时,病原微生物不是引起断奶仔猪腹泻的原发性病因,日粮中大豆抗原及其他不良成分引起的致敏反应才是先决条件,而病原性微生物的感染只是继发症。

(5)抗病力问题,除新生仔猪可从母乳获得免疫球蛋白外,在整个哺乳期,基本靠管理。营养上要避免免疫水平被过度激发(如日粮中用血浆中的免疫球蛋白);而改善肠道消化吸收功能是饲料利用效率的关键,因此必须重视肠道营养及其调控技术,以改善小肠营养为目标来制定乳猪饲养标准、原料选择和加工工艺。

断奶后 1 周是控制断奶应激的关键。要掌握仔猪消化生理,如消化器官发育;消化道酸度和各种消化酶发育;消化道组织形态变化;消化生理活动的神经和内分泌调控;消化道微生物区系的建立;消化道吸收能力等。从宏观和微观两方面对仔猪生理变化(消化道生理变化和免疫状态)进行调控,不但要注意日粮消化率,降低酸结合力,而且兼顾仔猪消化生理、肠道环境和免疫状态变化,采取多种营养手段,降低仔猪应激反应和免疫状态,才能使饲料养分用于仔猪生长发育,而不是用于免疫和抵抗应激。

(6)调控动物采食量有重要实践意义。用消化性低的饲料,若能增加采食量,则能以较低饲料成本维持较高生产水平。

为增进仔猪食欲,或掩盖某种饲料的不良气味,在饲料中加入香料、调味剂,达到促进食欲,提高饲料效率的目的。常用的有花椒、味精、糖精等,香料有香草醛、乳酸丁酯、乳酸乙酯、蒜油、茴香油等。味精在日粮中添加 800~1 000 g/t。

猪对每种香味剂的偏食程度不同。猪对试验的 96 种香味剂中的 30 种香味剂表现出偏好。其偏好次序从高到低依次为:奶酪香型、水果香型、肉香型和甜味。表 2.5 和表 2.6 给出了一些实验结果。

表 2.5　猪对不同香味剂的偏好

香味剂组别	被测试的香味剂种数	中度和高度偏好（55%～69%）	无偏好（44%～54%）	中度和高度厌恶（28%～43%）
黄油	8	4	4	
奶酪	6	2	3	1
脂肪	4	1	2	1
水果	24	8	12	4
青草	10	4	5	1
肉味	13	5	6	1
霉味	8	1	6	1
甜味	23	5	15	3
总计	96	30	53	13

注：McLaughlin et al.，1983。

表 2.6　不同甜味剂与蔗糖相比的甜感强度

甜味剂		对人	对猪
碳水化合物	蔗糖	1.00	1.00
	D-果糖	0.50	0.50
	乳糖	0.33	0.146
	D/L 葡萄糖	0.25	0.125
非碳水化合物	阿斯巴甜	155	无反应
	Cyclamate（sodium salt）	17.6	无反应
	NHDC	3 600	无反应
	索马甜	100 00	无反应
	糖精	215	3.34

注：Glaser 等，2000。

第2节 日粮离子平衡与酸碱平衡

电解质是指在水中可离解成带正或负电荷的离子的物质。在动物营养学中,是指在代谢过程中稳定不变的阴阳离子。饲料电解质平衡对仔猪体内酸碱平衡影响很大,对仔猪生长、发育和健康有重要作用。仔猪体内稳定的酸碱平衡,是维持仔猪蛋白质电荷和机体整体代谢功能的前提。日粮组成不同,形成的电解质平衡度就不同。研究仔猪日粮电解质与体内酸碱平衡的关系有重要实践意义。

§2.1 动物体内酸碱的来源

(1)酸来源。动物体液需要维持在一个恒定 pH 值范围(7.35~7.45),而动物体代谢不断产生酸或碱。体内的酸来自日粮和机体细胞代谢,这些酸可分为挥发性酸和固定酸。挥发性酸主要指代谢产生的大量 CO_2,主要是碳水化合物、脂肪完全氧化供能产生的。当蛋白质食入量过大而氧化供能时也产生大量 CO_2,在碳酸酐酶作用下转化成 H_2CO_3。固定酸分为两类,可滴定性酸和日粮中阴离子。可滴定酸是指营养物质代谢及动物生理活动过程中产生的 H_2SO_4、H_3PO_4 以及一些有机酸。有机酸是因碳水化合物和脂肪不完全氧化而产生的,一般情况下机体代谢产生的有机酸浓度很低,对机体酸碱影响不大,但在某些情况下其浓度会大大提高,例如脂肪被用作主要能源时体内就会积累起乙酸和 3-羟基丁酸。一般产生 H_2SO_4、H_3PO_4 很少,但当动物发生代谢紊乱或蛋白质过高情况下产生大量 H_2SO_4。H_3PO_4 对机体酸碱平衡影响很大。日粮中的阴离子虽不具有酸碱性,但可通过参与体内代谢过程而使体内酸碱发生变化,而且影响非常大。

(2)碱来源。动物体碱来源很少,主要是日粮中的阳离子及蛋白质的氨基,另一主要来源是动物体内缓冲体系中所产生的 HCO_3^- 和 HPO_4^{2-} 等共轭碱,对机体酸碱平衡的维持至关重要。

大部分青绿饲料及豆类、薯类、海带、茶叶等为碱性;大部分动物性饲料及谷物、花生为酸性;氯化钠、氯化钾、赖氨酸盐、胆碱等也会对饲料原料的电解质平衡产生影响。配制日粮时必须考虑饲料原料对动物体电解质平衡的影响。

(3)日粮蛋白质对体内酸碱平衡的影响。一般情况下,蛋白质代谢对酸碱平衡的代谢影响不大,动物完全可通过自身调节来维持 pH 值恒定。蛋白质内的氨基和羟基大部分结合成肽键,在代谢过程中,肽键断裂分解成各种多肽及游离氨基酸,又进一步发生脱氨基和羟基作用。蛋白质脱氨基是动物体碱的重要来源,羟基是成酸性的。机体内源酸的产生又主要来源于蛋白质代谢,过量的蛋白质及氨基酸不平衡氧化供能产生大量 CO_2 是体内潜在酸来源,另外含硫和含磷氨基酸氧化还产生 H_2SO_4、H_3PO_4 等强酸易引发代谢性酸中毒。

§2.2 动物体内酸碱平衡的调节机制

动物在新陈代谢过程中,不断产生酸和碱性物质,而体液酸碱度却始终调节在恒定水平。机体酸碱平衡由缓冲体系、肺和肾脏共同维持。

(1)体液缓冲体系。动物体内具有由多种物质构成的缓冲体系,主要的缓冲对有:二氧化碳/碳酸盐缓冲对,磷酸盐,血浆蛋白质缓冲对,氧合血红蛋白缓冲对和血红蛋白缓冲对等,其中碳酸盐缓冲对最为重要,另外尿中还有氨的缓冲对。机体通过这些缓冲对来调节强酸、强碱性物质对酸碱平衡的影响。酸碱平衡影响机体代谢,进而影响家畜生理机能和生产性能。例如骨骼钙化受体液酸碱平衡影响。

(2)呼吸调节。动物通过呼吸频率和呼吸深度的调节来增加

或减少 CO_2 的排出量以维持碳酸盐缓冲对的适宜水平。

（3）肾脏调节。肾脏的缓冲对主要有磷酸盐、氨和碳酸盐,可以通过这些缓冲对来调节酸碱离子的排泄与吸收,维持体内酸碱稳定。

§2.3　机体酸碱平衡与日粮离子平衡的关系

（1）动物体内的酸碱平衡。是指动物保持体液 pH 值恒定的趋势。动物体的正常生命活动要在一个稳定的内环境中进行,适宜的体液酸碱度是稳定内环境的一个重要方面。体内酸碱平衡失调将影响酶的活性、膜的通透性和器官功能,进而影响动物正常生理机能,严重不平衡时还引发代谢性疾病。

（2）动物体内电解质平衡。在动物营养学上,电解质是指那些在代谢过程中稳定不变的阴阳离子。动物体摄入水及各种无机盐,同时不断排出一定量水和电解质,使动物体内各种体液间保持动态平衡,也就是电解质平衡。生理体液中电解质平衡的重要作用之一是参与维持动物体液渗透压、调节酸碱平衡和控制水代谢,保证机体的适宜代谢环境,所以生理体液中的电解质平衡对动物正常生理活动十分重要,是生物化学、生理学和营养学研究的重要课题,目前在猪、鸡、牛研究较多。

电解质在机体中的分布:主要分布在细胞外液和细胞内液。细胞外液中 90% 以上的阳离子是 Na^+,70% 的阴离子是 Cl^-。细胞内液中 75% 以上的阳离子是 K^+,主要的阴离子是磷酸盐。这些离子在体内的浓度,受内分泌的严格控制,几乎不沉积。机体对电解质的调节途径主要是细胞膜的简单扩散,细胞膜上钠-钾泵的主动运输和肾脏的重吸收。

（3）动物体内酸碱平衡与离子平衡的关系。动物体液中正电荷总量必须等于负电荷总量,体液是电中性。细胞外液中主要阳离子是 Na^+,主要阴离子是 Cl^- 和 HCO_3^-。如果 Cl^- 上升而阳离子未相应增加,则 HCO_3^- 浓度下降,导致血液 pH 值下降。所以 Cl^-、S^{2-} 等阴离子属酸,Na^+、K^+ 等阳离子属碱。正常情况下,机体经常摄取酸性或碱性食物,代谢过程中不断生成酸性或碱性物质,但依靠体内缓冲体系和肺与肾的调节功能,体液酸碱度仍维持稳定。

(4)日粮电解质平衡(Dietary electryte balance,dEB)又称日粮阴阳离子平衡(Dietary cation-anion balance,DCAB),其含义有两层,即日粮中各离子含量及这些离子之间的比例关系。一般认为日粮中阴离子有成酸的性质,阳离子有成碱的性质,所以日粮电解质平衡直接影响生理体液中的电解质平衡和动物体内酸碱平衡。

在动物日粮中的稳定性阴阳离子,微量元素离子在饲料中的含量相对于常量元素来说,数量很少,且对体内正负电荷的影响很小,可忽略不计。所以通常用常量元素离子来表示。日粮电解质平衡的定量概念是指每千克或每百克日粮干物质所含主要阳离子($Na^+ + K^+ + Ca^{2+} + Mg^{2+}$ 等)的毫摩尔数与主要阴离子($Cl^- + S^{2-} + SO_4^{2-} + PO_4^{3-} + HPO_4^{2-} + H_2PO_4^-$ 等)的毫摩尔数之差。可见,日粮电解质平衡(dEB)代表日粮矿物质元素酸碱性大小,是日粮中矿物质元素离子酸碱性大小及可能产酸或产碱的各种营养成分之间的平衡关系。

配合饲料的电解质平衡值(dEB)是影响动物体内酸碱平衡的主要因素,食入 dEB 值不同的日粮,动物血液、尿液中的酸碱度和日粮中营养物质的消化吸收会受到明显影响,进而影响仔猪生产潜力的发挥。饲料氮的沉积率受饲料 dEB 值影响较大,配方师通过改变日粮 dEB 值就可改变动物体内的酸碱状态,从而影响机体营养代谢过程,影响生产性能。

§2.4　日粮电解质平衡(dEB)模型

Mongin(1981)提出的酸碱平衡模型反映了日粮离子平衡与

机体酸碱平衡的直接关系。记摄入的阴离子(Anion)与阳离子(Cation)之差为$(An-Cat)_{in}$,即机体净摄入的酸量;内源酸产量记为H_{nedo}^+,主要由蛋白质代谢产生;尿中阴阳离子的差记为$(An-Cat)_{out}$,即酸的净排出量;酸碱平衡还涉及第 4 个因素,即碱储的改变量(base-xcess,BE),则:

$$(An-Cat)_{in}+H_{nedo}^+-(An-Cat)_{out}+BE=0$$

该式表示,当机体酸的净摄入量加内源酸产量不等于净排出的酸量时,机体调整体内碱储的量以保持机体酸碱平衡状态。由上式可得:

$$BE=(An-Cat)_{out}-(An-Cat)_{in}-H_{nedo}^+$$

动物体摄入的阴阳离子比例直接受日粮中所含阴阳离子浓度影响,所以可控制日粮中阴阳离子比例使碱储改变量尽可能等于零,以维持酸碱平衡。这就是日粮电解质平衡值与体液酸碱平衡联系起来的根本原理。

日粮电解质平衡值可通过添加$CaCl_2$、$KHCO_3$来调节。设计饲料配方时,一方面要注意满足动物矿物质需要,另一方面要考虑日粮电解质平衡。有多种方法可以表示日粮离子平衡,其中日粮电解质平衡(dietary elec-trolyte balance,缩写 dEB)是以日粮中主要阴、阳离子的摩尔数与其化合价(电荷数)乘积(mEq)的总和,即以

$$DEB(dEq)=(Na^++K^+-2Ca^{2+}+2Mg^{2+})-(Cl^-+$$
$$2SO_4^{2-}+H_2PO_4^-+2HPO_4^{2-})(mmol/kg)$$

来表示。该模型是根据机理分析法建立的,属于机理模型而非经验模型。

Mongin(1981)认为,对于酸碱平衡,实质上只有Na^+、K^+、Cl^-三种离子起决定性作用,并建议以下式作为饲粮电解质平衡

的表示方法：

$$DEB(mEq) = Na^+ + K^+ - Cl^- \ (mmol/kg)$$

日粮中主要阳离子是 Na^+ 和 K^+，主要阴离子是 Cl^-，三者相互作用，对维持机体渗透压和 pH 值起主要作用，所以仅对日粮中一价离子计算电解质平衡值，有一定理论基础；同时该模型简单、实用，因此在电解质平衡研究和生产中已得到广泛应用。

这个模型的前提是把日粮中 $Ca^{2+} + Mg^{2+} - SO_4^{2-} - HPO_4^{2-} - H_2PO_4^-$ 作为内源性产量处理，这并非在所有情况下都合适。日粮电解质平衡的概念提出后，各国学者先后提出了各种不同的计算公式，较有影响的有：

$$EC = mEq \left[(Na^+ + K^+ + Ca^{2+} + Mg^{2+}) - (Cl^- + SO_4^{2-} + HPO_4^{2-} + H_2PO_4^-) \right]$$

$$DEB(mEq) = Na^+ + K^+ - Cl^- \ (mmol/kg)$$

$$DEB(mEq) = Na^+ + K^+ - Cl^- - S^{2-} \ (mmol/kg)$$

$$dUA(mEq) = (Na^+ + K^+ + Ca^{2+} + Mg^{2+}) - (Cl^- + S^{2-} + P^{5+})$$

$$dEB(mEq) = Na^+ + K^+ + Ca^{2+} - Cl^- - S^{2-}$$

在猪的研究表明血浆 HCO_3^- 浓度随 dEB 增加而线性增加（低 dEB 条件下），但当 $dEB > 100$ meq/kg 时，则血浆 HCO_3^- 浓度基本稳定，血液 pH 值也有类似变化规律。

仅根据日粮电解质平衡值来评定饲料电解质状况仍有不足。因为仅考虑几种常量元素电荷之差而不分析日粮中每种离子的浓度是否缺乏或超量，有时离子不足或过量比它们的比例失衡更有害。再者，这些公式仅考虑日粮中无机离子的浓度，没考虑其吸收和利用率，不能反映无机离子被利用的比例，即实际参与动物机体离子平衡的比例，所以保证这些公式有效的前提是：各种电解质含量适宜,提供形式一致。

§2.5　饲料电解质平衡值的计算方法

计算 dEB 值是计算电荷的摩尔数,而不是原子的摩尔数,所以必须将日粮中每种元素的百分比换算成毫克当量数(mEq),换算方法以 Na^+ mEq 的计算为例:首先将钠的百分含量乘以 10 000,换算成每千克日粮中钠的毫克数;然后将计算结果乘以钠的化合价+1;最后将上述结果除以钠原子量,即得每千克日粮的钠毫克当量数(mEq)。

$$转化系数 = 10\ 000 × 该元素化合价 ÷ 原子量$$

【例 1】一个仔猪配合饲料含 Na 0.18%、K 0.65%、Cl 0.20%,计算其 dEB 值(mEq/kg)。计算步骤如下:

第一步:把配合饲料中 Na、K、Cl 的百分含量分别乘以 10^6,以转化为每千克配合饲料中的毫克数,然后分别除以各自的原子量,再分别乘以各自的化合价,得:

Na^+:$0.18\% × 10^6 ÷ 23.0 × 1 = 0.18 × 435 = 78.3$(mEq/kg)

K^+:$0.65\% × 10^6 ÷ 39.1 × 1 = 0.65 × 256 = 166.4$(mEq/kg)

Cl^-:$0.20\% × 10^6 ÷ 35.5 × 1 = 0.20 × 282 = 56.4$(mEq/kg)

第二步:按 Mongin(1981)模型计算该配合饲料的 dEq:

$$dEq = Na^+ + K^+ - Cl^-$$
$$= 78.3 + 166.4 - 56.4$$
$$= 188.3(mEq/kg)$$

在第一步计算中,为简化,可用元素的百分含量,直接乘以转换系数而得出各电解质对 dEB 的贡献值(mEq/kg):

原料的电解质平衡值 dEB(mEq/kg)= 435 × 该饲料原料的钠离子含量(%)+ 256 × 该饲料原料的钾离子含量(%)- 282 × 该饲料原料的氯离子含量(%)。

表2.7给出了不同电解质的转换系数。

表 2.7　　计算饲料电解质平衡值(mEq/kg)的转换系数

	元素	原子量	化合价	转换系数
生碱作用	Ca	40.1	+2	499
	Mg	24.3	+2	823
	Na	23.0	+1	435
	K	39.1	+1	256
生酸作用	Cl	35.5	−2	282
	S	32.1	−2	623
	P	31.0	−1.8*	581

注:* 引自董国忠,2000。

目前研究电解质营养主要以钠、钾、氯三者为代表,简便但不精确。今后必须同时考虑钠、钾、氯、钙、磷、硫、镁等元素或离子,并分析测定饲粮电解质含量和吸收率,研究电解质元素在动物体内的代谢规律,才能更全面揭示饲粮电解质平衡与动物营养间的关系。

§2.6　调控饲粮电解质平衡的意义

(1)对动物健康的影响。饲粮电解质直接影响体内酸碱平衡,进而影响动物健康和生产性能。动物体内过酸或过碱时,大多数代谢过程不再用于仔猪生长,而是用于调节酸碱平衡。所以除用酸化剂外,为使动物获得正常生长发育和最佳生产性能,还要保证日粮电解质平衡。

(2)配合饲料的电解质平衡值可影响日粮中营养物质的消化吸收。例如猪采食玉米-大豆型日粮,随日粮的平衡值增高,营养物质的消化率增加,总结大量报道,平衡值在 250~400 mEq/kg 之间时营养物质的消化率最高。

（3）饲粮电解质平衡对氨基酸代谢的影响。日粮离子平衡影响氨基酸吸收和代谢，最典型的例子是对赖氨酸-精氨酸颉颃的影响，Na^+、K^+ 可缓解 Lys-arg 颉颃，而氯则加剧这种颉颃。日粮高钾或钠能抑制肾脏精氨酸酶活性，减少精氨酸分解，增强肌蛋白质合成，并且还可提高肝脏 a-酮戊二酸还原酶活性，使赖氨酸分解成 CO_2 的速度提高，从而使体液中的 lys-arg 更趋平衡。Hooge 等（1996）认为，日粮 dEB 通过对体液 pH 值的影响，明显影响中性和碱性氨基酸转运载体对组氨酸和赖氨酸的转运，升高 pH 值则赖氨酸吸收量增加。

（4）日粮离子平衡影响体内酸碱平衡因而影响氮利用率。当猪的玉米-大豆粕型饲粮 dEB 值从 -50 mEq/kg 增至 400 mEq/kg 时，存留氮占进食氮或吸收氮的比例呈直线增加（李德发，1996）。电解质（K,Cl）对猪氮沉积影响的机制可能是通过影响动物体内主要离子排泄和沉积来实现。Urselmanm（1990）在日粮中添加 1％蛋氨酸，降低猪日增重 20％，添加 0.63％ $NaHCO_3$ 后生长恢复。

（5）一般认为仔猪最适宜 dEB 值为 200～300，但研究结论不尽相同，原因可能是不同研究者所用的计算日粮离子平衡的公式不同；也可能是动物环境或生理状态不同。

在饲料配方设计时如 dEB 值不适宜，可用氯化钙、氯化钾和碳酸氢钠、硫酸钠调整，调整时要考虑环境温度、日粮中使用酸化剂等因素，如高温会导致钾丧失增加，日粮中添加氯化钾具缓解作用。

抗生素，例如盐霉素、莫能霉素、马杜拉霉素等可以破坏细胞内外离子平衡，所以在使用抗生素时，更应注意日粮的离子平衡值的调节。

（6）NRC（1998）推荐的饲养标准有很多重要缺陷。离子不平衡为其一。按这些标准设计饲料配方不会是最佳配方。

第3节　饲料的缓冲值(酸结合力、系酸力)

乳猪和断奶仔猪日粮的系酸力与仔猪的肠道健康关系密切，即使生长猪和繁殖母猪的日粮，也要求有合适的系酸力。

§3.1　饲料酸结合力(系酸力)的概念与意义

饲料的系酸力(acid-binging capacity, ABC)又称酸结合力，是指一定量日粮中和酸的能力，也就是饲料的缓冲值。测定方法多用 Bolduan 等(1988)推荐的方法：称取 100 g 待测样品(一般为风干基础，全通过 60 目标准筛)置于烧杯中，加入 200 mL 去离子水，在恒温水浴锅中加热至 37℃左右，然后取下放在磁力搅拌器搅拌(搅拌时插入温度计，将温度控制在(37±1)℃之内，搅拌10～20 min，让试样充分浸泡并搅拌均匀，最后将 pH 计电极插入溶液中，用 1 mol/L 的盐酸滴定至 pH 4.0(所有测定在 1 h 之内进行完毕)，记下所用盐酸的毫升数，即为该样品的系酸力(刘庚寿等，2006)，记为 B 值(B－Value)。滴定时，可一次性先加入18～20 mL 1 mol 盐酸溶液，充分搅拌，静置 15 min，用酸度器测量溶液 pH 值。此后，每滴定 1 mL 盐酸，搅拌均匀，再静置 5 min 后，用酸度器测定 pH 值。如此反复操作，直至溶液 pH 值为 4.0，30 s 内不变值。此时，所消耗盐酸总毫升数即为该饲料的系酸力。注意：每个试样测两个平行样，取平均值。

这个方法加水太少，水全被吸收，而且还是干干的，用酸度计难以测定其 pH 值。所以饲料原料系酸力(ABC)的测定还可以使用如下方法。

所有样品粉碎过 2 mm 分析筛，称取样品 0.5 g，然后加入 50 mL 去离子水，用磁力搅拌器不断搅拌。用 0.1 mol/L 的盐酸滴定(滴定速率因原料和滴定阶段不同控制在 0.1～10 mL 之间)

至 pH=4,然后再继续滴定至 pH=3。初始 pH 和最终酸消耗量均平衡 3 min 后读取。最后以使 1 kg 样品的 pH 值降至 pH 4.0 或 pH3.0 时所需要的酸 mmol 当量(meq)表示。原料酸碱缓冲能力(BUF)的计算:ABC 除以 pH 的变化量(即初始 pH 与最终 pH 之差,此处最终 pH 为 4.0 或 3.0)。BUF 显示了饲料或原料改变 1 个 pH 单位所需要的酸碱当量。

对于 pH 低于 4.0 或 3.0 的原料或饲料,则用 0.1 mol/L 的 NaOH 进行滴定至 pH 3.0 或 4.0。在这种情况下,原料或饲料的 ABC 和 BUF 以负数表示。

目前关于饲料系酸力的定义不统一但大同小异。由定义可看出:

(1)B 值越高,饲料系酸力越强。消化酶在 pH 值为 3~5 时活力最强,如果饲料偏碱性,中和胃肠道中的消化液,会降低饲料消化率。仔猪胃腺分泌 HCl 能力差,少量 HCl 如果被饲料的碱性中和,则胃蛋白酶原不能很好地激活,引起消化不良。

(2)B 值过低说明饲料过酸,适口性差,采食量低。

(3)pH 值=3,4,5 时饲料有不同 B 值。不同国家采用的 B 值不同,荷兰用 $B(5)$,因为 pH 值=5 时最容易用配方软件优化日粮 B 值。而德国用 $B(4)$,认为 15~30 kg 小猪屠宰时胃内容物 pH 值在 4 左右,所以用 $B(4)$ 优化日粮更合理。饲料厂对原料、成品 B 值的检测很方便,完全可以用 B 值优化配方,但原料与成品的参照 pH 值应统一。

§3.2　饲料系酸力的意义

日粮是影响消化道酸度的主要外源性因素。哺乳仔猪由于胃肠道内母乳乳糖的发酵作用,日粮对其消化道酸度影响不大;断奶后,由于母乳中乳糖含量减少,乳糖转化为乳酸的量减少,消化道酸度受日粮变化的显著影响。我国断奶仔猪日粮的 pH 值为

5.91±0.42(唐湘方等,2007),这些高 pH 值的日粮能中和消化道内的酸度,吸附消化道内的游离酸,这种中和吸附作用主要取决于日粮的酸结合力的高低,一般来说,日粮的初始酸碱值和系酸力越高,那么仔猪进食后,就必须分泌更多的胃酸或者额外添加更多的酸化剂才能将胃内的 pH 值降低到 3.5 以下。反之,将胃内 pH 值降到 3.5 以下时所需的胃酸或酸化剂的量就少。

日粮酸结合力是影响消化道酸度的主要因素。消化道内环境直接决定仔猪的生存和生长。影响消化道内环境的主要因素有消化道形态结构、食糜性质、消化液、pH 值、离子平衡值和微生态平衡情况,其中最重要的因素是肠道内的 pH 值。所以,不同饲料配方应根据其不同的酸碱值和系酸力确定酸化剂的添加量。日粮的初始酸碱值和酸结合能力(系酸力)取决于组成配合饲料的各种原料。不同原料的酸结合能力差别很大,能量饲料的酸结合能力一般较小,蛋白质类饲料的酸结合能力较大,而石粉等矿物质的酸结合能力是最大的。所以适当降低日粮蛋白水平,使用甲酸钙和乳酸钙代替石粉是降低断奶仔猪日粮系酸力的有效措施。

有机酸在断奶仔猪日粮中已使用多年,现在多用复合酸,添加量只有单一酸化剂(如富马酸、柠檬酸)的 10%,节约了配方空间。

§3.3　饲料原料的酸结合力

(1)原料 B 值决定配合饲料的 B 值。设计饲料配方时应考虑原料的总酸结合力,通过添加酸化剂保持食入饲料后胃内 pH 值在 4 左右。

(2)不同产地、不同批次的原料 B 值可能有较大差异。如新疆棉籽粕比本地的 B 值一般低 10%~20%,东北玉米 B 值一般比淮河以南的低 20% 以上。

(3)酸化剂的 B 值有很大差异,一般无机酸比有机酸大,低分子有机酸比高分子有机酸大。

(4)谷物以及某些块根和果渣制品的酸结合力很低。酸性盐产品的酸结合力值最高,其次为矿物质。通常认为矿物质添加剂的酸结合力比有机原料高。但测试结果表明不同类型矿物质之间的酸结合力差别很大。矿物质中酸结合力最高的是氧化锌、石灰石粉和碳酸氢钠。在所有磷源中,脱氟磷酸盐的中和能力最强,磷酸二钙为中等,而磷酸二氢铵为最低。

有机制品的酸结合力测定值与其灰分和蛋白质含量之间有正相关关系。调查证明,饲料酸结合力随其蛋白质含量增加而增加。这可解释为什么肉粉和鱼粉的酸结合力评分在所有被测有机原料中最高。乳制品(尤其是酶凝干酪素和喷雾干燥脱脂奶粉)的酸结合力数值也很高,但是在这类产品中其他原料的酸结合力数值都很低,可能是由于灰分和蛋白质含量较低所致。

在植物蛋白质中,酸结合力数值最高为大豆粕、大豆浓缩料、菜籽粕、葵籽粕。玉米面筋和高粱酒糟粉在这类原料中是不典型的,因为这两种原料的 pH 值都在 4.5 以下,其酸结合力数值相对较低。

在所有的原料成分中,无论是无机的还是有机的,酸类的酸结合力最低。各种酸的酸结合力数值多为负值。其中负值最大的是正磷酸、延胡酸 、甲酸、苹果酸和枸橼酸。

§3.4 根据酸结合力设计饲料配方

(1)配制断奶仔猪日粮时,应充分考虑系酸力和日粮电解质平衡值,把 ABC 和 dEB 两个指标引入饲料配方软件,并对其进行有效调控。

饲料的系酸力越大,吸附胃中的有机酸就越多,就应补充较多的酸化剂。在生产实际中不易把握,但可根据仔猪吃完料后是否有下痢现象来参考,若发生下痢,说明胃酸不足,不能将所采食的饲料充分地消化掉,故应适当增加酸化剂的添加量。日粮中蛋白质的来源不同,要求胃肠道中的酸度也不同。如蛋白质来源于奶产品,则要求 pH 值为 4.0;若来源于大豆粕和鱼粉,则要求 pH 值为 2.5。一般认为,仔猪饲粮的系酸力在 20 最好,不宜超过 30 mmoL/100 g 饲料。添加量不足不能把消化道 pH 值降到适宜程度;添加过量会导致适口性降低和成本增加。

我国断奶仔猪商品饲料的酸结合力值一般为 37.72±8.64 (唐湘方等,2007),要使其 pH 值达 4.0,100 g 饲料需加 37.72 mL 盐酸。28 d 断奶仔猪在 24 h 内胃分泌 20 mL 盐酸,如果仔猪采食 100 g/d,缺盐酸 37.72 − 20 = 17.72(mL)。日粮中难消化的饲料量 100×17.72/37.72=47 g。若把酸结合力调整在 17.72,采食 100 g 料就有足够胃酸。如果日粮酸结合力更低,则仔猪采食更多日粮不会下痢。

仔猪采食量大小与日粮可消化程度有关,而低系酸力的日粮,胃、胰蛋白酶活性明显提高,所以理论上说,添加酸化剂可以稍多些,但是酸性过大的日粮适口性差,配方师要注意酸结合力与适口性之间的关系。

(2)配合饲料的 B 值为各种原料的 B 值与其比例的乘积之和。这一原理可以帮助品保部门来检测饲料是否完全按照配方配制,如有大的变异,一般可认定电脑操纵系统有误,这是除粗蛋白质以外监控配方系统的又一种可靠又可行的指标。饲料厂应确定产品(断奶仔猪配合饲料)B 值范围,保证饲料系酸力的稳定性,从而保证饲料效果的稳定性,可以试验测定。

(3)关于日粮系酸力的资料较少。降低钙磷水平可降低配合饲料的系酸力,可以不用石粉,用有机复合钙来补充钙源。石粉系酸力以 2 846 计,则 100 g 石粉在 200 mL 去离子水中,用浓度为 1 mol 的盐酸(胃酸)去滴定到水溶液 pH 值为 4.0 时所用盐酸的毫升数。相当于 1 g 石粉要中和>28.46 mL 的胃酸。石粉中和胃酸的机理:

$$CaCO_3 + 2HCl \longrightarrow CaCl_2 + CO_2 + H_2O$$

由于适口性、使用效果和性价比的原因,目前众多乳仔猪料生产厂家,从原先使用葡萄糖酸钙、乳酸钙、甲酸钙,已过渡到使用复合有机钙了,例如"利生宝"。

(4)氧化锌的系酸力很高,不利于日粮的酸化,这个要特别注意。建议用复合的氨基酸螯合的有机微量元素。如在仔猪料中添加药物,则要求药物能耐酸,以保证有效性。常见耐酸的药物有:阿莫西林、土霉素、金霉素、抗敌素、杆菌肽锌、林可霉素、喹乙醇等。常见不耐酸的药物有:新霉素、北里霉素(吉他霉素)、泰乐菌素、维吉尼亚霉素等。要结合适口性好的酸化剂或发酵的复合酸来降低饲粮系酸力(柠檬酸或乳酸菌发酵物)。

(5)在设计饲料配方时必须考虑仔猪胃酸的分泌与饲料原料系酸力,选用合适的酸化剂和用量。常用饲料酸化剂有柠檬酸、富马酸、乳酸、甲酸钙、磷酸类。酸结合能力强的酸化剂不一定好,关键要结合 pH 值与生产性能综合评定。酸化剂一定要检测,市场假冒伪劣商品很多。无机酸酸性太强,不宜添加。有机酸中柠檬酸、富马酸、甲酸钙效果较好,添加量一般为 $1\% \sim 3\%$。

低系酸力饲粮的适口性好坏,除了玉米、豆粕等其他原料的因素外,取决于以下几个因素:酸化剂的种类、酸化剂的添加量,降低饲料系酸力的方式等。以柠檬酸为例,酸化剂以柠檬酸味道最好,但当其添加到 1.5% 以上时,其适口性逐渐变差。另外,以复合有益菌发酵所产生的复合有机酸,其适口性也很好,例如"优能乳"、"肥仔酸化乳清粉",含有大量复合有机酸($pH \leqslant 3.8$,系酸力低于 4.1),但并尝不到酸味,所以常与柠檬酸合用,来降低乳仔猪料的系酸力。

(6)不要把原料的系酸力作为选择有机酸的唯一标准。仅仅要降低断奶日粮的酸结合力而又不想减少日粮蛋白质或矿物质含量,就可选择磷酸、延胡酸或甲酸等有机酸。然而这种选择没有考虑其他性质,比如抗菌效应、对益生菌的促进、营养价值、物理形态(固态或液态)以及腐蚀性等。

(7)鉴于仔猪 8～10 周龄能达到成年猪胃分泌盐酸的水平,能分泌较充足的胃酸,而酸化剂只有在胃酸不足时才有用,所以曹进等(2003)认为,仔猪体重在 20～30 kg 前才需要添加。张宏福等(2001)也报道,添加酸化剂对仔猪前期效果很好,但后期没明显作用。

(8)仔猪日粮的营养水平也能间接影响其系酸力和仔猪消化道内的酸度。日粮某些营养素水平提高,可能会引起其系酸力增大,尤其是日粮蛋白质水平和矿物质水平。目前已有人提出在保证仔猪氨基酸平衡的前提下,降低日粮蛋白质水平以减少仔猪采食后的消化道酸需要量。

丁洪涛等(2005)以影响断奶仔猪配合日粮系酸力的 7 种主要原料(豆粕、鱼粉、麦麸、乳清粉、磷酸氢钙、石粉和玉米)作为仔猪日粮系酸力模型的原料因子,建立了饲料原料配比(a_i)、原料系酸力(x_i)与日粮系酸力(y)之间的数学模型。

$$y=2.68+0.7a_1x_1+0.91a_2x_2+0.97a_3x_3+0.7a_4x_4+$$
$$2.2a_5x_5+0.34a_6x_6+0.48a_7x_7$$

式中:a_1～a_7 分别为豆粕、鱼粉、麦麸、乳清粉、磷酸氢钙、石粉和玉米在仔猪日粮中的配比。

x_1～x_7 分别为豆粕、鱼粉、麦麸、乳清粉、磷酸氢钙、石粉和玉米各原料的系酸力。

上式就是仔猪日粮系酸力的模型,适用于各原料的相应范围内(豆粕在 10%～30%、鱼粉≤10%、麦麸≤10%、乳清粉≤16%、磷酸氢钙≤2%、石粉≤2%)。28 日龄断奶仔猪日粮酸结合力调控至 20 mmol HCl/100 g 日粮左右较合适(刘庚寿等,2006),系酸力过低(小于 20 mmol HCl/100 g)时仔猪采食量急剧上升而生产性能下降;饲料系酸力在 19.5～23.0 mmol HCl/100 g 时,仔猪综合生产性能表现最佳。

§3.5　饲料系酸力与电解质平衡的关系

目前,人们已经清楚地知道,仔猪日粮要有合适的系酸力和电解质平衡值(dEB)才能充分发挥生产性能,获得最佳免疫力。而实践中系酸力与电解质平衡是矛盾的,二者耦合产生交互作用,唐湘方等(2005)研究表明,调节 dEB 值常用的碳酸氢钠严重影响日粮的系酸力,而强酸钠盐的影响较小,以磷酸二氢钠、硫代硫酸钠、柠檬酸三钠、磷酸氢二钠效果较好,碳酸氢钠的影响最大。双乙酸钠有较强的缓冲能力,而甲酸、磷酸、柠檬酸和柠檬酸三钠具有最佳系酸力和电解质平衡耦合性。

这是一个值得深入研究的课题,具有理论和实践双重价值。根据酸化剂与 dEB 调节剂之间的关系,给出相应数学模型,可以此推断筛选最佳耦合,进一步细化有关数学模型,方便配方师使用。例如标准滴定剂盐酸与常用 dEB 调节剂碳酸氢钠的关系,碳酸氢钠的系酸力 $B(3)$ 为 12 870,则每 100 g 碳酸氢钠在 200 mL去离子水中,用浓度为 1 mol 的盐酸(胃酸)去滴定到水溶液 pH值为 3.0 时所用盐酸的毫升数,相当于 1 g 碳酸氢钠要中和128.7 mL 的胃酸。如果某个酸化剂的系酸力 $B(3)$ 为 −128.7,那么,饲料中每添加 1 g 碳酸氢钠,就需要多使用酸化剂 1 g。

科学文献关于各种饲料原料的酸结合力测定数据较多,具体详细说明却较少,而且应用不同技术测得的数据存在着混乱现象,导致所得数值没有方便的转换系数以便进行相互比较。有条件的单位应该对常规原料进行测定,在 $B(3)$、$B(4)$ 和 $B(5)$ 之间建立一个换算公式,这在理论上和实践上都有价值。

表 2.8 至表 2.11 给出了一些原料的系酸力数据,可供参考。

表 2.8　常用原料的系酸力

原料	pH 值	系酸力 $B(4)$	样本数 n
玉米	5.95±0.24	7.9±0.81	13
豆粕	6.42±0.25	69.4±4.5	14
鱼粉	5.84±0.27	66.5±4.6	13
麦麸	6.25±0.58	46.5±10.5	11
乳清粉	5.97±0.63	46.6±8.3	4
磷酸氢钙	7.23±1.02	69.0±15.6	10
石粉	8.69±0.64	2 846.4±198.2	10

注:①以上所测定的各样品采自各产地和饲料厂,n 代表样本数。

②张宏福,等,2001。

表 2.9　部分饲料原料的系酸力值

原料名称	初始 pH 值	$B(5)$	$B(4)$	$B(3)$
麸皮	6.39	11.61	27.95	47.26
米糠	6.49	8.11	14.67	22.48
玉米粉	6.58	3.58	6.88	12.24
鱼粉	5.91	34.39	98.21	165.20
玉米蛋白粉	4.32	—	1.71	8.25
酒精糟	3.35			6.49
豆粕	6.59	23.05	57.22	95.60
菜粕	5.30	5.60	33.97	66.20
棉粕	6.23	20.84	46.51	80.38
乳清粉	6.20	16.56	66.37	71.80
磷酸氢钙	7.01	35.71	72.18	454.71
石粉	9.26	1 816.30	1 831.57	1 850.68

注:表中所列数据的测定条件是:被测样品悬浮液温度 19~25℃,原料粉碎粒度为全部通过 60 目筛。

表 2.10　原料类别和各种原料的酸结合力 $B(3)$ 平均数值

饲料原料	酸结合力*	饲料原料	酸结合力*
矿物质类	7 051	植物蛋白质类	746
氧化锌	17 908	大豆粕	1 068
石灰石粉	15 044	菜籽粕	945
碳酸氢钠	12 870	葵籽粕	852
脱氟磷酸盐	10 436	豌豆	515
磷酸二钙	5 666	玉米面筋	571
磷酸氢钙	5 494	菜豆类	473
肉/鱼粉类	1 508	乳制品类	936
鱼粉	1 457	酶凝干酪素	1 929
肉骨粉	920	脱脂乳	1 105
谷物类	324	乳清粉	714
大麦	266	块根/果渣类	805
玉米	254	柑橘渣	873
小麦	194	甜菜渣	480
燕麦片	180	木薯	393

注:①资料来源:爱尔兰试验报告。
　②*采用酸结合力-3,其目标 pH 值为 3.0。

表 2.11　不同原料的系酸力

原料	$B(4)$	原料	$B(4)$
小麦	8.89	大豆浓缩蛋白	62.0
大麦	9.97	酵母	30.10
酵母	30.1	膨化大豆	43.10
脱脂乳粉	66.37	豆粕	50.68
鲜脱脂奶粉	7.12	大麦	9.97
酸性脱脂奶粉	3.07	小麦	8.89
奶粉	66.37	玉米	7.90
血浆蛋白粉	108.0	矿物质预混料	1 260.50
鱼粉	60.38	乳酸	3.07

第4节　仔猪肠道微生态的调控

仔猪日粮和微生态区系互作对仔猪消化道的生长发育有深刻影响。消化道酸度对控制仔猪消化道微生态平衡起主要作用。尤其是刚断奶的仔猪，采取适当的措施保证胃内一定的酸度或抑制非乳酸杆菌的繁殖以维持仔猪胃肠道微生态平衡极为重要。其他影响肠道内环境的因素还有外界环境因素、机体正常生理结构的健康状况、用药、中毒、感染、消化道疾病、管理等。

§4.1　仔猪肠道微生物区系

仔猪肠道微生物可分为3类：①共生细菌，为厌氧菌，是肠道的优势菌群（＞90%），包括球菌、丙酸菌、乳酸菌及双歧杆菌等，有营养及免疫调节作用。这类细菌将复杂的碳水化合物（纤维素或非淀粉多糖）发酵成乳酸或挥发性脂肪酸（如乙酸、丙酸）。乳酸在肠道形成酸性环境，抑制其他致病菌，但乳酸堆积多了也会刺激肠道蠕动，使肠道内容物排空加快。②机会性细菌约占10%，包括无病原性的大肠杆菌、链球菌及肠球菌等。这些机会性细菌视肠道环境而改变停留在肠道的数量及时间。这是一类条件致病菌，与宿主共栖，以兼性需氧菌为主，为肠道非优势菌群，在肠道微生态平衡时无害，在特定条件下有侵袭性。③致病菌含量极少（＜0.01%），包括梭菌、葡萄球菌、伪单胞菌、病原性大肠杆菌、曲型菌及部分真菌。这类菌群多为过路菌，长期定植机会少；微生态平衡时，这些菌数量少，不致病，数量超常则致病；它们消耗宿主能量，其发酵产物（如氨气、H_2S 等）对宿主有害。

小肠肠液流量大，足以将细菌在繁殖前冲到远端回肠和结肠，十二指肠和空肠相对无菌（$0 \sim 10^5$ 个/mL），主要菌种是革兰氏阳性的需氧菌，包括链球菌、葡萄球菌和乳酸杆菌。远端回肠中革兰氏阴性菌开始超过革兰氏阳性菌，常存在大肠菌类和厌氧菌，含菌

浓度 $10^3 \sim 10^7$ 个/mL。通过回盲瓣,细菌浓度剧增百倍以上,达 $10^{10} \sim 10^{12}$ 个/mL,厌氧菌是需氧菌的 $10^2 \sim 10^4$ 倍,主要是拟杆菌、真杆菌和双歧杆菌以及厌氧的革兰氏阳性球菌,正常结肠中主要菌群在一段时间内保持稳定状态。

§4.2　断奶对肠道微生态平衡的影响

(1)断奶饲粮改变引起断奶仔猪胃肠道微生物区系变化。仔猪断奶时胃肠道内 pH 值上升,使乳酸杆菌数量减少,大肠杆菌数量增加,微生物区系平衡破坏。同时胃肠道内产酸的乳酸杆菌数量减少,又会导致胃肠道内环境 pH 值升高。与哺乳仔猪比,14日龄断奶仔猪胃肠内容物 pH 值高,直肠粪便中大肠杆菌数量多,乳酸杆菌数量少。可见胃肠道微生物区系和 pH 值间互为条件,断奶造成不良循环不利于仔猪健康。

(2)菌群失调对动物免疫的影响。菌群失调是指肠道正常菌群的种类、数量和比例发生异常变化,偏离正常的生理组合,转变为病理性组合状态。临床上以腹泻为最明显症状,肠黏膜损伤降低黏膜免疫功能。

(3)断奶后腹泻的主要原因一般认为不是病毒,但病毒可加剧腹泻。由小肠内细菌性肠毒素引起的腹泻常是水样的和碱性的,例如大肠杆菌引起的分泌性腹泻,这是断奶后腹泻常见的间接病因。与肠道上皮细胞和刷状缘功能的损伤有关的腹泻粪便呈酸性和松散状,例如轮状病毒性腹泻或肠道致病性大肠杆菌的渗透性腹泻。如果大肠有受到感染之处,粪便中常带有黏膜,如果组织受损,粪便中会出现新鲜血液,例如仔猪下痢。如果肠道上段出血,则会出现黑焦油样的粪便,例如胃底部溃疡。

§4.3　微生态的营养调控——微生态制剂

微生态制剂又叫活菌制剂、益生素,是指摄入动物体内后参与肠内微生态平衡,对肠内有害微生物有抑制作用,或通过增强非特异性免疫功能来预防疾病,从而间接促进动物生长和提高饲料转化率的活性微生物培养物。

微生态制剂(农业部官方称为微生物饲料添加剂)在 20 世纪 70 年代兴起时,被认为只有活的微生物才能起到微生态的平衡作用,因此认定微生态制剂是活菌制剂,甚至有一段时间,把微生态制剂就称为活菌制剂。但随着科学研究的不断深入,大量资料证明,死菌体,菌体成分,代谢产物也具有调整微生态失调的功效。因此,在 1994 年德国海德堡召开的国际微生态学术讨论会上,修改了微生态制剂(益生菌)的定义:益生菌是含活菌和(或)死菌,包括其组分和产物的活菌制品,经口或经由其他黏膜途径投入,旨在改善黏膜表面处微生物或酶的平衡,或者刺激特异性或非特异性免疫机制。

常见的活菌制剂有好氧菌、兼性厌氧菌和严格厌氧菌,其中严格厌氧菌能在肠道大量繁殖,产生大量产物,主要是有机酸,这类活菌制剂对肠道微生物影响最显著,作用效果最明显。

(1)外源微生物数量本身不直接影响肠道内微生物数量级。外源微生物进入肠道,在正常肠道环境下,由 10^6 增殖到 $10^8 \sim 10^9$ 这样一个数量级。这个数量级并不能直接影响肠道总菌群的变化。特别是相对于结肠来说,其总菌数也不过是微生物总数的 $1/100 \sim 1/1\,000$,对于肠道微生物总体平衡并没有大的贡献。

外源微生物的武器只能也只有代谢产物。微生物利用自身的代谢产物,来抑制其他竞争者,从而获得有利地位。①产酶——提高肠道二次消化;②产酸——改善肠道 pH 环境,进而影响微生物平衡;③产细菌素——对特定有害菌产生显著抑制;④产其他营养物质——提高仔猪健康。

产酶微生物跟随食物进程,胃部以后开始迅速增殖代谢,产生酶类物质,但要达到一个数量级需要一定时间。随着食物向后推进,数量级与代谢强度增大,产酶也相对较大。到达结肠后,停留时间长,数量级也相对较大,因而对于提高结肠消化率(二次消化),将剩余营养转化为有效营养来说,具有显著效果。

产酸微生物最有效。肠道或结肠 pH 发生轻微变化,将导致肠道内微生物发生明显数量级变化。产酸菌对肠道调整优于其他微生物。只是由于厌氧产酸菌的发酵难,使其推广过程较慢。

细菌素是细菌代谢过程中合成并分泌到环境中的一类对亲缘关系较近的种有抑制作用的蛋白类抑菌物质。细菌素的作用与抗生素作用相似,一是防止饲料本身被沙门氏菌等致病菌污染,二是防止致病菌对动物肠道的影响。细菌素无毒、无副作用、无残留、无抗药性,同时也不污染环境。细菌素的使用可以在部分情况下减少甚至取代抗生素。产生细菌素的微生物有丁酸梭菌、乳酸菌等。

微生态制剂主要通过调节肠道微生态平衡和维持消化道这一重要的免疫屏障来改善动物健康状况。肠道不仅是消化吸收的重要场所,也是机体最大的免疫器官。肠道黏膜面积庞大,其结构和功能构成了强大的黏膜免疫系统,在肠道中还生存着大量的微生物菌群,致使外源细菌和病毒很难突破这道防线而对生物体产生危害,所以,认识到肠黏膜与免疫健康的关系至关重要。微生态制剂是一类能在肠道内定植,维护肠道菌群平衡并刺激肠道黏膜免疫组织,对肠道黏膜免疫有重要影响的有益微生物群落。大量试验证明:添加微生态制剂后能明显提高抗体水平,产生干扰素,提高免疫球蛋白质量浓度和巨噬细胞活性,增强机体免疫功能和抗病力。

(2)市售活菌制剂主要含有乳酸杆菌属、连球菌属、双歧杆菌属、某些芽孢杆菌、酵母菌、无毒的肠道杆菌和肠球菌等。有单一菌属组成的单一型制剂,有多种不同菌属组成的复合制剂。农业部有《饲料添加剂品种目录》(2010 征求意见稿)可以上网搜到,规定了可以直接饲喂动物的安全微生物菌种。

乳酸菌类:是可分解糖类产生乳酸的细菌的总称,其中有益菌以乳酸杆菌、双歧杆菌和粪链球菌属为代表,主要来源于乳酸杆菌属、乳酸链球菌属和双歧杆菌属的近 30 种微生物。乳酸菌类在肠道内合成营养物质、产生酸性代谢物、产生溶菌素和过氧化氢等,抑制几种潜在病原微生物的生长。

酵母菌:饲用酵母的种类主要有热带假丝酵母、产朊假丝酵母、啤酒酵母、红色酵母等。酵母细胞富含蛋白质、核酸、维生素和多种酶,具有提供养分、增加饲料适口性、加强消化吸收等功能,并能提高动物对磷的利用率。酵母菌是肠道有益微生物,饲料中添加酵母菌可促进动物胃内微生物活性和生长,使厌氧菌总数上升,纤维素发酵菌数增加。

芽孢杆菌类:目前作添加剂使用的有芽孢杆菌、枯草芽孢杆菌、短小芽孢杆菌、地衣芽孢杆菌、蜡样芽孢杆菌和东洋芽孢杆菌等。芽孢杆菌是好气性菌,可形成内生孢子。在所有菌属中芽孢杆菌是最理想的微生物添加剂,它有较高的蛋白酶、脂肪酶和淀粉酶活性,对植物性碳水化合物具有较强的降解能力;它进入动物肠道后能迅速复活,可消耗肠道内大量的氧,保持肠道厌氧环境,抑制致病菌生长,维持肠道生态平衡;芽孢杆菌还是良好的免疫激活剂,可通过产生抗体和提高巨噬细胞的活性等刺激免疫,激发机体体液免疫和细胞免疫,使机体免疫力和抗病力增强;芽孢杆菌添加剂具有类似于泰乐菌素和喹乙醇的促生长效果,尤其在颗粒料加工和通过酸性或碱性环境时有较高稳定性。

(3)影响微生态制剂发挥功效的因素很多,包括制剂的制备方法、贮藏条件、污染(如杂菌)、存活率、不正确的产品菌种组合方式、肠内菌群的状态、使用剂量和次数、动物(宿主)的年龄、在肠道中的存活率、饲料成分的变化、生理状态等。贮存条件是影响益生菌存活率和货架期的关键因素。

配方师要考虑的主要是制粒和膨化对活菌制剂的影响。芽孢菌可度过不良环境,对高温有极强的抵抗力,可以适应饲料加工。

例如丁酸梭菌、地衣、枯草等菌。非芽孢菌没有芽孢保护,饲料加工或高温中,微生物活力和稳定性易遇到破坏,甚至死亡。例如乳酸杆菌、粪链球菌等。芽孢菌还可以耐过胃酸杀伤,而非芽孢菌不能。

饲料加工中的高温、机械、制粒等因素降低活菌的生物活性作用。不同菌种对高温的耐受力差异较大,芽孢杆菌耐受力最强,100℃下 2 min 只损失 5%～10%,而在 80℃下 5 min 乳酸杆菌、酵母菌损失 70%～80%;95℃下 2 min 损失 98%～99%。一般制粒温度 80～90℃对芽孢杆菌影响较小,对乳酸杆菌、酵母菌和粪链球菌等影响较大。

(4)服用剂量和次数可以影响微生态制剂的应用效果。一般认为,在饲料中添加,用于促生长或预防疾病,每克饲料至少应含 10^6 个有效活菌。数量不够就不能在体内形成优势菌群,难以起到益生作用。瑞典规定乳酸菌制剂活菌数要达到 2×10^{10} 个/g。我国批准生产的活菌制剂对含菌数量与用量的规定是:芽孢杆菌含量≥ 5×10^8 个/g;乳酸杆菌≥ 1×10^7 个/g。例如,一般仔猪饲料中加入乳酸杆菌制剂,活菌数量不少于 10^7 个/g,每日添加 0.1～3 g,一般添加量为 0.02%～0.2%。若将微生态制剂添加于饲料中,其目标活菌不应低于 10^9 个/kg,含活菌不足时可增加投喂量。

并非活菌制剂"菌种数量越多越好"。目前农业部颁布的允许在饲料中使用的有益菌有 12 种,它们有各自不同的最佳生长环境,假如将它们置于同一环境内,它们有的要产生颉颃或"自溶",因此作用于动物肠胃内的效果反倒不明显。所以活菌制剂中只有单种有益菌不一定效能差,菌种多不一定效果好。

(5)将乳酸菌或一些低抗逆性的益生菌进行微胶囊化包被处理,可把菌体与外界不良环境分开,免受微量元素损害,减缓制粒过程中温度和压力的影响。包被成固体微粒后有利于在预混料中均匀分布,也有利于储存和运输。采用肠溶性壁材包被后还能防止胃液对益生菌的破坏,使尽可能多的菌体到达肠道靶位发挥作用。因此,应根据需要,选择微胶囊化的活菌制剂。如果选择未包被的活菌制剂,则应在制粒后喷涂。

(6)不同物种、不同生长发育阶段、不同用途需要有选择性的添加由不同益生菌组成的微生态制剂。正常菌群在动物消化道内定植是通过细菌的黏附作用完成的,这种黏附作用具有种属特性,对某一类动物的消化道上皮表现出较强的黏附性,而对其他动物可能表现出低黏附性或不黏附性。如防治 1～7 日龄仔猪腹泻首选植物乳酸菌、乳酸片球菌、粪链球菌等产酸的制剂;而促进仔猪生长发育、提高日增重和饲料报酬,则选用双歧杆菌等菌株。因此,生产中应根据不同需要选择合适的制剂,预防仔猪常见疾病主要选用乳酸菌、片球菌、双歧杆菌等产乳酸类的细菌,效果会更好;促进仔猪快速生长、提高饲料效率,则可选用以芽孢杆菌、乳酸杆菌、酵母菌和霉菌等制成的微生态制剂;如果以改善养殖环境为主要目的,应从以光合细菌、硝化细菌以及芽孢杆菌为主的微生态制剂中去选择。

目前大部分微生态制剂不能与抗生素合用,尤其是仔猪断奶初期;饲料保存时间、饲料中的矿物质(如重金属离子 Cu^{2+}、Zn^{2+}、Mn^{2+}、Fe^{2+} 等和食盐)、胆碱和不饱和脂肪酸也影响益生菌活力。笔者经验,每隔 2 周交换使用抗生素与活菌制剂有较好效果。也有报道,先用抗生素做前处理,然后再喂给益生素,这样既可避免抗生素对益生素的抑制,又可统一或改善益生素的作用环境。

由于目前只有农业部的《微生物饲料添加剂技术通则》一个关于微生物饲料添加剂的统一标准,因此,目前还只有根据这个来进行质量评定。微生态制剂最常见的质量问题有:菌种成分标示不明、扩大功能、使用技术不明确,活菌量标示值与实际值不相符、甚至活菌很少,杂菌污染,效果不稳定等。

采购微生态制剂产品时应该注意了解产品的技术背景,了解其菌种组成成分、特性、主要生产工艺,了解产品的功能和应用情况,观察微生态制剂产品的性状,即观其色、闻其味、查其粒度。

§4.4　微生态的营养调控——酸化剂

日粮中添加酸化剂可增加仔猪胃内酸度,刺激胃消化酶活性,抑制有害菌,促进仔猪生长。酸化剂作用机理有不同观点:① 降低日粮 pH 值,使胃内 pH 值下降,促进无活性胃蛋白酶原转化为有活性的胃蛋白酶。②日粮中添加酸化剂可减慢胃排空速度,减轻小肠负担,提高日粮适口性,增强机体各免疫器官的活动,降低机体的紧张度。减慢胃排空速度还增加蛋白质的胃内消化时间,提高其消化率。③酸性条件有利于乳酸菌繁殖生长,对大肠杆菌等有害微生物繁殖生长有抑制作用,改善胃肠道微生物区系平衡,促进有益菌的增殖。肠道中的乳酸杆菌能产生过氧化氢,对其他微生物有灭菌作用。因此,胃抵抗大肠杆菌侵扰的作用可能部分依赖于胃内酸性条件及乳酸菌数量。④有机酸直接参与体内代谢,提高营养物质的消化率;一些有机酸可参与能量代谢或基团转换反应。如柠檬酸和延胡索酸都是三羧酸循环的中间产物,并转化为 ATP。乳酸是糖酵解最终产物之一,可通过糖异生释放能量,为特殊情况下的能源。⑤促进矿物质和维生素的吸收利用。⑥酸化剂还可以作为饲料的稳定剂和保护剂。

然而也有不同报道,认为:①有机酸只降低日粮的 pH 值而不降低消化道的 pH 值、氯离子的浓度和后肠中产生的挥发性脂肪酸的数量,并且不能改变肠道细菌的数量。②酸化剂易和饲料中的碱性物质或者胆汁中和,失去酸化效果。破坏饲料中的维生素和矿物质。③在胃中释放过快,抑制胃酸分泌。④无法作用到小肠,无法杀菌。⑤腐蚀设备机器,或者本身容易吸湿、结块等。

为了克服上述问题,目前已有微胶囊酸化剂,最关键的是可以作用到后肠道,发挥强酸杀菌效果。客观地说,现在没有任何一个产品能完全替代抗生素,但是在抗生素被禁用之后,酸化剂就被普遍接受,尤其是抗仔猪下痢和促生长最重要。欧洲把持领先技术,目前脂质包被技术已被我国掌握并更进一步,使用更有效、更稳定的气味和流动性更好的树脂类材料制作微胶囊酸化剂,打破了欧洲的高垄断价格。

仔猪断奶后消化道内 pH 的变化见表 2.12。

表 2.12　仔猪断奶后消化道内 pH 变化

	断奶后天数/d			
	0	3	6	10
胃	3.8	6.4	6.1	6.6
十二指肠	5.8	6.5	6.2	6.4
空肠	6.8	7.3	7.3	7.0
回肠	7.5	7.5	7.8	8.1

资料来源:Makkink et al.,1994。

在改善早期断奶仔猪的平均日增重、料肉比、腹泻率等生产技术指标方面,益生素和酸化剂配伍使用比益生素、酸化剂单独添加的效果好,说明益生素和酸化剂之间具有协同作用。

不同酸的电离常数不同。如柠檬酸、乳酸、甲酸和延胡索酸的电离常数(K)分别为 7.4×10^{-4}、1.4×10^{-4}、1.77×10^{-4} 和 3.6×10^{-5}。K 值大小是酸性强弱的标志。因此从理论上讲,酸处理无疑能降低饲粮 pH 值,降低程度与用酸量有关。

目前应用的有机酸主要有柠檬酸、延胡索酸、乳酸、苹果酸、戊酮酸、山梨酸、甲酸、乙酸和二甲酸钾等,无机酸化剂包括酸盐、硫酸、磷酸等;复合酸化剂是利用几种特定的有机酸和无机酸复合而成,能迅速降低肠道 pH 值,保持良好的缓冲值和生物性能。目前公认的有正效果的酸化剂种类主要有柠檬酸、延胡索酸、磷酸和甲酸钙。而丙酸、丁酸、苹果酸、盐酸和硫酸多无效或作用不明显或有害。

有机酸化剂与碳酸氢钠可能具有协同作用。

不同酸化剂理化特性和生物学特性不同、作用效果也不同。

如延胡索酸对葡萄球菌、链球菌、大肠杆菌等有很强的灭活性,对乳酸菌无抑制作用;甲酸、丙酸对沙门氏菌、真菌、梭状芽孢菌、芽孢杆菌属及革兰氏阳性菌等有较强的抑制作用;山梨酸能有效抑制酵母及霉菌生长、而对有益微生物生长都无妨。表2.13是金立志(2010)介绍的单一有机酸的最佳添加量。

表 2.13 单一有机酸的最佳添加量

种类	最佳添加量 kg/t 饲料	相对分子质量/(g/mol)
甲酸	6~8	46
丙酸	8~10	74
富马酸	12~15	116
柠檬酸	20~25	190

资料来源:Eidelsburger,1997。

柠檬酸有无水物和1水合物两种。无色半透明结晶或白色颗粒,或白色结晶性粉末,有柠檬酸味。在水中溶解度很高,能被生物体直接吸收并进入三羧循环参与代谢。可对饲料起酸化作用,使胃内容物 pH 值降低。柠檬酸对减少胃、结肠、直肠里的大肠杆菌非常有效,但作用效果不稳定,易吸湿结块,对细菌起抑制作用的区系窄,价格高,通常不单独作饲料酸化剂用。

延胡索酸也称富马酸,为白色结晶粉末,有特异酸味,微溶于水。是三羧酸循环一种必需物质,在应激和危急状态下用于 ATP 的紧急合成。延胡索酸有广谱杀菌和抑菌活性,在饲料中加0.2%~0.4%的延胡索酸,可杀死葡萄球菌和链球菌;0.4%可杀死大肠杆菌;2%以上浓度对产毒真菌有杀灭和抑制作用。

乳酸为无色或浅黄色黏稠液体,能与水、醇、甘油混溶,微溶于乙醚,不溶于氯仿和二硫化碳。乳酸是糖酵解的最终产物之一,特殊情况下可作能源,含猪净能 2 737 kcal/kg,用于鸡则含代谢能 3 478 kcal/kg,在复合型酸化剂中作为主成分使用较多。

甲酸外观为无色透明液体,具有强烈刺激性臭味,对眼和鼻均具有刺激性,腐蚀性很强。甲酸易溶于水、乙醇和乙醚。甲酸可以促使饲料初始阶段的 pH 值下降很快,从而为乳酸菌的发育创造适宜的条件,提高乳酸产量,抑制其他杂菌生长。甲酸被动物采食后能在体内氧化,不会造成矿物质平衡失调,目前使用较多。其缺点是腐蚀性太强,在生产使用时要注意动物和人体的安全,一般不单独使用。

甲酸钙是一种含甲酸的钙盐,含钙 31%,含甲酸 69%,中性 pH 值,并且水分含量低,可用作酸碱缓冲剂替代有机酸。甲酸钙属中性盐,并不直接对饲料起酸化作用,但它是种缓冲剂,能防止仔猪采食后,胃 pH 值大幅度上升和降低饲料酸结合力。将甲酸钙混合到添加剂预混料中不会造成维生素损失,且在胃酸作用下可分离出游离的甲酸,降低胃 pH 值。甲酸钙熔点高,在 400℃ 以上时才能分解,在制粒过程中不会受到破坏。甲酸钙的作用主要通过其在胃环境中分解出甲酸实现的,功能与二甲酸钾类似,包括:①降低胃肠道的 pH 值,有利于激活胃蛋白酶原,弥补仔猪胃中消化酶和盐酸分泌的不足,提高饲料养分的消化率。阻止大肠杆菌及其他致病菌的生长繁殖,同时促进一些有益菌(如乳酸杆菌)的生长。②甲酸作为有机酸在消化过程中可起到螯合剂的作用,能促进肠道对矿物质的吸收(黄建华,2005)。

有机酸和甲酸钙的效果在仔猪断奶后的头 2 周效果最佳,以后效果很小或无效(潘穗华等,1992)。据 Schufie 等(1986)和潘穗华等(1992)报道,使用 1%~1.5%甲酸钙可提高早期断奶仔猪生产性能。有机酸或甲酸钙与高铜、酶制剂、碳酸氢钠同时使用有累加效果,比单独使用其中任何一种效果都好。有机酸单一使用时一般仔猪日粮中加 1%~2%,复合酸多是有机酸与无机酸的混合物,日粮添加量 0.2%~0.3%。添加量不足达不到预期效果,不能把 pH 值降到适宜水平。添加过量会影响适口性、破坏酸碱平衡,会导致仔猪血清碱储,HCO_3^- 浓度升高,胃、小肠内容物 pH 值升高。一定程度上引发代谢性酸中毒。

丙酸外观为无色透明液体,极易溶于水,易溶于乙醇、乙醚、三氯甲烷或酸溶液。丙酸也有腐蚀性,有特异气味,其抑菌作用效果最好,主要作为饲料防霉剂,但也可配合其他酸用作酸化剂。

乙酸又名醋酸,是一种较弱的有机酸,作用功能与甲酸相近。

苹果酸是一种白色或荧白色粉状、粒状或结晶状固体。

使用效果。有机酸可通过被动扩散吸收,并在体内代谢产生能量,其产生能量的效率很高,因此在设计配方时应该考虑其供能效应。富马酸和柠檬酸的有效能量与葡萄糖相当,而乙酸和丙酸产生的有效能量分别只有葡萄糖的 85% 和 87%。单一或复合有机酸的促生长效果肯定,但是不如抗生素。不同酸化剂各有特点,使用最广、效果较好的是柠檬酸、延胡索酸和复合酸。复合型酸化剂是有机酸及有机酸盐复配成的一种复合型饲料酸化剂,主要优点是使用安全,功能全面,耐高温制粒或膨化,有较高缓冲能力,避免动物胃肠酸度过大波动。有报道,酸化剂添加到以植物性蛋白质为主的日粮中效果较显著,而添加到富含动物性蛋白质的日粮中效果往往不明显。

市场上三种不同的酸化剂。

一是乳酸型酸化剂:是目前市场销量最大也是最早开发的一种酸化剂,可以用来改善饲料的风味,并在体外有抑菌作用,改善和稳定饲料品质;主要成分为:乳酸、富马酸、正磷酸;有效添加量需要 5 kg/t;主要用于断奶后乳仔猪料的效果较好,是一种通用型酸化剂;体外抑菌效果较好,体内抑菌效果可以忽略,因此,抑菌需要靠抗生素来解决。目前乳酸型酸化剂实际效果中在肉仔鸡反应较好,而在更多的乳仔猪料中反映平平,但却成为酸化剂普遍认可的使用标志型产品。

二是小分子型酸化剂:是目前进口酸比较推崇的一种酸化剂,

主要以甲酸、乙酸、丙酸、丁酸等有机酸或有机酸盐复合而成,其中甲酸对大肠杆菌的抑菌作用为高敏,乙酸对沙门氏菌高敏;此类酸主要用途是"抑菌",具有较高的活性和饲料缓冲能力,可迅速降低"系酸力",但较高的化学活性也损失了"缓释"能力,因此需要较高的添加量才会有效果;如果以纯的液体甲酸直接添加的方式,需要3 kg/t 的添加量,实际生产中难以实现;此类产品的代表是以巴斯夫的二甲酸钾,推荐的添加量为 6~12 kg/t。此类有机小分子酸化剂显效的添加量应不小于 5 kg/t 添加量。

以上两种酸一般企业均可自行生产,基本的混合工艺即可完成;但都不稳定,与石粉、小苏打混合都容易发生反应,并释放水和二氧化碳,产生"涨袋",不适宜在核心料中添加,因而不适合用作预混料生产。

三是缓释型产酸酸化剂:此类是目前较少研究的一种酸化剂,其主要目的是产生盐酸;有两种剂型,一种本身并不含有盐酸成分,与食盐混合后产生盐酸;另一种含有盐酸成分,直接在胃中释放出盐酸;此类酸更符合乳仔猪生理需要,直接释放出"胃酸"-"盐酸",是目前最为先进的一种酸化剂;产品的主要设计目的是提高乳仔猪对完全饲料的消化能力。

缓释型产酸酸化剂两种成分方式:一种主要成分为正磷酸,一般为包膜缓释型,加以诱导后与食盐反应产生盐酸。另一种直接以盐酸盐的方式添加,辅以诱导剂,在液相条件下反应直接释放出盐酸;一般会根据客户普遍的看法或习惯添加乳酸、富马酸等,也只是习惯,本质上没有太大意义。

缓释型酸化剂要求的配方及加工难度远高于乳酸型和小分子有机酸,必须采用的工艺中需使用脂肪覆膜或包被,使其具有良好适口性、稳定性和缓释效果,在正常使用条件下对石粉和小苏打、食盐都是稳定的,可用于核心料和预混料的生产,并具有较强的系水力,因此对保持饲料干爽、流散性和防止霉变的效果均较好;一般添加量 3 kg/t 即可显效,5 kg/t 为目前最大添加量。

一味地降低系酸力,并不一定取得更好的效果;食糜通过幽门进入肠道的基本条件是酸度,酸度达标,幽门就会打开,食糜进入肠道;低酸度也会使未经水解或降解的食糜进入肠道,这种情况反映的实际现象是营养性腹泻的一种。

§4.5　微生态的营养调控——寡糖

目前用作营养调控剂的低聚糖(又称寡糖,寡聚糖,低聚糖,化学益生素,益生元)主要有果寡三糖(FOS)、甘露寡糖(MOS)和异麦芽糖(MO)等,生产中使用较多的是前两种。寡糖因其调节动物微生态平衡的作用与活菌制剂相似,所以称为化学益生素。寡糖是非微生物制剂,可促进肠道有益微生物增殖,改善仔猪免疫力和抗病力。这些物质的特点是耐热、耐压,稳定性好。寡糖可选择性地促进肠道有益菌增殖;还可结合病原细胞的外源凝集素,避免病原菌在肠道壁上附着,从而截断病原菌附着—繁殖—致病的感染途径,并携带病原菌排出体外,起到"冲刷"病原菌的作用。

§4.6　微生态的营养调控——抗生素

抗生素可通过抑制或杀灭病原微生物、抑制有害微生物生长,维持胃肠道微生态平衡,从而减少仔猪腹泻。抗生素作用机理,一般认为是对胃肠道微生态的调控作用。抗生素有两个副作用——病原菌的抗药性和抗生素在动物体及产品中残留。限制和禁止饲料中添加抗生素为大势所趋。由于抗生素的替代产品尚未成熟,效果不稳,因此抗生素暂时还被用作饲料添加剂。使用抗生素时要注意添加剂量和配伍,严格遵照国家发布的《药物饲料添加剂使用规范》使用。

§4.7　微生态的营养调控——饲料养分

日粮组成、饲喂方式等对仔猪胃肠道的微生物区系也会产生一定影响。研究发现,高蛋白水平日粮会加剧肠道消化产物蛋白质的腐败分解,导致病原微生物繁殖,引发严重腹泻。而饲喂发酵碳水化合物可以显著增加肠道中乳酸杆菌和双歧杆菌的数量,纤维素含量增加则能降低回肠沙门氏菌数目。不过有关日粮营养水平、日粮结构、其他添加剂应用时,猪胃肠道微生物群落的变化情况,目前还缺乏系统深入的研究。

第5节　仔猪日粮纤维与酶制剂

饲料中的多糖可分为营养性多糖(贮存型多糖)和结构性多糖。营养性多糖主要指淀粉和糖原,结构多糖在植物性饲料也指非淀粉多糖(non-starch polysaccharides. NSP),主要是植物细胞壁组成成分,包括纤维素、半纤维素、果胶和抗性淀粉四部分;半纤维素又包括 β-葡聚糖、阿拉伯木聚糖、甘露寡糖等。饲料纤维是NSP 和木质素的总和。纤维素、半纤维素、果胶类物质三者由多种单糖和糖醛酸经糖苷键连接而成,大多数有分支结构,常与蛋白质和无机离子等结合,是植物细胞壁主要成分,一般难以被单胃动物自身分泌的消化酶水解。其中一些 NSP(主要是 β-葡聚糖、阿拉伯木聚糖、果胶、甘露聚糖等)以氢键松散地与纤维素、木质素及蛋白结合,溶于水,称水溶性非淀粉多糖(SNSP);SNSP 具有明显抗营养作用,能在消化道形成黏性食糜,降低饲料脂肪、淀粉和蛋白等养分营养价值;豆类原料中的非淀粉多糖主要是果胶、甘露聚糖和纤维素。玉米-豆粕型日粮中的主要抗营养因子是非淀粉多糖。不溶性 NSP(INSP)是指以酯键、酚键、阿魏酸、钙离子桥等共价键或离子键牢固地和其他成分结合,主要为纤维素。大多数 NSP 是水溶性的。

以前曾以中性洗涤纤维(NDF)和酸性洗涤纤维(ADF)为指标来划分饲料纤维。近来认为以可溶性纤维(SF)和不溶性纤维(IF)为指标划分可能更好,它们在猪消化过程中产生不同结果。

淀粉酶和 NSP 酶是可以用于仔猪日粮的主要的酶,纤维素酶、果胶酶和脂肪酶尚未商品化。

§5.1　日粮纤维与仔猪消化道功能

(1)仔猪断奶后 7～14 d 内大肠容积从 30～40 mL/kg 活重迅速增加到 90～100 mL/kg 活重,为没消化的碳水化合物发酵提供了足够空间;断奶仔猪日粮中含有适量的可溶性 NSP 可促进大肠微生物发酵,增加挥发性脂肪酸(VFA)的生成,一是为动物提供能量(量少,可忽略不计),二是增加肠道容量,使大肠(盲肠＋结肠)重量增加。一般 SNSP 的可发酵性强于 ISNP。

(2)日粮纤维对仔猪肠道上皮的影响。断奶仔猪日粮中添加纤维可增加消化器官(小肠、盲肠、结肠)的容积和重量。这可能是日粮纤维能改变消化道上皮组织形态,并最终影响上皮的水解和吸收功能。日粮纤维对消化道上皮形态和细胞周转的影响是多样化的,主要取决于纤维的物理、化学性质,纤维在日粮中的水平及其在肠道中保留的时间,并与动物的种类、年龄和日粮纤维在肠道的吸收部位有关。

(3)日粮纤维对仔猪肠道黏液层的作用。肠黏膜屏障包括肠黏液层屏障(主要是杯状细胞分泌的黏蛋白)和细胞屏障(肠上皮细胞间的紧密连接)。黏液层分布于仔猪整个肠道黏膜表面,结肠最厚(大约 830 μm),回肠最薄(大约 123 μm)。黏蛋白是一类由肠道和其他黏膜上皮细胞分泌的糖蛋白,可保护肠道免受饲料磨损和细菌定植的影响。日粮纤维可调节黏蛋白分泌与合成,并根据肠道细胞感染情况改变黏蛋白组成。

(4)SNSP 具有海绵样功能,SNSP 通过网状结构的形成吸收水分子此即所谓持水性。不仅改变了消化物的物理特性,而且改变肠道生理功能,增强对肠蠕动的抵抗力。尤其是,SNSP 可以加厚小肠上皮细胞上覆盖的不流动水层,形成扩散屏障,限制小肠酶类与底物接触,降低了酶类活力。不流动层厚度的增加也许可以保护黏膜免受粒子伤害。

(5)过去还认为 NSP 损害仔猪肠黏膜。

§5.2　日粮纤维对仔猪的营养作用

粗纤维的成分和理化特性决定它在断奶日粮中对仔猪是否有利。一般认为,NSP 是影响饲料养分消化的主要因素。NSP 可能通过多种方式影响饲料营养结构和动物对饲料的消化利用,其中最直观的原因是可溶性。

可溶性 NSP(SF)能吸附大量水分,增加消化道流体黏度,即使 NSP 含量很低时也能生成黏性溶液,一是影响肠胃运动对食糜的混合效率,从而影响消化酶与底物接触和消化产物向小肠上皮绒毛渗透,影响饲料养分消化吸收;二是延长日粮通过肠道的时间,延迟胃的排空及葡萄糖吸收,增加胰腺分泌,减慢吸收速度。日粮 SNSP 还可增加胆汁酸在粪中的排泄,并使胆汁酸对肠道内乳糜微粒的形成无效,结果降低脂肪和胆固醇的吸收。

不溶性纤维(IF)则加快日粮通过肠道的时间,增强持水力,帮助排泄。NSP 还与消化酶或消化酶活性必需的其他成分(如胆汁酸或无机离子等)结合而影响消化酶活性。

可溶性 NSP(SF)可作为益生菌定植生长的底物,诱导仔猪胃肠道的微生态平衡。SF 在细菌作用下发酵主产物为乙酸、丙酸、丁酸、乳酸、琥珀酸等短链脂肪酸（SCFAs）和水、CO_2、H_2、CH_4等，挥发性脂肪酸（VFA）的生成特别是丁酸促进肠道细胞分裂，这些作用均在盲肠发挥。SCFAs 易被大肠吸收，尤其当肠道 pH 值较低或肠道中 SCFAs 浓度较高时。SCFAs 可作为单胃动物的能源。仔猪断奶后，肠道内容物中 SCFAs 的浓度可达 500～4 000 mmol，在胃、空肠和盲肠都是这样。育肥猪耗能的 25% 来自 SC-FAs。SF 在肠道微生物发酵的这些产物，可作为肠道有益微生物的能源，有利于肠道微生态平衡。同时 SNSP 在结肠中发酵产生的 VFA 可改变水的吸收，SNSP 吸附大量水分使粪便成形度提高，还可促进胃肠蠕动和食糜流动，从而增加大肠杆菌和毒素排出，所以，日粮含适量 SNSP 可减轻仔猪断奶性腹泻。

影响日粮纤维发酵的因素主要有日粮纤维来源、可溶性、木质化程度、加工及添加水平；同时受肠道停留时间，动物体重、年龄及微生物种类等影响。纤维可溶性影响发酵，INSP 越多越难发酵。SNSP 在大肠发酵更容易、更快且发酵较完全。谷物粗纤维中含 NSP 量较高，豆类的 NSP 主要是果胶和纤维素。甜菜渣含较高的 NSP（>600 g/kg 干物质），主要是果胶（SBP），能在猪回肠末端和肠道后端迅速发酵，所以生长猪和母猪日粮可以添加适量的甜菜渣而不影响生产性能，但仔猪不能利用甜菜渣，因为适口性和大肠微生物群落发育不全。大麦，小麦等谷物中的 NSP（100～200 g/kg 干物质）难以发酵。

麦类谷物（小麦、大麦、黑麦和黑小麦）胚乳细胞壁含 SNSP，使食糜黏度增大，食糜的流通及消化速度降低，因此这些谷物也被称为黏性谷物。流通缓慢和黏性食糜也有利于微生物增殖，微生物消耗营养，尤其在年龄较大和消化道发育成熟的动物的后肠道。在日粮中添加 NSP 酶，一方面可打破细胞壁中纤维素、半纤维素和果胶等对养分的束缚,让消化酶迅速充分地接触饲料养分,使营养物质更好地被利用;另一方面,加快饲料养分消化吸收,减少后肠道食糜中可供微生物利用的有效养分含量,肠道微生物增殖受到控制,有利于仔猪健康,尤其在使用抗生素减少或不使用抗生素的情况下效果更明显。玉米和高粱属于非黏性谷物或低黏性谷物,其中非淀粉多糖含量低。这些谷物为主的日粮中添加非淀粉多糖酶可以减小其营养价值的变异,提高饲养效果和仔猪群的整齐度,增加经济效益。

ARC(1967)报道,生长猪日粮中每增加 10 g 粗纤维/kg,就会降低能量消化率 1.3%,代谢能减少 0.9%,饲料转化率减少 3%,增重减少 2%。NSP 每增加 1%,饲料消化能下降 0.5~0.8 MJ。消除 NSP 抗营养作用的方法,一是日粮中添加酶制剂,降解 NSP。二是水处理,去除 SNSP。三是添加抗生素,抑制由 NSP 造成的后肠不良微生物的生长。

§5.3 仔猪日粮纤维的最佳水平

设计饲料配方时的难题是,目前找不全有关饲料原料的 NSP 含量数据,更没有关于仔猪 NSP 需要量(或粗纤维需要量)的标准,尤其是哺乳仔猪。母乳中不含粗纤维,根据仿生原理,似可认为日粮粗纤维水平高了不好。可实际上我们不能使正常商品仔猪日粮内不含粗纤维,尤其是,仔猪日粮中适量可溶性的可发酵 NSP 有利于仔猪肠道生态平衡,降低腹泻的发生。虽然玉米、高粱和大米等含 NSP 很少,考虑到正常仔猪日粮中的玉米和豆粕等植物性原料的用量,这些原料含大量的各种纤维,笔者认为,设计仔猪饲料配方时应尽量降低粗纤维水平,不需故意增加。

表 2.14 介绍了几种谷物和豆类中的 NSP 含量。

表 2.14　谷物和豆类中的 NSP 含量(以干物质为基础)　g/kg

原料	可溶性 NSP	不溶性 NSP	总 NSP	主要的 NSP
小麦 t[a]	25	94	119	阿拉伯木聚糖
大麦[b]	45	122	167	β 葡聚糖
大麦(去皮)[a]	50	74	124	
黑麦[a]	42	110	152	阿拉伯木聚糖
燕麦[a]	40	192	232	β 葡聚糖
燕麦(去皮)[b]	55	63	116	
豆粕[c]	27	16	192	半乳醛糖体,树胶醛糖体和半乳糖
豌豆[c]	25	322	347	鼠李半乳糖体,葡聚糖
羽扇豆[c]	46	320	366	鼠李半乳糖体,树胶醛糖和半乳糖
羽扇豆仁[d]	27	218	245	

注:a. Bach Knudsen,1997;b. Englyst,1989;c. Choct,1997;d. Annison 等,1996。

§5.4　消化酶制剂

仔猪胃肠道消化酶除乳糖酶在 2 周龄开始下降外,其他酶在出生后随日龄而增加分泌,多在 5 周龄达到高峰,只有糜蛋白酶在 3 周龄左右达到最大。早期断奶消化酶分泌急剧减少,断奶 2 周后才逐渐恢复。断奶后两周内消化酶分泌不足是断奶仔猪生长阻滞的主要因素之一。在日粮中添加酶制剂是减轻断奶应激的有效措施,添加酶制剂还可帮助仔猪消化分解日粮里的抗营养因子。

将生物体内产生的酶经特定工艺加工后的产品就是酶制剂。目前得到肯定的酶制剂主要是戊聚糖酶、β-葡聚糖酶和植酸酶,前两者又称非淀粉多糖酶,它们能消除或钝化日粮中的某些抗营养因子,提高饲料效率。

（1）酶制剂的种类。根据来源可划分为内源性酶和外源性酶；根据酶的组成可划分为单一酶制剂和复合酶制剂；根据酶反应作用的底物可划分为淀粉酶、蛋白酶、脂肪酶、果胶酶、木聚糖酶、β-葡聚糖酶、纤维素酶、植酸酶、核糖核酸酶等。市售酶制剂分猪用和禽用，主要考虑其 pH 值适应范围；家禽嗉囊 pH 值近中性，猪胃 pH 值为酸性，这样划分是市场行为，不科学。

植酸酶有单一市售产品，其余多是含多种酶的复合饲用酶制剂，应用较多的有：①以纤维素酶和果胶酶为主的；②以 β-葡聚糖酶为主的；③以淀粉酶和蛋白酶为主的；④以纤维素酶、蛋白酶、淀粉酶、糖化酶、葡聚糖酶和果胶酶为主的。目前的市场份额：非淀粉多糖酶（占 60%）、植酸酶（占 30%）和其他酶类（占 10%左右）。

（2）酶制剂的使用要注重效果，考虑使用酶制剂能提高多少养分消化率，空间多大。饲用酶制剂品种多，生产酶的菌株各异，生产厂家众多，产品质量参差不齐。市售酶产品适应的环境不同，要注意酶活性单位、pH 值、温度、离子浓度、耐加工温度、粒子数量、容重等。

饲料加工可使酶活受损甚至变性，制粒温度最好不超过75℃。颗粒饲料中应用植酸酶，最好选用包膜型耐高温的植酸酶品种或应用液体植酸酶进行制粒后喷涂。使用酶制剂的饲料贮存期一般不宜超过 2 个月。

（3）非淀粉多糖（NSP）酶。主要包括戊聚糖酶、β-葡聚糖酶和纤维素酶，较成熟的是前两者。单胃动物无内源 NSP 酶，添加外源 NSP 酶有利于植物细胞内的养分从细胞中释放出来，使之能充分与相应消化道内源酶相互作用，从而提高养分消化率。另一方面戊聚糖酶和 β-葡聚糖酶部分水解为低聚糖，降低肠道内溶物的黏度，提高养分与消化酶的混合速度，提高饲料养分的消化率。NSP 酶适合于含 NSP 多的小麦、次粉、麸皮、大麦、米糠等原料。添加 NSP 酶可显著减少仔猪腹泻和粪中大肠杆菌数。

表 2.15 介绍了几种主要猪饲料原料中的抗营养因子。

表 2.15　几种主要猪饲料原料中的抗营养因子

饲料原料	抗营养因子或营养未知因子
大麦	阿拉伯木聚糖、β-葡聚糖、植酸盐
小麦	β-葡聚糖、阿拉伯木聚糖、植酸盐
黑麦	阿拉伯木聚糖、β-葡聚糖、植酸盐
燕麦	β-葡聚糖、木聚糖、植酸盐
高粱	单宁
早稻	木聚糖、纤维素
米糠	木聚糖、纤维素、植酸盐
豆粕	蛋白酶抑制因子、果胶、果胶类似物
菜籽粕	单宁、芥子酸、硫代葡萄糖苷
羽毛粉	角蛋白

（4）仔猪消化机能不健全，5 周龄前除乳糖酶活性充足外，淀粉酶、蛋白酶、脂肪酶等的活性均不足，28～35 日龄断奶后 2～3 周，由于应激，各种消化酶的活性和免疫力低下，这时肠道消化生理功能不能适应高淀粉、高蛋白的饲料日粮，脂肪酶活性低是诱发腹泻的原因之一。添加外源性淀粉酶、蛋白酶和脂肪酶可改善消化，减轻腹泻。同时添加金霉素和复合型消化酶效果更好。

添加酶制剂对养分利用率的提高可能有 3%～5% 的效果。添加消化酶可提高日粮中能量和氨基酸的消化率，所以，在玉米-豆粕型饲料加酶时可降低饲养标准，据报道，能量可降 2%～5%，必需氨基酸可降 5%～7%。各种酶用于猪饲料的效果见表2.16。

表 2.16　用于猪饲料中各种酶的效果

酶	原料	在仔猪的效果
淀粉酶	所有的谷物	小
β-葡聚糖酶	大麦、小麦、黑麦	中等
脂肪酶	脂类	微不足道
植酸酶	所有植物性原料	P/Ca 高时,效果好
蛋白酶	植物原料	不清楚
木聚糖酶	小麦、大麦、黑麦	取决于谷物的品质

注:Mavromichalis,2006。

(5)饲料配方越合理,维生素和氨基酸等养分组成越平衡,添加酶制剂效果越不明显。这可能是由于经微生物发酵生产的粗制酶中,不仅有所需的水解酶,而且更含有微生物合成的维生素与氨基酸及其他活性成分。当配合饲料质量较差时,粗酶制剂中这类活性养分正好能给动物一定的营养补充,而非饲用酶分解底物释放有效养分的结果。

(6)在阴凉干燥的自然条件下保存的酶制剂,其活力随着时间的延长逐渐有所损失。据卢兴民(1996)报道,将真菌酶制剂放置在自然条件下,分别于 1 个月、3 个月、6 个月、9 个月、12 个月时各测其中性蛋白质酶活性 1 次,其活性分别为 2 605.6 μ/g、2 512.2 μ/g、2 433.4 μ/g、2 150.7 μ/g、1 880.1 μ/g(原始活性为 2 688 μ/g)。

§5.5　植酸酶制剂

植物性饲料中普遍含抗营养因子植酸,单胃动物体内缺少内源性植酸酶,所以不能有效利用植酸磷。猪对植物饲料中磷的有效利用受多种因素影响,主要取决于饲料中植酸酶的活性;添加的无机磷也不是 100% 地被猪利用(Van der klis 等,1996),贺建华等(2005)建议用如下公式评定饲料中磷的有效性：

$$有效磷＝K×(总磷－植酸磷)＋植酸磷×A$$

式中：K 为无机磷的有效性，建议生长猪系数取 0.85，A 为植酸磷水解百分比，建议取值 50％～75％。由此可知，饲料中磷的有效性取决于饲料总磷含量、植酸磷含量和植酸酶活性。

日粮组成是影响磷利用率的主要因素，如玉米中磷的利用率为 10％～12％，豆粕中磷的利用率为 25％～35％，而小麦麸中磷利用率可达 50％，这与饲粮中植酸酶的天然含量密切相关，典型猪饲粮中磷的利用率仅 15％左右。另外，植酸对 Zn、Mn 等金属阳离子具有很强的络合能力，可形成难溶的络合物——植酸盐，降低矿物元素的利用率。常用植物饲料中非植酸磷的含量可从《中国饲料数据库》查到。

在仔猪日粮中添加植酸酶制剂可使植酸盐中的磷水解释放出来，使植酸磷消化率提高 60％～70％，可减少粪便磷的排放，而且还可以提高被结合的蛋白质、矿物元素的利用，提高仔猪对氨基酸和氮的回肠消化率。

注意商品植酸酶有效成分。液体产品为 5000FTU。固体产品有 5000FTU，2500FTU，1000FTU，500FTU 和 250FTU。含量高的要求的制造技术高，添加量小，能腾出更多配方空间。含量低的产品占较多配方空间。粗酶制剂成分混杂，没质量保障。

据报道，每千克猪用低磷日粮释放 1 g 相当于磷酸二钙的磷，需要添加植酸酶 572 U，即植酸酶的当量值为 572 U/kg 日粮。在植酸酶的磷当量值测定方面，目前不统一，这主要是因为影响植酸酶活性的因素很多。包括钙、磷含量及其比值，日粮结构，食糜的酸碱度，动物年龄及生理状态等。虽然近年在确定影响植酸酶活性的因子以及定量它们与植酸酶活性之间的关系方面已取得进展，但大多集中在日粮中钙、磷含量及它们的比值与植酸酶磷当量之间的关系,而对其他与植酸酶活性有关因素的研究相对很少,如基础日粮结构是否对植酸酶活性产生影响,具体影响程度;外界环境条件及动物年龄、性别等因素可影响到动物消化道生理环境,它们与处于消化道中的植酸酶磷当量之间的关系如何等。图2.3是Reers(1992)报道的植酸酶添加量与磷消化率的关系。

　　植酸酶释放磷的效率与锌水平呈负相关,锌与植酸盐螯合成复合物,降低了植酸酶对植酸盐的水解率。

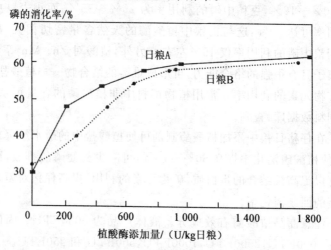

图 2.3　植酸酶的添加量与磷消化率的关系(Reers,1992)

日粮 A 含植酸磷 0.18%;B 含植酸磷 0.23%。使用结果:在 1 000 U
时达到最高,超过后提高幅度不明显。按照释放 50% 的磷
计算,平均释放 0.1% 的磷,即 1.075 g/kg。

　　植酸酶不能与矿物质饲料共存。在预混料存放过程中,液体胆碱和七水硫酸亚铁会使植酸酶活力造成重大损失,因为水分存在使酶和各种组分发生作用。在使用糖蜜时,糖蜜中含有的大多数矿物质也很可能与植酸酶发生作用,引起酶活损失。

　　制粒会破坏植酸酶活性。如果制粒温度超过了植酸酶耐受极限,可使用液体后喷涂工艺解决。如果制粒温度在可接受范围但有些破坏,就要添加安全余量。所有加强摩擦的因素都对植酸酶的稳定性产生不利影响。饲料保存温度越低,颗粒越大,酶活的保留率越高。

应注意植酸酶的使用剂量。增加植酸酶添加量,并不能按比例替代更多的无机磷,合适的添加剂量是保证植酸酶作用效果和较好经济性的关键。研究表明饲料中磷最高取代量为 0.10%~0.12%,因此在实际应用植酸酶时以部分替代无机磷较为合理和科学,全部替代只在满足各方面的条件下才能实现,而这在实践中是不可能的。日粮使用无机磷猛然转换成植酸磷,动物会调整代谢方式,有个适应,最多3周。由植酸酶转换成无机磷产品也会有类似表现。植酸酶与柠檬酸合用存在协同效应,能提高钙、磷利用率。可在日粮中加植酸酶 300 mg/kg、柠檬酸 0.5%。

饲用磷酸盐都是可消化磷源,所以笔者认为,如果不考虑磷对环境的污染,就没必要使用植酸酶。因为在饲料厂,使用高质量的饲用磷酸盐为生产者提供了一个稳定的、可预测实际可消化磷的量,不受其他原料、生产过程中参数变化及贮存温度的影响。

参 考 文 献

[1] 毕英佐.动物科学进展[M].北京:中国农业科技出版社,2000.

[2] 曹进,缪曙光,张峥.缓冲值——断奶仔猪饲料的重要技术指标[J].中国饲料,2003(4):33-34.

[3] 崔尚金,曹华斌,魏凤祥.断乳仔猪饲养管理与疾病控制专题20讲[M].北京:中国农业出版社,2008.

[4] 付国兵,张丽明.仔猪肠道微生态的研究进展[J].畜禽业,2009(11):24-26.

[5] 高俊杰,车向荣.仔猪日粮锌水平对植酸酶水解植酸盐的

效率影响[J].当代畜牧,2007(9):32-33.

顾宪红.断奶日龄、日粮蛋白及赖氨酸水平对仔猪消化器官结构和功能的影响[D].中国农业大学博士学位论文,2000.5.

[6] 冷向军,王康宁,杨凤,等.酸化剂对仔猪生长和体内酸碱平衡的影响[J].动物营养学报,2003,15(2):49-53.

[7] 李鹏,武书庚,张海军,等.利用均匀设计方法研制复合酸化剂的配方[J].动物营养学报,2009,21(4):513-518.

[8] 刘庚寿,龚德林,等.不同系酸力饲粮对断奶仔猪生产性能和腹泻的影响[J].饲料工业,2006,27(1):33-34.

[9] 唐湘方,张宏福,夏中生.仔猪日粮系酸力和电解质平衡耦合调控研究[R].中国畜牧兽医学会2005年年会论文集,2005:336-339.

[10] 唐湘方,张宏福,夏中生.我国常见典型仔猪日粮系酸力和电解质平衡水平的调查研究[J].动物营养学报,2007,19(2):163-165.

[11] 王继强,赵中生,龙强,等.早期断奶仔猪的生理特点及营养调控措施[J].饲料广角,2007(5):31-34.

[12] 王启军,唐明红,欧阳燕.不可溶性和可溶性日粮纤维对早期断奶仔猪肠道食糜的理化性质及微生物区系的影响[J].饲料广角,2010(5):26-29.

[13] 王文娟,孙冬岩,孙笑非.微生态制剂对动物免疫营养的作用研究.饲料研究,2011(1):66-68.

[14] 张柏林,秦贵信,孙泽威,等.仔猪胃肠道微生物菌群定植规律及其功能的研究进展.中国畜牧杂志,2009,45(19):66-69.

[15] 张宏福,顾宪红.仔猪营养生理与饲料配制技术研究[M].北京:中国农业出版社,2001.

[16] 张宏福,卢庆萍,等.日粮系酸力对断奶仔猪生长性能的影响[J].中国饲料,2001(18):9-11.

[17] M. A. Varley,J. Wiseman. 断奶仔猪营养与饲养管理新技术[M]. 张宏福,唐湘方译. 北京:中国农业科学技术出版社,2006.

[18] 张日俊. 微生态制剂的质量鉴别与选择检测指标和标准. 饲料工业,2010,31(20):1-4.

[19] 张贤群. 根据酸结合力配制幼猪饲料[J]. 国外畜牧学——猪与禽,2006,26(4):14-15.

[20] 张源生. 仔猪低系酸力饲粮的设计与应用[PPT]. 2011.

[21] 周世霞,梅春升. 系酸力指标在配制仔猪日粮中的重要性及其应用[J]. 饲料工业,2007,28(1):28-30.

[22] 周玉东. 猪磷营养与植酸磷研究进展[J]. 饲料研究,2007(6):65-67.

[23] Bolduan G,Jung H,Scvhnabel E,Schneider R. Recent advances in the nutrition of weaned piglets[J]. Pig News and Information,1988,9:381-385.

[24] C. F. M. de Lange a,J. Pluske b,J. Gong a,c,C. M. Nyachoti。Strategic use of feed ingredients and feed additives to stimulate gut health and development in young pigs[J]. Livestock Science 134 (2010):124-134。

[25] D. van der Heide,E. A. Huisman,E. Kanis. et al. Regulation of Feed Intake[C]. Proceedings of the 5th Zodiac Symposium. 22-24 April 1998. Wageningen,The Netherlands. 1999.

[26] J. R. Pluske,J. Le. Dividich,M. W. A. Verstegen. 断奶仔猪[M]. 谯仕彦,郑春田,管武太译. 北京:中国农业大学出版社,2009.

第3章 仔猪饲料产品标准的设置

不同猪场饲养管理方式各异,国家给出的饲养标准常不能满足全部猪场,只能按照主流猪场猪生长发育的生理阶段和饲养管理方式划分,一般是按猪的体重和日龄来划分生长发育阶段。这给配方师带来不少麻烦,尤其大型猪场,每周更换饲养标准以追求准确的营养供应,这就需要为每周龄的仔猪制定相应饲养标准。好在不少资料提供了估计营养需要量的软件及其设计方法。调整饲养标准是配方师的最高技术之一。

第1节 饲养标准与饲料标准

§1.1 饲养标准的概念

(1)测定各种动物在正常情况下,为维持生命活动和从事生产以及繁殖后代等对各种营养物质的需要量,并结合本国饲料条件和环境,饲养管理水平等情况,在生产实践中积累的经验和物质能量代谢试验与饲养试验的基础上,科学地规定出不同种类、性别、年龄、体重、生理状态、生产目的与水平的家畜,每天每头动物在能量和各种养分的需要量,并以表格形式表示各种养分的具体数量(g 或 mg),或在日粮中的含量浓度(%,或 g/t,或 kg/t),称作饲养标准(feeding standard)。国家公布的饲养标准一般包括两部分:一是动物营养需要量表,二是饲料原料的营养价值表,也就是饲料数据库。

　　饲养实践中根据各种饲料的特性、来源、价格及营养物质含量,计算出各种饲料的配合比例,即配制一个平衡全价的日粮。由于动物品种、饲料品质、饲养环境等因素制约,导致饲养标准存在明显不足,时间滞后、静态性、地区性和最佳生产性能而非最佳经济效益,加之由于各国和各地的饲养环境、条件、动物的品种、生产水平的差异,决定着饲养标准也只能是相对合理。同时,随着研究的深入,配方中的营养指标的质量要求也在不断更新,如蛋白质指标从粗蛋白质含量演变为可消化蛋白质,氨基酸演变为标准回肠可消化(SID)氨基酸等深层次的内在质量。

　　(2)饲养标准的形式。一是日粮标准,规定每头猪每日要喂多少风干饲料(青料等多水饲料可折算为风干料),其中包含多少能量、蛋白质、矿物质和维生素等;二是饲粮标准,规定每千克饲粮中包含多少能量、蛋白质、矿物质和维生素等。在实际饲养中,为方便起见,一般都是按后者为各类猪配合饲粮,再按前者规定的风干料量日定额饲喂,或采取不限量饲喂。考虑到营养平衡原则,为方便饲养标准调整,还常见单位能量下各种营养物质的需要量,例如常见的蛋白:能量比,氨基酸能量比。

　　(3)NRC(1998)的营养需要量是群体平均值,是最低需要量,是在特定动物、饲料、管理和环境条件中测得的,是在理想状态下的平均值,没有考虑加工,贮藏时的损耗,也没有考虑各种应激条件对营养需要的影响,所以实践中要追加一定安全裕量。

　　我国的饲养标准是营养供给量而不是营养需要量。营养需要量是制定饲养标准的依据。饲养标准是在营养需要量的基础上,考虑动物和饲料原料的变异,环境变化和评定需要量时的误差等,对营养需要量加一定安全系数或安全余量而制定的。就是说,饲养标准实质上是以高额为基础,高于群体平均营养需要量,能保证群体内大多数动物的营养需要。

§1.2　对应用饲养标准的认识

饲养标准由于是通过科学试验和总结实践经验提出的,所以有一定科学性,是实行科学养殖的重要依据。生产实践中只有正确应用饲养标准,合理利用饲料资源,制订科学的饲料配方,生产全价配合饲料,以使动物获得足够数量的营养物质,才能在保证动物健康的前提下充分发挥其生产性能,提高饲料利用率,降低生产成本。另外,饲养标准还是一个技术准则,是为养殖场制定饲养定额、饲料生产和供应计划不可缺少的依据,所以饲养标准在动物饲养实践和配方设计中起着非常重要的作用。

对任何一种饲养标准,都只能作为参考,原因如下:

(1)饲养标准规定的指标,随动物与饲养科学发展,家畜品种改良,生产水平提高,饲养标准也在不断修改、充实和完善。

(2)饲养标准是平均标准。要根据本地情况和饲养效果、家畜反应,适当调整使之更接近实际。饲养标准应是每日每头(只)该吃入各种营养素的标准,但仔猪是群体饲养,为管理方便,就用每千克饲粮的含量或百分数的营养需要来表示,如每千克的能量千卡(千焦耳)数。这样配合饲料的营养素百分数乘上每日采食量恰好获得每日所需要的营养素。只要不受体积限制,饲粮能量浓度在 3.0～3.4 Mcal/kg 消化能之间变化时,仔猪可以通过调节采食量得到每日所需的能量和各种养分。

(3)由于家畜品种多样性和环境与饲养条件差异对动物营养需要量有重要影响,因此要高度重视环境条件的差异。既要把饲养标准作为设计饲料配方的依据,又要因地制宜灵活应用。

仔猪饲养方案对饲养标准影响很大。饲养方案的典型阶段应该按照猪断奶时的体重和年龄来划分,规模化猪场有 3～6 个阶段划分方法不同。常见的是早期断奶仔猪的 3 阶段饲养方案,这种饲养方式各阶段的划分及相应的饲养标准如表 3.1 所示。

表 3.1　早期断奶仔猪的 3 阶段饲养方案

阶段	饲养方式	日粮形式与饲养标准
Ⅰ	6~21 d 断奶的仔猪饲喂至断奶后 7~10 d,22~28 d 断奶的仔猪饲喂至断奶后 3~4 d	高档颗粒料（2.5 mm）:消化能 3.56 Mcal/kg,粗蛋白 20.83%,钙 0.87%,总磷 0.69%,有效磷 0.54%,赖氨酸 1.55%,蛋氨酸+胱氨酸 0.76%,苏氨酸 0.94%,色氨酸 0.27%。中高档颗粒料(3 mm):粗蛋白质 20%~21%,总赖氨酸 1.50%,DE=3.45 Mcal/kg
Ⅱ	始于断奶后 4~10 d 的仔猪,一般开始主动采食干饲料,开始恢复生长	颗粒料或干粉料,消化能 3.40 Mcal/kg,CP 19%~20%,总赖氨酸 1.3%~1.4%,遗传性能好的仔猪可给予更高的赖氨酸
Ⅲ	始于断奶后 3~5 周,体重 11~20 kg,这时的仔猪很容易采食干饲料	颗粒料或干粉料,消化能 3.30~3.35 Mcal/kg,CP 17%~20%,总赖氨酸 1.15%~1.2%,遗传性能好的仔猪可以给予更高的赖氨酸

注:其他必需氨基酸按照理想蛋白质模型来设计。

美国 NSNG（2010）把断奶仔猪划分为四个阶段。断奶时仔猪体重较大且年龄比第 1~2 阶段大,所以日粮可以比第 1~2 阶段的相对简单些。日粮营养密度应该根据仔猪管理、健康、年龄和体重等来决定。有时候断奶时体重很大（>15 lb）,或者在断奶时体重最大的仔猪,这些发育良好的仔猪可以省去阶段 1 或阶段 2 的日粮。按表 3.2 用料可节约昂贵的教槽料成本,如果没有单独的保育舍,断奶后直接进入育成猪舍,那么表中数据也许需要略微增加,因为常用的地板饲喂浪费饲料。

表 3.2　每头仔猪推荐的采食量(自断奶到 50 lb)

	仔猪断奶重/lb						
	10	11	12	13	14	15	16
	每头饲料量/lb						
阶段 1	2	1	1	0.5	0.5	0.5	0.5
阶段 2	5	5	3	2	1	—	—
阶段 3	12~15 lb/头						
阶段 4	45~50 lb/头						

注:1 kg=2.204 585 537 918 871 lb,1 lb=0.453 592 4 kg。

(4)饲料数据库也要灵活应用。因为饲料数据库列出的是中数,例如玉米蛋白质含量在 7%~9%,但大多数在 8.2%~8.9%之间,而在饲料成分表所列数字为 8.6%。由此可见一斑。

(5)不同日龄的仔猪,蛋白质和氨基酸的需要量变化很快,日粮可消化赖氨酸与代谢能的最佳比值也随仔猪年龄和体重的增加而降低,见图 3.1,所以不同日龄的仔猪,蛋白质和氨基酸需要量的变化很大,这可能是国内外不同饲养标准之间差异的主要原因。

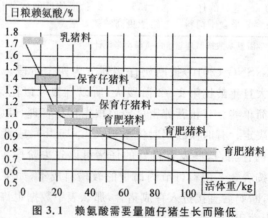

图 3.1　赖氨酸需要量随仔猪生长而降低

(Haffner et al. , 2000)

§1.3 饲料产品标准

饲料标准是国家为规范饲料工业而制订,一般是强制执行标准。任何商品饲料都不能低于这个标准;要符合国家标准的规定。例如 GB/T 5915—2008(仔猪,生长肥育猪配合饲料)对饲料产品的要求,检验规则和方法都有详细规定。

饲养标准常是推荐标准,供有关饲料厂或养殖场参考。饲养标准一般只讨论营养需要量问题,而饲料标准是一定生产条件下的工业产品标准,除了考虑某些营养指标外,还要规定饲料产品的一般性状,加工质量,以及与人畜卫生有关的卫生质量等指标。饲料质量标准只能定出那些需要在全国范围内统一的技术要求,并且为便于实践中检测和监督,饲料质量标准只能规定一些最重要又易客观检测的项目,而饲养标准包括四五十项动物需要的全部营养指标。饲养标准中规定的指标均为平均值,而饲料标准中规定的各项指标均为保证值,例如最大值、最小值或取值区间。

§1.4 供给量、添加量和企业标准

一般情况下,应该把饲养标准当作供给量。但饲养标准是全国性的一般标准,不一定适合特定环境中的猪场;或者为满足某些特殊市场需要,例如热应激的夏季,就需要修改饲养标准。

添加量是指在实际生产条件下,日粮中的营养物质含量不能满足动物正常生长和生产需要时,必须在配制日粮时额外添加的各种营养和非营养物质的量。

大型饲料厂常制定自己的产品标准。主要内容包括产品养分保证值,饲料卫生标准,成分分析方法和判定标准。企业标准应符合国家标准,但实际上,我国饲料企业标准列出的养分指标常很不完全或仅是国家强制规定的几项,与国家推荐的饲养标准常相差

很大,所以国内饲料企业标准常不能准确反映产品质量。

§1.5　饲养标准的调整

饲养标准有 3 点不足:①时间差。饲养标准要几年修改一次,不能及时反映最新科研成果与畜牧业发展状态,也即在一定程度上落后于时代;②静态数值。标准中的数值是有条件的静态值,实际上各种条件都在变,因而需要量应是一动态值,例如,冬夏就应有不同;③经济效益。标准中所列生产性能,不见得经济效益最佳。所以应尽可能根据自己的具体情况,适当调整饲养标准,同时注意营养平衡、经济。

【例 1】假定断奶前仔猪教槽料的饲养标准是消化能 3.56 Mcal/kg,粗蛋白 20.83%,则:①若在冬天,就应降低赖氨酸与能量的比例,夏天就应提高;②在满足赖氨酸水平下,粗蛋白水平可在一定范围内变化,如 20%~22%;③若调节消化能水平,只要保持赖氨酸/消化能的比值不变,猪可通过调节采食量来满足营养需要,不会影响生产性能,因而应选择单位消化能成本(就是单位增重成本)最低的饲料配方;④若应用同一消化能水平,则应选用单位增重成本最低的饲料配方(营养水平)。自然,这就需要知道营养水平与仔猪增重的函数关系,这已在前面章节讨论;⑤同时满足第③与第④的便是最佳饲养标准(营养水平)。

最佳营养规格可以通过对不同能量水平下单位代谢能配方成本进行比较分析,确定出单位代谢能配方成本最低时日粮的能量水平及相应其他营养物质的水平,即最佳营养规格。各种饲料的最佳营养规格设定后有利于饲料质量在最低成本情况下达到相对恒定,但是很明显,这种确定饲养标准的方法没考虑仔猪的生长发育性能,所以其实不是最佳营养规格,尽管在确定饲养标准时,这个方法仍不失为一种较好的实用方法。

§1.6　饲料配方设计标准

各国或组织推出的饲养标准或营养需要量,都只规定了猪对各种养分的需要量,而配方师设计饲料配方时需要的标准包括更多信息,例如各种养分相对于能量的比例;各种养分之间相互的比例诸如钙磷比,必需氨基酸与非必需氨基酸之比,必需氨基酸、微量元素和维生素的平衡比例;离子平衡值;系酸力;保健功能虽然很难列出一个具体数量指标,但它是配方师设计仔猪饲料配方时一定要考虑的重要指标;配方师还要根据饲料产品的生产工艺参数增加维生素等易在加工过程和保存时期损失的养分,所以饲料配方设计时使用的标准实际上还包括饲料加工参数。

随着饲料营养科学研究的深入,饲料数据库提供的营养指标增加,饲养标准越来越完善,设计饲料配方时要求考虑的营养指标越来越多,目前多达 50 余种养分。不同养分指标都可在一定范围内变化而不影响仔猪性能;但是对于同一仔猪,不同养分指标的可变化范围不同,或者说弹性不同。这就给配方师留下了发挥“技术水平”的空间,使饲养标准调整成为设计饲料配方的最高技术。

§1.7　饲养标准使用策略

配方师设计饲料配方时,通常不考虑饲养标准中列出的全部养分指标,也不完全按饲养标准中列出的养分指标值。

(1)设计饲料配方时要根据具体情况合理调整饲养标准。调整饲养标准应注意两个问题:一是绝对量,各种养分要全面,而且都要达到饲养标准规定的数量。首先满足能量,在每天能采食的最大饲料量内,必须含有足够能量;二是从相对量上看,各种养分间的比例一定要符合饲养标准,最简单的办法是保持每单位能量所含各种养分的比例不变,动物可通过调节采食量摄取足够养分而不影响生产。绝对量达不到饲养标准肯定影响仔猪性能;营养不平衡不仅造成浪费,而且因养分间互作,引起代谢紊乱。

(2)饲养标准只是个相对科学的参照标准。生产中使用的动物常有许多品种,即使同一品种也应随饲养管理技术和生产环境优劣而修订饲养标准;同一个体在不同环境中的营养摄取量可在一定范围内变化而不影响其产品的质和量,因此,配方师应根据饲养对象的品种特点和生物学特性、生产性能、饲养管理技术水平、生产阶段和性别、生产季节和市场情况等,综合考虑经济效益后调整饲养标准。例如小母猪要获得较高日增重和饲料利用率,就要使用比阉公猪较多的蛋白质;寒冷季节则应适度提高配合饲料的能量水平;在某些特殊情况下应给予特殊配合饲料,例如应激状态一般应在配合饲料中增加维生素含量,如维生素 C 等;运输时可在配合饲料中添加镇静剂如利血平等。极端例子是肥育猪在结束育肥期的最后 3 周,日粮中不添加维生素、微量元素、甚至不添加钙、磷、钠等,均不影响增重和饲料效率。

(3)最重要的营养指标是能量和蛋白质,其他指标常以这两个指标为基础而确定。所以,配合饲料的成本主要取决于这两个指标及与之相应的原料。生长猪的蛋白能量比,一般在正常环境中可在 40~65(g/Mcal)之间变动。究竟怎样调整这两个指标,才能使饲料配方的成本最低? 这是配方师的关键技术。

(4)不少教科书对不同养分指标排个优先次序,这不符合营养平衡原则。饲养标准必须是"全价"、"平衡"的,各种"营养指标"间必须保持平衡状态,这就是"木板水桶"思想,尽管不同养分指标的弹性大小不同。我们这里讲的"营养指标"不仅包括日粮的化学组分,例如蛋白质、能量、氨基酸(必需氨基酸与非必需氨基酸)、矿物质、维生素和添加剂等,而且也包括日粮酸碱度(系酸力)、离子平衡、渗透压等"生理指标"。从"营养平衡"角度来看,没有哪种养分指标比其他养分指标更重要。所以,设计饲料配方时不同营养指标同等重要,没有也不该有优先次序。

实践中影响仔猪营养需要量的因素很多,主要因素见图 3.2。

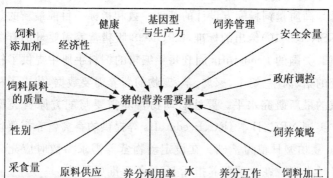

图 3.2　影响猪营养需要量的因素

(据 NSNG,2010)

(5)饲养标准的稳定性。饲料厂生产的饲料,是典型的商品。任何商品的最重要特点之一就是商品质量的稳定性,实践中决不可因原料价格的涨落而改变一个产品的质量。

第 2 节　调整饲养标准的技术

饲养标准决定产品质量。多数饲料厂采用国家标准,还有的采用育种公司的标准或国外的饲料标准(如 NRC 标准)。由于饲养标准中各项营养指标随动物营养学发展、猪的遗传改良、生产水平的提高等发生变化,所以饲养标准有一定局限性和区域性,为此许多大饲料厂制定了适合自己情况的企业标准。尽管如此,在设计饲料配方时,还要不断修订、充实和完善饲养标准。

§2.1　调整饲养标准的原则

实践中要根据实际情况对饲养标准做适当调整。

(1)要及时吸收最新成果。最新动物饲养标准或营养需要推荐量是高质量饲料配方设计的基础参数和指标。目前最新的是美国 NSNG(2010)给出的标准,NRC1998 版猪营养需要量仍有参考价值。美国的 Feedstuffs 周刊每年编辑的饲料手册中提供了较为系统的猪、肉牛、奶牛、家禽、羊、宠物的营养需要数据,代表了相关领域的最新研究水平。要注意动物营养需要与配方原料类型有关。美国 NRC、日本 JRC、Feedstuffs 等提供的畜禽营养需要均以玉米-豆粕型日粮为基础。在设定动物营养需求参数时应充分考虑日粮类型。在单项营养指标上,最新标准更科学。

(2)注意饲养标准高不一定好。单位动物在单位时间内提供的产品多不一定经济效益高。饲料营养水平可用能量浓度表示,因为一般情况下,在一定范围内,其他各种养分都与能量浓度成比例。例如仔猪,如果以饲料能量水平为横坐标,以饲料成本、日增重和经济效益为纵坐标,绘制坐标曲线,则随着饲料能量水平的提高,饲料成本急剧增加,成本曲线呈凹状曲线,而日增重的增加呈S 状生长曲线(可以简单理解为产出曲线),并非是直线增加;由此造成了经济效益曲线呈钟形。过这个钟形的顶部做一垂线,与横坐标交叉处就是最佳营养水平,见图 3.3,可见最大经济效益并不一定在最高生产性能处获得。

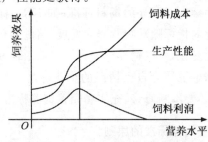

图 3.3　饲料成本、生产性能、经济效益的关系

(3)不同品种(基因型)的性能不同,所以营养需要量也不同。仔猪的遗传基础,饲粮养分含量和各养分间的比例关系以及猪与饲粮因素的互作,都影响饲粮营养物质的利用。脂肪型、瘦肉型与兼用型猪之间对饲粮干物质、能量和蛋白质消化率方面存在显著差异。各国饲养标准中推荐同一品种同一阶段的仔猪营养需要量存在差异,就是考虑了猪的品种及选育程度的差异。一般认为,在相同条件下,瘦肉型猪较肉脂型猪需要更多蛋白质,三元杂交瘦肉型比二元杂交瘦肉型猪又需要更多蛋白质。因此,配制仔猪饲粮时,不仅要根据不同经济类型仔猪的饲养标准和所提供的饲料养分,而且要根据不同品种特有的生物学特点,生产方向及生产性能,并参考形成该品种所提供的营养条件的历史,综合考虑不同品种的特性和饲粮原料的组成情况,对猪体和饲粮之间营养物质转化的数量关系,以及可能发生的变化做出估计后,科学地设计营养指标,使饲料所含养分得以充分利用。

(4)根据生产阶段调整饲养标准。哺乳仔猪具有代谢旺盛、生长发育迅速、饲料利用率高的生理特点,但也处于消化器官容积小,消化机能不健全等特点。虽然饲养标准中已规定出乳猪与断奶仔猪的营养需要量,是配方设计的依据,在配方设计时,还要充分考虑不同生理阶段的特殊养分需要,注意哺乳仔猪和断奶仔猪的消化生理,考虑微生态平衡、系酸力、离子平衡等。

(5)根据性别调整饲养标准。综合研究阉公猪和小母猪的蛋白质需要量的结果表明,日粮中蛋白质含量从 13% 提高到 16%,并不影响阉公猪增重和饲料利用率,胴体成分也未变化;而小母猪日粮中蛋白质含量从 13% 提高到 16%,增重和饲料利用率都有所提高。他们认为,当饲料中蛋白质含量最小为 16% 时,小母猪的各种生产性能达到最佳水平,而阉公猪日粮中蛋白质含量在 13%～14% 即可达最佳水平。法国研究者发现育肥公猪适宜赖氨酸水平是 0.78%,而母猪需要 0.88%,母猪日粮的氨基酸总量至少要比公猪多 12.5%。因此,不同性别应分别设计不同营养含量的配方,分开饲养。但是仔猪性腺尚未发育,是否存在这种性别差异? 要随时注意研究进展。

(6)根据季节调整饲养标准。国内猪场,冬天有给仔猪保暖措施,但夏天多是不给仔猪舍安装空调。热应激影响每天采食量,导致营养不良。为此,不同季节应配制营养浓度不同的日粮。炎热夏季应注意调整饲料配方,增加营养浓度,特别是提高日粮中油脂、氨基酸、维生素和微量元素的含量,降低饲料的单位体积,并适意添加 KCl、$NaHCO_3$ 等电解质调节离子平衡,以保证养分供给量和各项指标的平衡,减缓热应激导致的生产性能下降。

(7)控制粗纤维含量。粗纤维吸水性好,进入仔猪胃肠道后体积膨胀,可起到填充作用,使之有饱感;同时又能促进胃肠蠕动,促进消化液分泌和粪便排出,更重要的是,仔猪日粮中含一定量的粗纤维可以锻炼肠道的适应性,促进消化系统发育。但是,由于母乳不含粗纤维,乳猪没有在进化过程中获得消化粗纤维的能力,所以粗纤维不仅会降低日粮营养浓度,而且还影响营养物质的消化吸收。仔猪饲料中粗纤维含量一般控制在 3% 以内。

(8)原料中水溶性氯化物含量。食盐是动物饲料中必需的,影响饲料的适口性,日粮中食盐含量过高过低都不好。设计饲料配方除考虑加入的食盐和鱼粉盐分含量,还要考虑其他原料的水溶性氯化物含量,例如玉米含水溶性氯化物 0.084%,麸皮 0.098%,菜籽饼 0.095%,豆饼 0.024%,易造成盐分超标,特别是盐碱地区。据调查,乳猪料食盐添加量一般 0.4%,高的有 0.6%,甚至 0.8%的。

(9)合理的营养水平是根据日龄和体重决定的,国内市场仔猪日粮的能量,蛋白质和氨基酸可以做到国家标准的规定。目前比较先进的仔猪料营养水平标准,可以参考 NSNG(2010),NRC(1998)和中国(2004)国家标准,见表 3.3。

表 3.3　仔猪料的营养水平

NSNG(2010)			NRC(1998)			中国(2004)	
日龄							
<21	21～28	28～70	<21	21～28	28～70	3～8	8～20
体重/kg							
<7	7～11.5	11.5～23	<5	7～11	11～23	3～8	8～20
代谢能/(Mcal/kg)							
3.48	3.30	3.30	3.265	3.265	3.265	3.215	3.120
粗蛋白/%							
24.0	20.8	19.9	26	23.7	20.9	21	19
可消化赖氨酸/%							
1.51	1.31	1.25	1.34	1.19	1.01	1.29	1.04

注:表中 NSNG(2010)的粗蛋白质指标为王继华补充值。

　　营养水平过高不一定有利,例如日粮的蛋白质水平,过高时加重代谢负担,仔猪要把多余的蛋白质代谢掉(见图 3.4)。

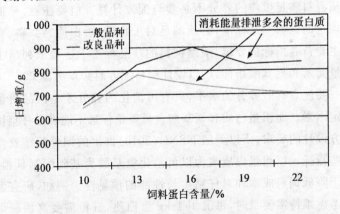

图 3.4　饲料蛋白质水平对不同品种猪生长的影响

(引自:钟清红,营养水平与猪生长性能的关系,2011)

（10）饲料配方不能突然大变。若饲料配方突然变动很大，常降低动物食欲，导致生产性能下降，所以饲料配方要逐渐变动。

§2.2　饲粮营养平衡与有效养分含量

要考虑营养平衡。必须首先满足动物对能量的需要量，在动物每天能够采食的最大饲料量内，必须含有足够有效能量；然后，根据动物"为能而食"的原理，保持每单位能量所含各种养分（例如蛋白质、氨基酸、矿物质和维生素等养分的比例）。注意这里重要的是仔猪每天的有效养分采食量，设计饲料配方时，最低质量的饲料产品也必须满足动物营养需要，所以学界以"日粮"为基础制定饲养标准。

饲养标准中规定的营养指标很多，配方师有时没有相应技术数据，不能全部加以考虑。实际上饲养标准所列指标也没必要全选来进行计算。设计饲料配方时选择营养指标一般是只考虑那些必须考虑的和能够考虑的指标，一般饲料原料自然满足和由添加剂预混料满足供应的养分不必参与配方计算。但要注意，根据国家规定的饲料产品标准，必须满足对干物质、蛋白质、钙、磷、食盐等主要营养指标的要求；浓缩饲料的产品标签上还要求列出主要微量元素和氨基酸指标，所以设计饲料配方时必须考虑。

要注意有效养分的水平，只有可消化的养分才是产品质量的决定因素。而粗蛋白质和氨基酸含量等指标远不能满足仔猪饲料配方设计的要求，所以美国 NSNG（2010）推出的饲养标准就没有这些指标。以粗蛋白质改为以可消化氨基酸为基础配制日粮，有助于降低饲料成本和对仔猪生长性能的预见性。例如，研究发现不考虑维持需要量时，每沉积 1 kg 蛋白质，日粮需要真回肠可消化赖氨酸 $120 \sim 123$ g；猪体蛋白质的赖氨酸含量 $6.5\% \sim 7.5\%$，可见回肠真可消化赖氨酸合成猪体蛋白质的边际效率为 $54\% \sim$

62%（NRC,1998）。由此,如果知道一头仔猪的瘦肉生长能力,就可以设计出满足其生长潜力的日粮。

§2.3　维生素和微量元素的调整

根据水桶学说,调整饲养标准的科学方法是,按比例提高或降低能量、粗蛋白质和氨基酸等各项营养指标,而不是仅仅降低某一项或某几项指标,所以一般按比例修改维生素和微量元素。

饲养标准中所列维生素、微量元素的数字是平均供给量,使用时应根据猪群生态、环境、饲养条件以及疾病等情况酌情增加安全裕量。可把标准中所列维生素数值作为添加量,把饲料中的含量作为安全裕量,不过市场饲料产品添加的维生素已超过 NRC 推荐量的 5～10 倍,这其实不科学。美国 NSNG（2010）已详细列出仔猪对维生素需要量的范围,超出这个范围的过量添加无效。

矿物质微量元素不仅要满足安全裕量,同时还需要充分注意不同元素间的颉颃规律;同时还要考虑离子平衡和系酸力。对一些含有毒有害或抗营养因子的原料,加工制粒可以破坏一些,但是设计饲料配方时仍要考虑毒素残留,尤其是加工工艺对其他营养物质也有破坏,例如消化酶和维生素等。

§2.4　饲养管理水平与动物性能

（1）中国饲养标准是根据我国一般饲养管理水平制定的。例如《猪的饲养标准》2004 年版规定,体重在 8～20 kg 的瘦肉型猪日增重平均在 440 g,而 NRC《猪营养需要（第九版）》规定,体重在 10～20 kg 的瘦肉型猪日增重平均在 550 g,所以 NRC 标准中有关养分的浓度较高。如果用户的饲养管理技术水平较低,或动物的遗传性能不高,则日粮营养浓度再高也是浪费。

不同生产目的的动物对养分的需要量也不同。例如种公猪配种期与非配种期的营养需要就有很大差异。

（2）据报道，多数中国猪饲料中赖氨酸水平偏低但粗蛋白水平偏高，赖氨酸和粗蛋白的比例远离 7%。

（3）当前国内市场，比较好的教槽料在正常饲养条件下，一般瘦肉型品种仔猪 21 d 断奶后 3 d，采食量及生长速度可恢复到断奶前水平；自断奶日起，10 d 内营养性腹泻率低于 21%，饲料转化率为 1.2 左右，日均增重 280 g 左右，采食量日均为 330 g 左右。高档仔猪料要求换料后采食量继续增加，生长速度继续增加，腹泻率不增加；到 42 日龄时体重达到 15 kg，饲料报酬为 1.5 左右。

§2.5　考虑饲料原料

不仅要考虑饲料原料的营养价值和价格，还要考虑供应情况。应充分利用本地饲料资源，以整个养殖业投入最小产出最大为原则调整饲养标准。

由于蛋白能量比不同的配合饲料可达到相同生产性能，这在生产实践中有重要价值。当蛋白质饲料原料较贵而能量饲料原料较便宜时，可降低蛋白能量比；反之则可提高蛋白能量比；当然其他养分指标需要作相应调整以保持营养平衡。中国猪饲养标准中规定的能量偏低，就是考虑了我国的饲料原料特点。

饲料原料养分的变异是导致配方失真的重要因素，应努力使用实测值设计饲料配方，必要时可考虑因原料变异而需要的安全余量。饲料企业建立饲料数据库，可为估计原料变异提供依据。

一般饲料厂不可能全面测定所用原料的养分，都是引用中国饲料数据库。设计饲料配方时要以中国饲料数据库数据为准，因为你使用的是中国的饲料原料。中国饲料数据库每两年更新一次，可在杂志或网上查到。附录给出了最新版的中国饲料数据库。

不同年龄的仔猪对饲料原料的消化率不同,见表3.4。

表 3.4　不同蛋白质的消化率　　　　　　　　　　　%

年龄	乳清蛋白	土豆蛋白	鱼粉	豆粕
3 周龄	92~96	85~89	84~88	70~85
6 周龄	93~98	89~94	89~93	85~92

资料来源:Dutch animal nutrition research institute.

§2.6　饲料加工工艺参数和贮存过程

设计饲料配方之前一定要明确本厂的生产工艺参数,才能确保饲料配方适合于制粒、外观等要求。主要关注的工艺参数有膨化还是制粒(例如,膨化料不可使用大量高纤维原料,淀粉含量不宜过高,配方不宜复杂),粉碎粒度,调质温度,调质时间,调质水分,加油系统(例如,能否添加磷脂油,如不能则可考虑磷脂粉),以前适应于该工艺的配方模式,等。

饲料加工过程常造成某些营养物质或某些添加剂损失,但也会提高某些养分的利用率。如制粒、挤压膨化可造成某些维生素损失(见表3.5,表3.6,表3.7,表3.8和表3.9),但会提高糖类、蛋白质等养分的总消化率;产品在储存、运输中会造成养分的部分损失,这些都应在产品设计中加以考虑。在设计饲料配方前必须根据实际加工工艺,和产品生产至使用之间的间隔时间,贮藏条件等,对饲养标准进行合理调整。

制粒工艺中维生素的存留量见表3.5。

受加工和贮藏影响最大的是维生素,粉状配合饲料在正常保存时某些养分(如维生素 E 等)也会因氧化而不断损失。笔者给维生素的保险系数一般是 15%,然而这个保险系数有时是不保险的。

表 3.5　制粒工艺中维生素的存留量　%

制粒 条件 （℃/min）	60/3 66/2 71/1 77/0.5	66/3 71/2 77/1 82/0.5	71/3 77/2 82/1 88/0.5	73/3 82/2 88/1 93/0.5	82/3 88/2 93/1 99/0.5	83/3 93/2 99/1 104/0.5	83/3 99/2 104/1 110/0.5	99/3 104/2 110/1 —	104/3 110/2 — —
微胶囊 A	95	94	93	92	90	88	85	82	79
微胶囊 D	97	96	95	94	93	92	91	90	89
维生素 D_3	95	94	92	91	88	86	82	80	77
E 醋酸盐	99	98	98	97	97	96	96	95	95
E（醇）	75	70	65	60	54	49	43	30	23
MSBC	80	76	72	70	65	60	56	51	44
MPB	82	78	74	73	68	64	60	57	50
盐酸硫胺	93	91	89	86	82	78	74	68	63
硝酸硫胺	95	94	93	90	89	87	84	80	77
维生素 B_2	95	94	93	91	89	87	84	80	78
维生素 B_6	94	93	92	90	87	85	82	78	75
维生素 B_{12}	99	98	97	97	96	96	95	95	94
泛酸钙	95	94	93	91	89	87	84	80	78
叶酸	95	94	93	90	89	87	84	80	77
生物素	95	94	93	90	89	87	84	80	77
烟酸	96	95	94	91	90	89	86	82	80
维生素 C	75	70	65	60	55	50	45	40	35
氯化胆碱	99	99	98	98	97	97	96	96	95

表 3.6　不同膨化加工温度对维生素稳定性的影响　%

维生素	91～95℃	116～120℃	136～140℃
维生素 A	90	77	65
维生素 D_3	95	89	84
维生素 E(50)	95	90	83

续表 3.6

维生素	91～95℃	116～120℃	136～140℃
维生素 K	70	45	25
维生素 B_1	90	75	55
维生素 B_2	98	93	91
维生素 B_6	93	85	78
维生素 B_{12}	97	92	87
叶酸	93	77	67
生物素	93	77	66
烟酸	92	77	68
泛酸	92	86	79
胆碱	99	97	95

资料来源：PetfoodTechnology(5th version,2003,Page111).

表 3.7　饲料调制温度对维生素稳定性的影响

维生素	70～110℃ 的损失率	95～145℃ 的损失率	115～165℃ 的损失率
维生素 A	15.3	13.1	15.8
维生素 D	8.3	11.1	10.3
维生素 E(醋酸盐源)	9.3	12.1	14.7
维生素 C	30.8	68.1	87.7
维生素 B_1	19.8	18.2	18.1
维生素 B_2	17.9	18.9	26.1
维生素 B_6	20.2	15.6	21.5
泛酸	17.9	15.5	20.2
叶酸	18.9	26.3	32.2
生物素	18.9	27.1	29.0
烟酸	16.7	24.2	26.1

表 3.8 制粒后贮存时间对维生素活性影响

维生素	不同贮存时间维生素的含量/(mg/kg)			
	0 d	30 d	90 d	180 d
维生素 C	112 ± 13^a	83.0 ± 9.6^a	48.9 ± 7.6^b	24.7 ± 1.9^c
生物素	1.53 ± 0.2	1.50 ± 0.2	1.46 ± 0.2	1.36 ± 0.3
维生素 B_{12}	0.29 ± 0.03	0.27 ± 0.04	0.24 ± 0.04	0.22 ± 0.03
叶酸	4.76 ± 0.4	4.56 ± 0.6	4.26 ± 0.5	3.94 ± 3.8
生素 K_3	21.8 ± 2.1^a	18.6 ± 2.7^a	15.0 ± 2.3^b	9.17 ± 1.5^c
烟碱	410 ± 37	403 ± 37	395 ± 35	378 ± 37
泛酸	205 ± 18	194 ± 23	174 ± 23	150 ± 21
维生素 B_6	65.6 ± 5.0^a	60.6 ± 4.8^a	52.1 ± 7.2^a	46.3 ± 5.4^b
核黄素	33.5 ± 3.3	32.4 ± 2.8	31.9 ± 3.4	29.8 ± 4.0
维生素 B_1	26.2 ± 3.9	25.4 ± 3.7	26.9 ± 2.7	23.1 ± 2.7

注:数据基于 3 次重复实验,同行肩标字母不同表示差异显著。

表 3.9 巴斯夫公司给出的维生素损失参数

巴斯夫维生素损失量	稳 定 性				
	非常稳定	稳定	中等	稳定性差	极差
	氯化胆碱 B_{12}	B_2,烟酸泛酸	硝酸 B_1,叶酸 B_6,D_3 A	盐酸 B_1	K_3,C
	平 均 月 损 失				
维生素预混料	0%	<0.5%	0.5%	1%	2%
多维＋胆碱	<0.5%	2%	3%	6%	10%
复合预混料	2%	8%	9%	15%	30%
制粒	3%	8%	11%	16%	50%
挤压膨化	4%	15%	18%	25%	60%

注:摘自《Keeping Current》KC 9138,3rd revised edition,BASF.

需要强调的是,制粒或膨化的控温条件大多数是靠经验,损失率受实际温控条件影响极大,仪表显示制粒温度调制时间相同时,不同企业损失率差异较大。日粮类型对于维生素稳定性影响也很大,不同饲料配方的日粮在加工中损失率差异很大。换句话说,仪表显示未必准确! 损失率难于准确估计! 解决办法就是使用制粒专用多维。

在保存和加工过程中,配合饲料中的维生素会有不同程度的损失。在设计饲料配方时应当注意留出余量。不同保存时间或不同加工方法下,维生素破坏程度不同。

酶制剂和益生素等热敏原料也会在制粒加工中失活。解决办法是制粒后喷涂技术。

原料粉碎粒度影响日粮消化率。颗粒较小时有较大的表面积供消化酶作用,从而提高消化率并改善饲料效率。对于仔猪,推荐的饲料粉碎颗粒大小为 $600\sim750\ \mu m$。颗粒太小不仅增加加工费用,而且有可能增加胃病发生率。

§2.7　猪场与饲料厂的经济效益

【例 1】要为 $20\sim90$ kg 育肥猪设计饲料配方。设定 100 d 出栏,每头育肥猪利润 100 元。具体计算出饲料、仔猪、防疫和人工等费用成本分别为 357 元、180 元、10 元、20 元,加上养猪场利润 100 元/头,除以育肥猪出售单价 7.5 元/kg,就是所需要达到的出栏体重。即

育肥猪出栏应达到的体重(kg)＝(饲料费用＋仔猪费用＋人工费用＋防疫费＋利润)/育肥猪出售价格(元/kg 体重)

本例,代入已知数据有:90＝(饲料费用＋180＋20＋10＋100)/7.5,所以饲料费用＝365(元)。平均每日饲料费用 3.65 元,整个育肥期需要达到的日增重为(90－20)/100＝0.7 kg。

假定配合饲料需要达到的料：肉比为 3.2：1,则整个育肥期平均每天需要的配合饲料量为：$0.7 \times 3.2 = 2.24$ kg,饲料送到养殖场的价格水平允许为：$3.65/2.24 = 1.63$ 元/kg。

假定饲料厂要求利润为每吨 100 元,即 0.1 元/kg,生产加工包装销售等费用为 0.2 元/kg,则配合饲料的允许配方成本为：

配合饲料的允许配方成本(元/kg)＝允许的饲料送到价格－生产加工等费用－饲料厂利润＝$1.63 - 0.2 - 0.1 = 1.33$ 元/kg。

通过上述分析可以看出,在考虑养猪场和饲料厂利润的前提下,配方师必须在 1.33 元/kg 的范围内设计配方,全程平均料：肉比必须达到 3.2：1,100 d 内育肥猪平均日增重必须达到 0.7 kg。

第3节　仔猪饲料产品标准的设置

设计仔猪饲料产品标准是配方师的最高境界,既要考虑仔猪特点,又要考虑不同猪场需要和成本要求,所以设计饲料产品标准应采取不同策略,与市场结合才可设计出市场需要的产品。这里的关键问题是准确的市场定位和创新产品模式。按我国目前商品猪料的研究、制作及应用状况,从饲料性价比的角度来看,哺乳母猪料和乳猪料最难做好。尤其是乳猪饲料,是目前饲料厂竞争的标志性产品。

与其他猪料比,仔猪饲料产品设计重点：一是满足仔猪骨骼(体型)和胃肠道健康生长发育需要；二是提高仔猪免疫功能和抗病力,消弭断奶应激；三是提高有效养分的采食量,有效养分浓度高,营养平衡性好；适口性好,有效养分采食量高；原料易消化、吸收；有保健功能。四是根据体重和日龄划分饲养阶段,根据饲养阶段调整饲养标准。

§3.1 仔猪饲养模式

仔猪的营养需要随日龄增加变化很快,所以制定仔猪饲养标准就必须针对市场上的仔猪饲养模式。目前国内保育结束之前仔猪的阶段划分和用料归类比较混乱。

各国饲养标准上的仔猪一般是 20 kg 以下,而养猪界说的仔猪是从初生到保育阶段结束。目前一般是在 65～70 日龄,体重 20 kg 以上时结束保育期。欧盟仔猪断奶时间平均为 25 d,饲料分为三阶段:教槽料 5～7 kg,断奶料 7～14 kg,仔猪料 14 kg 以后,平均断奶重 6.5 kg。国内一般是在 28 日龄断奶,范围在 21～28 日龄至 28～35 日龄。断奶后,母猪赶出产房,有些猪场会让仔猪继续呆在产房,但更多猪场会在这天将仔猪转入保育舍。

10～21 日龄断奶的隔离式早期断奶(SEW)仔猪料,分三个阶段:第一阶段,诱食料(断奶后 1 周);第二阶段,断奶后 2～3 周;第三阶段,断奶后 4～6 周;10 周龄体重可达 30～35 kg,与常规 20 kg 相比,提高增重 10 kg 以上,但是就我国养猪科学技术的普及水平,SEW 在中国普及还有待时日。

我们推荐一般猪场 0～24 日龄哺乳,25～35 日龄为断奶期,36～63 日龄为保育期,70 日龄完全更换为生长猪料见图 3.5。21 日龄时即使体重达标(6.6～6.9 kg 以上),在中国的商业养猪条件下,仔猪在断奶后过渡期出现问题的可能性远大于 25 日龄后断奶。

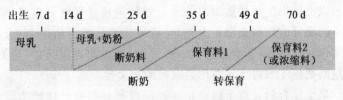

图 3.5 推荐的仔猪饲养模式

哺乳期和断奶期用教槽料,保育期 36～63 日龄用保育料,63～70 日龄过渡到生长猪饲料,也就是,70 日龄后完全更换保育料为生长期料。在出生后第 1 周(1～7 日龄),为救活体重偏轻的弱仔,可以在出生后 24 h 内给仔猪提供配制的流体状的人工初乳(富含抗体和营养物质),直接挤入口腔让其吞食,而其他的体重正常的新生仔猪则依赖母乳获得营养和免疫力。这个阶段饲喂以配方奶粉为基础的代奶粉虽然不能提供初乳,但是同样可以提高弱仔的生产表现。

乳猪教槽料最开始是美国普渡大学老哈默提出的"早期隔离断奶理论(SEW)",提高母猪以及生猪养殖整体效益。寻求低成本的代乳品,或者开发早期乳猪日粮替代原料,并成为教槽料最初的原动力。乳脂、乳清蛋白、乳糖构成乳猪最早期配合饲料三要素,用于取代母乳。更大规模的饲料配制技术和动物安全要求必须选择植物源蛋白和能量源,并构成目前的教槽料配方技术。教槽料是出于经济考虑,而非动物的自然属性。

目前市场上出售的教槽料,其设计目标一般是注重早期采食量、抗腹泻性能、抗应激性能(断奶应激)三个要素,这就决定了这些教槽料产品在设计时关注的三个原则为熟化、缓释、抗原,以及教槽料有关的参数:系水力、系酸力、糊化度。只有满足以上这些条件,才可以做出适应目前中国市场的教槽料产品。

断奶前喂教槽料目的是学习采食固体饲料,促进消化系统发育,教槽料对断奶前生长的贡献不超过 10%,28 d 断奶的小猪 90% 以上的出生后增重源自奶水。过渡期比哺乳期更重要,断奶后不同质量的饲料表现很大差异:优质饲料日增重超过 250 g/d,劣质饲料负增长,断奶后腹泻的危害大,严重的导致死亡,更关键的是断奶后 1 周内生长与出栏时间的相关性很高。

早期保育料在整个商业猪生产阶段具有明显经济影响,一系列商业试验均证明保育猪喂高能量高消化性饲料能够得到早期保育猪额外 3.16 1b 的增重,在扣除增加的饲料成本后,从保育到肥育期间得到的净利润回报超过 2 倍的投入增加。

§3.2　乳猪饲料产品的档次

市场上的仔猪饲料产品可以划分为高、中、低三个档次,饲料厂的最重大决策就是关于本厂产品的价位或市场定位,做最好的,还是做最好卖的饲料产品? 这是任何产品入市的第一决定因素。

仔猪料进入市场的敲门砖是产品性能特色,一般要求是"随便吃,不下痢",这是仔猪料产品入市的第一道门槛;不过笔者认为,饲料厂有义务对于市场上的一些误区做正确引导,饲料不是兽药,仔猪拉稀问题不能通过饲料完全解决。此外还有对饲料产品色、香、味的不正确要求,尤其是像"拉黑粪"这样的误区,不可刻意迎合。在决策本厂饲料产品的市场定位时还要考虑本厂的技术和设备条件,例如加工工艺,这也是产品质量的重要决定因素,做配方要适合本厂条件。

仔猪料的市场定位首先要考虑市场:①销售对象是专业化母猪场还是散养户? "仔猪"是母猪场的最重要"产品",仔猪晚 15 d 上市,增加保育舍面积 1 倍,或损失 10% 的仔猪收益。②早期断奶提高了母猪的效益和饲料效率,晚 7 d 断奶,每头母猪增加饲料成本 200 元以上,另损失养殖效益 8% 左右。③断奶应激腹泻或死亡,死亡一头仔猪,母猪效益损失 15%~20%,断奶应激损失表现为下痢、失重、病毒侵袭、死亡。④解决断奶应激是教槽料的关键。建议的断奶时间 25~32 日龄,持续饲喂教槽料;32~35 日龄逐渐更换为保育仔猪饲料。⑤据 Gardner(2001)报道,对于 14~18 d 断奶后仔猪,教槽料高档的与低档的差别仅出现在断奶后第 1 周,此后就没有差别了。所以实践中要考虑经济效益决定仔猪的饲养标准。

表 3.10　　中国与欧洲养猪生产性能比较

		好	中	差
21 日龄体重	中国	7～7.2 kg	5.5～5.8 kg	＜5.5 kg
	欧洲	7～7.5 kg	5.5 kg	
65 日龄体重	中国	26～27 kg	22 kg	16～18 kg
	欧洲	26～28 kg	23 kg	
上市日龄 （90 kg 时）	中国	140 d	155～160 d	170～180 d
	欧洲	150～160 d	170～180 d	
兽药投入（元/ 头商品猪）	中国	8.2～20	20～40	＞40
	欧洲	断奶后 2 周内保健	产前产后 不再用药	
母猪年生产力 （产活仔数）	中国	20～21	15～18	12～14
	欧洲	27	18～20	

　　配方设计的理念决定饲料产品的档次。"不拉稀"、"皮红毛亮"、"适口性"、"物美价廉"是目前一般养猪场对教槽料的基本要求；采食有效养分多，能消弭断奶应激，日增重和饲料效率好，是对教槽料的高档要求；笔者认为，仔猪饲料纯粹用于长体重是极不划算的，仔猪饲料的成本那么高，尤其是早期增长的体重需要后来的饲料来维持，对于整个饲养期是负担！所以用仔猪增重为最重要的标准来衡量仔猪饲料是不科学的。笔者认为，上述市场上两个档次的饲料产品设计理念（指导思想）都是只注重了表象，最高境界的配方师要考虑仔猪的发育规律，设计的仔猪饲料既要能够满足仔猪的生理需要，主要是骨骼（体型）、肠道、免疫功能等的发育需要，为其一生的生存和生产奠定厚实的基础，又要成本最低。不能只看体重的生长，要琢磨生长的内容，是不是骨架的生长？肠道的生长？

　　随着饲料科学的普及和养猪技术水平的提高，我国饲料厂和养猪场会同时向养猪营养科学技术的本真回归,一切表象的、不科学的市场行为都会被市场抛弃。然而就目前的市场来看,配方师不得不考虑饲料的商品性,尽量设计好用又好卖的饲料产品。表 3.10 比较了中国与欧洲养猪生产性能,表 3.11 是关于中国饲料市场的评价,可以参考。

(1)高档乳猪料。高档乳猪料是伴随早期断奶技术,2000 年左右开始在国内推广。笔者认为,高档乳猪料应具有以下几大特点:①适口性好,乳猪爱吃;②易消化,易吸收,不腹泻;③营养水平高,生长速度好;④消弭断奶应激,断奶后能平稳快速生长;⑤满足肠道、骨骼(体型)和免疫系统的快速健康发育;⑥为断奶后迅速更换为保育仔猪料奠定基础。为满足以上要求,从配方设计角度考虑,一般情况下就会在配方中使用膨化玉米、膨化大豆等膨化基本料,尤其是发酵豆粕的使用,都已经熟化;一般还用大量乳清粉、血浆蛋白粉、酵母抽提物等优质原料。这些原料常有很高的黏性,特别是高乳清粉的料,使得制粒比较困难。困难之处是制出的颗粒硬,达不到乳猪要求的酥脆松软的要求;尤其是一些热敏性添加剂更是不利于制粒。而粉料的加工就相对容易实现,只要把相应的原料粉碎到要求的细度,然后充分混合就能实现;尤其是为了减轻颗粒饲料对仔猪肠道的伤害,饲喂时以流食为好,这就更支持粉料。

表 3.11　市场仔猪生长性能的评价

生长速度 /(g/d)	28 d 断奶重 /kg	21 d 断奶重 /kg	评价
250	8.3	6.6	很好
220	7.5	6.0	好
200	6.9	5.5	一般
180	6.3	5.0	低

高档乳猪饲料的特性与功效应该是新鲜、适口性好、消化利用

率高。目前国内的高档乳猪饲料,在 15 kg 至出栏(100 kg 体重以上)期间生长性能应能够达到:需要 95 d,料肉比 2.8 以下。表 3.12 数据表明,断奶体重与猪全期生长发育相关。

表 3.12　断奶体重与猪全期生长发育相关

断奶体重/kg	上市日龄/d
5.4~5.9	182
6.3~6.8	179
7.3~7.7	174
8.2~9.1	172

高档乳猪料的设计目标强调保健功能,有效养分含量高,重点满足肠道和骨骼发育。首先是饲养标准高,美国 NSNG(2010)标准的有效能,可消化氨基酸等一系列营养指标都比 NRC 1998 年版的各项指标大大提高。用这个标准设计乳猪饲料,仔猪生产性能会有很大提高。这个标准的有效营养值高且平衡,有利于仔猪保健。这个标准要求高,以教槽料为例,要达到它规定的有效能、可消化氨基酸等指标,绝非常规的玉米-豆粕原料可以实现。这样的产品标准,必须额外添加油、血浆蛋白粉、优质鱼粉。

当然,设计饲料配方时还要考虑系酸力,可以添加活菌制剂和其他保健性或诱食性饲料添加剂,尤其是添加小肽类制品来提高产品的保健功能,以适应其他设计标准上的高档性。按照这个标准设计的饲料配方会明显增加饲料成本,不过从整个养殖收益来看,这个配方设计标准目前应该有很好的回报。

2~3 日龄断奶仔猪用纯牛奶饲喂,能增加自由采食量,改善小肠黏膜结构,0~21 日龄的平均日增重可达 400 g(Harrell 等,1993;Dunshea 等,2002)。目前市售高档教槽料日增重低于242 g,所以假设教槽料与牛奶的饲料效率相等,从经济学考虑,当牛奶价格与教槽料价格之比低于 400/242=1.652 9 时,就可以考虑用牛奶代替教槽料。目前高档教槽料价格达 10 元/kg,折合 11.364 元/kg 干物质;而牛奶价格 1.5 元/kg,折合 14.70 元/kg 干物质。牛奶价格与高档教槽料价格之比为 14.7/11.364=1.293 6,所以不该使用教槽料了。以上分析的目的是为设置高档仔猪教槽料的饲养标准参考,然而市场上养猪人常不考虑经济效益,他们不知道仔猪饲料与牛奶的比价问题,饲料厂可以根据市场允许情况调整饲养标准。

(2)中档乳猪料。考虑到成本问题,饲料厂可以降低美国 NSNG(2010)标准中的能量,蛋白质和氨基酸指标,例如都乘以 0.928 7,这就非常接近美国 NRC(1998) 给出的饲养标准,这使得可以使用的饲料原料范围扩大,虽然仍然要求以高质量原料才可以设计出满足仔猪生长发育需要的饲料产品,但是价格昂贵的原料可以少用很多,例如血浆蛋白粉。有经验的配方师都知道,饲料产品的质量标准稍稍降低,常可以大大扩展原料选择的空间,大大降低配方成本。这种产品设计策略,虽然产品的饲养效果不及高档仔猪料,但是除非专业的观测,一般与高档乳猪料的饲喂效果差别并不很大。

国内的中档商品仔猪饲料,15 kg 至出栏(100 kg 体重以上)需 106 d,料肉比 3.0 以下。

(3)中低档乳猪料。为满足中下端市场需要,可用中国(2004)标准,这就使得可以使用的饲料原料范围更大,成本最低。不过为满足仔猪饲料产品设计的三个重点,即有效养分高,满足骨架、肠道、免疫系统发育,消弭断奶应激,所以仍然要求以膨化玉米、油、单糖或双糖为能源,一般只使用奶制品、优质鱼粉、发酵豆粕和膨化大豆为蛋白质原料而不使用血浆蛋白粉。仔猪对单体氨基酸的利用效率低于小肽,可是只要在设计配方时保证足够的有效氨基酸含量,达到中等蛋白质,对蛋白质原料的选择性就很大了,减少昂贵的小肽类原料的用量可以显著降低饲料成本;这样设计的饲料产品,虽然价格降低很多,其饲养效果的降低并不很大。尤其是中低端产品的用户,往往是中小型猪场和散养户,缺乏严格比较饲料产品质量的技术和条件,对于仔猪生长发育速度的要求也不那么高,他们的猪场设备折旧和人工费用低,所以晚出栏几天他们也可以接受。中低端用户重点观察的常常是仔猪成活率,对仔猪饲料产品重点要求的是保健功能,所以只要可消化氨基酸和蛋白质不差,严格把握产品的营养平衡,掌握好饲料的系酸力、离子平衡,并添加抗病促长类饲料添加剂,生产中仍然可以达到中等偏上的生产性能。这个方案的真正优势是饲料成本,仔猪生产中常见的很多困难都因此减少了很多。采用这个方案,要注意想尽一切办法增加"有效养分"的采食量(而不是简单的采食量),这样才有良好的生产性能。

需要指出,设计物美价廉的中低档饲料产品时对配方师的技术要求更高,或者说,设计三流饲养效果的产品,往往要求是一流的配方师,要求真正的配方专家;而实践中与此相反,不是靠饲料产品的质量来保证低成本下的产品使用效果,包括仔猪生长速度和健康状况,而是大量使用低档蛋白质原料,靠超量添加兽药来降低仔猪拉稀的出现,甚至宣传"即使正在拉稀的仔猪只要改换我们的饲料也可以止住拉稀",这种配方师是在欺负养殖户。

不同客户群对仔猪料的关注重点不同:猪场关注点依次为腹泻、采食量、料肉比、外观,散养户依次为腹泻、外观、生长速度。猪场重在采食量和生长速度,可放宽外观要求,散养户重在外观要求,可适当降低生长速度。

配方设计必须遵循国家的《产品质量法》、《饲料和饲料添加剂管理条例》、《兽药管理条例》、《饲料标签》、《饲料卫生标准》、《饲料药物添加剂使用规范》、《禁止在饲料和动物饮用水中使用的药物品种目录》等有关饲料生产的法律法规,决不违规使用药物添加剂,不超量使用微量元素和有毒有害原料,正确使用允许使用的饲料原料和添加剂,确保饲料产品的安全性和合法性。

§3.3　断奶仔猪料产品设计

由于断奶仔猪与哺乳仔猪的生理特点和营养需要都不一样,所以设置饲料产品的标准也不一样。断奶仔猪消化腺发育尚未完善,消化功能不正常,消化酶分泌不足,排空速度相对较快,必须在相对短的时间内尽量多吸收养分。早期断奶仔猪严重的应激反应往往给实际生产带来极大危害。在配制断奶仔猪日粮时,应从宏观和微观两方面对仔猪的生理变化(消化道的生理变化和免疫状态)进行调控,不但要尽量提高日粮消化率,降低酸结合力,而且兼顾仔猪消化生理、肠道环境和免疫状态的变化,采取多种营养手段,使猪处于低应激反应和低免疫状态的环境中,才能更多地使饲料养分用于生长发育,而不是用于免疫和抵抗应激。

具体地讲有如下几个要求:

第一要求是与乳猪饲料的衔接。无论是产品标准、原料、添加剂,还是加工方法,都不要将断奶仔猪料与乳猪料的质量档次拉得太大,这是降低断奶应激,平稳过渡的关键技术之一。

第二要求有效养分浓度高。断奶应激仔猪面临的首先是能量缺乏,应选用消化性好、对仔猪消化道刺激小的饲料原料。为让仔猪快速生长不停顿,控制腹泻是手段,而不是目的;要求配方营养平衡合理,原料质量高,易消化吸收,新鲜、优良无变质。

第三要求适口性好。这也取决于原料,一般地说,动物性原料适口性比较好;可适当选用饲料风味剂,如甜味剂、鲜味剂、酸化剂、香味剂等;要注意影响适口性的矿物质原料和微量元素添加剂以及药物。

第四是要求具有保健功能。要注意保护肠上皮细胞的完整性及促进其繁殖,避免肠上皮细胞受损;要能够促进肠上皮细胞增殖,维持肠黏膜免疫系统的正常功能。这就要求日粮能够调控微生态平衡、酸碱平衡、离子平衡、渗透压平衡等。

第五是按周龄配制饲粮。仔猪生长快,体成分变化也快,尤其是对蛋白质和氨基酸的需要,随年龄增长,所需蛋白质和氨基酸在饲粮中的百分比下降速度比大猪快。按其实际需要配制饲粮,有利于提高仔猪的生长速度和降低生产成本,但是饲料厂常难以做到这一点。

第六是与生长猪饲料的衔接。尽快使保育猪饲料转换为普通生长猪饲料,是缩短保育期,降低饲料、饲养管理和猪舍成本的最关键技术之一。

目前市场上销售的仔猪饲料产品,按照营养成分划分,有以下几种:

(1)复合预混料。在配合饲料中的添加量及其主要成分为

0.5%:维生素＋微量元素＋药物＋抗氧化剂

1.0%:0.5%＋赖氨酸

4.0%:1.0%＋钙＋磷＋盐

5.0%:4.0%＋鱼粉

(2)浓缩饲料。主要成分为

蛋白饲料＋钙＋磷＋盐＋氨基酸＋0.5%预混料

蛋白饲料＋钙＋磷＋盐＋1%预混料

(3)全价饲料。

能量饲料＋蛋白饲料＋钙＋磷＋盐＋氨基酸＋0.5%预混料

能量饲料＋蛋白饲料＋钙＋磷＋盐＋1.0%预混料

能量饲料＋蛋白饲料＋4.0%或5.0%预混料

能量饲料＋浓缩料

第4节 仔猪营养方案

目前国内市场上,仔猪饲料一般有两种,哺乳仔猪使用的教槽料,也就是乳猪饲料和断奶后保育仔猪使用的保育饲料。本节要讨论的主要问题是,相邻生长阶段使用的配合饲料之间的衔接技术,也就是相邻生长阶段的饲料配方的相互配合,我们使用仔猪营养方案一词表示。

仔猪营养方案的主要目的是将仔猪的日粮尽快调整为普通的玉米-豆粕型饲料,以降低饲料成本,并且为生长育肥阶段做准备。因而,必须研究良好仔猪性能和低日粮成本间的平衡。

首先,断奶阶段开始的时候仔猪的日龄最好尽可能高一些(我们认为25日龄最适合我国的饲养管理体系),体重尽可能大一些。第二,从复杂日粮向简单日粮过渡的过程越快越好。第三,初断奶仔猪常遭遇一种极端的能量缺乏状态,因而增加饲料摄入特别重要。第四,设计日粮配方时记住猪的生物学特性,强化骨骼发育,注重骨架培养。第五,注意免疫系统的发育,提高抗病力。第六,良好的管理——迅速让仔猪吃、喝到饲料和饮水,并不断对料槽进行监控和调整。

仔猪营养方案考虑的重点,除了同一饲料配方内考虑的各种营养平衡外,主要是指乳猪料与仔猪料的衔接,包括前后饲料配方养分的衔接、饲料添加剂的衔接、饲料原料的衔接等。

§4.1 营养平衡的内涵

设计仔猪饲料配方时要求营养平衡,注意这里"营养平衡"四字的内涵。哺乳仔猪的补料不是完全根据哺乳仔猪的氨基酸需要量来配制，而是考虑母乳提供的营养，要能够补充母乳的营养缺点，例如母乳的精氨酸不足。所以仔猪喜欢精氨酸高的饲料原料，如花生饼、大米、鱼粉。价格合适时可添加合成精氨酸。

我们讲饲料配方的营养平衡，一般是针对一个饲料配方内各种营养参数之间的平衡，例如蛋白能量比，氨基酸能量比，氨基酸平衡，必需氨基酸与蛋白质之比或必需氨基酸与非必需氨基酸之比，矿物质平衡，维生素平衡，肠道微生态平衡，以及离子平衡，酸碱平衡，渗透压平衡等。这几个关键因素必须都考虑，有一个指标不平衡，就会降低饲料的整体品质，这也是个"木板水桶"，所以，设计饲料配方时要让这些"软"指标与营养成分指标同等重要地参与优化。

（1）必需氨基酸与总蛋白质之比，主要是考虑必需氨基酸与非必需氨基酸之比。美国 NSNG（2010）推荐的仔猪饲养标准没有考虑总蛋白质，笔者认为是不科学的，因为非必需氨基酸成本低，设计饲料配方时要给足，可避免仔猪因非必需氨基酸不足而动用必需氨基酸来合成。可以用总蛋白质指标表示非必需氨基酸的需要量。如果仔猪用必需氨基酸合成非必需氨基酸，不仅提高饲料成本，而且增加仔猪负担，会降低生产性能。

（2）乳猪日粮是母乳的补充，补料不是完全根据乳猪的氨基酸需要量来配制。乳猪的补料应弥补母猪乳的氨基酸不足，例如精氨酸、苏氨酸等。

（3）日粮过酸或过碱，多数代谢过程达不到最佳状态，机体忙于酸碱调节而误了生产。可适当添加酸化剂，以降低仔猪胃肠道pH值，促进饲料中营养物质的消化吸收和肠道的微生态平衡。

（4）日粮内的各种矿物质离子对仔猪肠道和体液渗透压影响很大，资料多介绍离子平衡和系酸力平衡，其实肠内渗透压也很重要。例如大量硫酸根离子会增加肠道渗透压,促进食糜排空,影响饲料消化率。

(5)配方设计是一个整体,不能把大料配方与小料(添加剂)配方和药物组合分开看,应该全面衡量大、小料配方的组合效应。要注意小料可以提供哪些支持,包括对生产性能的改善和支持、对原料安全性提供的支持,实践中常用酶制剂来改善消化或抑制抗营养因子的负作用。

(6)饲料配方的营养属性是满足仔猪营养需要,包括骨架发育、肠道发育、免疫系统发育等;饲料配方的商业属性是原料成本最低,企业利润空间最大,饲料产品质量稳定。不可兼得时,从企业长远前途着想,应当先保证产品质量。

(7)营养物质间有协同作用和颉颃作用。具有协同作用就能使饲料营养的利用率提高,改善饲料报酬,降低饲养成本。不合理的配比或具有颉颃作用,会降低使用效果,甚至产生副作用。能量与蛋白质、钙与磷等营养物质之间,尤其是各种氨基酸、微量元素、维生素和药物添加剂之间存在一定的适宜配比,有的还存在配伍禁忌。例如根据"理想蛋白"中的各种氨基酸比例,由于某种重要氨基酸的变更,必须同时调整限制性氨基酸的需要标准,有条件的最好能进行试验或根据经验调整配方设计标准。

§4.2　常规养分的衔接

前已述及,仔猪阶段对各种养分的需要量变化很快,所以规模化养猪场每一周就更换饲料配方,以达到营养供给的合理化;国内为了简化饲料的繁琐性以便于推广和使用,国家推荐的仔猪饲养标准和饲料厂生产的商品仔猪饲料一般只设哺乳仔猪和保育仔猪两个阶段,也就是只有哺乳仔猪的饲料配方和保育仔猪的饲料配方。

　　目前比较权威的饲养标准,都已经考虑了不同生长阶段的养分指标之间的衔接,按照这些权威饲养标准设计仔猪教槽料和保育猪饲料配方,就包含了这两个相邻阶段的饲料配方营养指标之间的衔接或配伍,或者说这些仔猪营养方案是比较合理的。

　　然而,即使是最权威的饲养标准,也未必把有些营养方案考虑到位。例如 NRC(1998)推荐的仔猪营养需要量,其离子平衡值远离了公认的仔猪最适宜 dEB 值范围 200~300 mEq/kg,更谈不上前后相邻生长阶段的衔接。

　　关于能量,在肉仔鸡营养上强调三个阶段的日粮能量水平应该逐渐升高而不能逐渐降低。而仔猪营养界的推荐标准都是哺乳阶段的能量最高,此后逐渐降低,这个是值得研究的课题。林映才和蒋宗勇(2000)认为,早期断奶仔猪对干物质、氮、粗脂肪和能量的消化率依饲粮消化能浓度的递增而提高,最适消化能摄入量为 4 349 kJ/d。因此,早期断奶仔猪饲粮消化能浓度应适当提高。但是对于教槽料,我国一般就是哺乳仔猪的补料,这时仔猪有母乳垫底,不需要那么高的能量。尤其是,稍微降低能量指标就可以大大降低教槽料的成本,而不影响乳猪的生长发育,这是提高教槽料市场竞争力的主要措施。

§4.3　饲料添加剂的衔接

　　(1)抗生素。一般讨论抗生素时只考虑某一个生长阶段上作用效果的高低,很少考虑前后阶段的衔接。

　　要遵照国家制定的《药物饲料添加剂使用规范》使用,要注意有些是限制使用的,例如喹乙醇和对氨基苯胂酸、杆菌肽锌、泰乐菌素、林肯霉素,以及广谱环丙沙星、氟诺沙星等。为避免产生抗药菌株发生,应多种抗生素轮流使用或联合应用,一般在 3~5 个月后轮换另一种抗生素。表3.13给出了药物添加剂前后阶段的配伍示例,可以参考。

由于早期断奶仔猪消化道机能和对疾病抵抗能力都差,许多教槽料使用高剂量药物来控制腹泻,导致仔猪肠道微生态平衡脆弱,断奶后仔猪转用一般料时,尤其是50 kg体重以后,教槽料的表面优势会消失殆尽。所以应避免抗菌药物长期连续使用或短期超量使用。选择抗生素添加剂时应尽可能采用可以替代抗生素使用的中草药等天然药物添加剂。

需要指出,超量抗生素对腹泻和其他疾病有防治作用,但也可以破坏肠道有益菌,损伤消化道功能,特别是对仔猪肠黏膜损害。也就是说,对生长速度有阻碍作用,易产生药物性便秘。因此,抗生素不仅仅加大养猪成本,也是猪的重要致病因素。事实上,猪的肠胃功能是保障猪机体各器官正常运作的动力源泉。肠黏膜免疫系统是猪体最大的免疫器官,是保证仔猪健康的第一道防线。肠黏膜免疫系统若是损坏,猪就得终生服用抗生素,所以,为了使猪的遗传力得到最大的发挥以及降低饲养成本,一定要保证猪只从出生到上市,肠道系统的健康完整。猪只有在健康的前提下,才能发挥最大的生长潜能。而且,少量和超量的抗生素都会对猪产生耐药性。耐药性产生后,猪以后还可以用什么抗生素呢,乳猪时就使用大量的抗生素,疫病难治,也就不难理解了。而使用抗生素过程中,会使动物机体产生更多的过氧化物,如"自由基",加剧动物机体组织与器官的损害,使动物主动免疫功能受到抑制。而这无疑加大了猪只的用药,饲养成本通常会增加30~50元。

使用绿色添加剂。主要种类有:寡聚糖、酶制剂、酸化剂、中草药添加剂等。卵黄抗体添加剂是利用现代生物技术生产的生物制品,可有效预防或治疗仔猪下痢。

表 3.13　药物添加剂前后阶段的配伍

组合	阶段	药物 I	药物 II	药物 III
I	仔猪	4％黄霉素 125 g	15％金霉素 500 g	
	生长猪	10％硫酸抗敌素 100 g	10％杆菌肽锌 500 g	
II	仔猪	10％硫酸抗敌素 300 g	10％杆菌肽锌 1 500 g	
	中猪	10％硫酸抗敌素 200 g	10％杆菌肽锌 1 000 g	
III	仔猪	10％硫酸抗敌素 200 g	15％金霉素 650 g	阿散酸 110 g
IV	仔猪	4％黄霉素 400 g	22％新霉素 500 g	
	中猪	4％黄霉素 125 g	22％％新霉素 300 g	
	大猪	4％黄霉素 125 g		
V	教槽料	4％黄霉素 400 g	22％新霉素 500 g	优益 150 g
	保育料	4％黄霉素 400 g	22％新霉素 300 g	优益 100 g
VI	仔猪	4％黄霉素 300 g	15％金霉素 1 000 g	阿散酸 110 g
	中猪	4％黄霉素 200 g	15％金霉素 500 g	阿散酸 110 g
	大猪	4％黄霉素 150 g	15％金霉素 500 g	阿散酸 110 g
VII	仔猪	4％黄霉素 300 g	10％硫酸抗敌素 300 g	阿散酸 110 g
	中猪	4％黄霉素 200 g	10％硫酸抗敌素 200 g	阿散酸 110 g
	大猪	4％黄霉素 150 g	10％硫酸抗敌素 150 g	阿散酸 110 g
VIII	仔猪	10％吉他霉素 400 g	10％硫酸抗敌素 200 g	盐霉素 500 g
	中大猪	10％吉他霉素 150 g	10％硫酸抗敌素 200 g	盐霉素 500 g
IX	仔猪	10％吉他霉素 400 g	15％金霉素 1 000 g	
	中大猪	10％吉他霉素 150 g	15％金霉素 500 g	
X	仔猪	10％吉他霉素 400 g	优益 150 g	盐霉素 500 g
	中大猪	10％吉他霉素 150 g	优益 100 g	盐霉素 500 g

(2)诱食剂,常用的有以下 4 种。

甜味剂主要是蔗糖和糖精。蔗糖多用于仔猪料,用量一般
3％~8％,过高易引起腹泻。保育猪可用糖精,糖精便宜,但口感

味觉不很符合乳猪。笔者经验,仔猪饲料原料中使用蔗糖＋柠檬酸具有很好的诱食效果,使诱食工作更易进行。比例可以是蔗糖6%＋柠檬酸0.8%。

猪对饲料中的香味较敏感。可使用一些食用香精,如奶香型、辛香型等,每吨饲料中添加 $200\sim500$ g 有较好效果。油脂也是一种香味剂,在乳猪饲料中添加 $2\%\sim6\%$,可提高饲料转化率,增重明显。

咸味剂主要是氯化钠(食盐),添加量为 $0.25\%\sim0.65\%$,过量会引起食盐中毒。

鲜味剂主要是味精,适量添加能显著提高猪的采食量。每吨饲料添加量为 $200\sim500$ g。猪在不同生理状况其嗅觉嗜好不同,仔猪喜欢奶香型,牛奶、奶酪、巧克力等近似母乳的香味。仔猪对母乳具有难以忘怀的记忆,乳香味能强烈吸引仔猪开食,并给以"安慰感",可促进仔猪不知不觉地脱离母乳。断奶前后喜欢苹果、柑橘、柠檬、草莓香,让母猪采食含香味剂的日粮,使这种香味剂进入母猪乳中称为风味剂印迹。仔猪将这种特殊的调味剂与母乳联系在一起,仔猪断奶时就容易接受加有这种香味剂的饲料,促进仔猪早吃料并获得最大采食量。

猪在不同的生理状况其嗅觉嗜好不同。饲料香味剂的选择应根据猪的生理特点、喜好和添加目的选用不同的香型。乳猪、仔猪喜欢奶香型,牛奶、奶酪、巧克力等近似母乳的香味,仔猪对母乳具有难以忘怀的记忆,乳香味能强烈吸引仔猪开食,并给以"安慰感",可促进仔猪不知不觉地脱离母乳,帮助克服断奶后生长缓慢综合症。断奶前后喜欢苹果、柑橘、柠檬、草莓香,称为风味剂印法的提高采食量的技术,即是让母猪泌乳前和泌乳后采食香味剂的日粮,使这种香味剂进入母猪乳中,使仔猪将这种特殊的调味剂与母乳联系在一起,仔猪断奶时就容易接受加有这种香味剂的代乳料,促进仔猪早吃料并获得最大采食量。如西班牙乐达公司生产的乳猪香,上海美农生产的乳猪香等效果非常好。

(3)高铜(250 mg/kg)和抗生素对于控制断奶后腹泻和对仔猪的促生长作用,具有加性效应。日粮中补加高剂量维生素E,对提高断奶仔猪的免疫能力有益。铜用量常高于300 mg/kg,这会抑制仔猪采食量,抑制仔猪生长发育。在无机铜盐中,硫酸铜最有效。铜的用量,在大多数情况下,使用硫酸铜时,250 mg/kg的效果为200 mg/kg以下效果的2倍,高剂量硫酸铜与抗生素联合使用有协同效应。注意猪的体重60 kg前有效,60 kg后效果很弱,尤其是将来源于硫酸铜的250 mg/kg一直使用到90肥猪出栏,可能导致肝脏蓄积太多的铜,抑制猪的生长。表3.14和图3.6示出了高铜剂量和来源对仔猪的影响。

表3.14　铜的剂量和来源对仔猪的影响

铜源	不添加铜	硫酸铜		蛋氨酸铜		碱式氯化铜	
添加量/ (mg/kg)		125	250	125	250	125	250
始重/kg	13.06	13.14	13.11	13.14	13.04	12.97	12.97
末重/kg	23.94	24.06	24.71	25.16	23.52	24.64	24.49
ADG/g	461	461	476	503	448	497	488
ADFI/g	863	834	809	881	791	859	882
饲料/增重	1.89	1.82	1.72	1.76	1.76	1.74	1.69

资料来源:谯仕彦,2005。

高锌应该只在过渡料以前的阶段使用,而保育仔猪料换用高铜,过长的时间会导致肝脏蓄积太多的锌影响健康,ZnO的重金属问题可导致骨质疏松,中毒。使用2 000～3 000 mg/kg的无机锌,氧化锌效果好,应用最多,硫酸锌有争议,有机锌使用

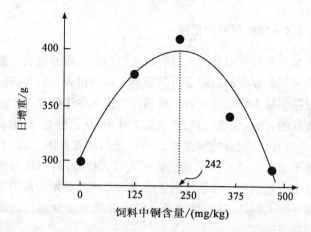

图 3.6 日粮铜含量对仔猪生长的影响

(Cromwell 等,1985)

$500 \sim 1\,000$ mg/kg 的 Zn-Met 能达到 $2\,000 \sim 3\,000$ mg/kg ZnO 的效果。应尽量使用有机锌和碱式氯化锌。表 3.15 可供参考。

表 3.15　ZnO 与 4 价锌 $Zn_5Cl_2(OH)_8$ 对仔猪的影响

锌来源	日增重/(g/d)	采食量/(g/d)	饲料/增重
不添加锌	234	329	1.39
$1\,500$ mg/kg 锌,ZnO	240	341	1.42
$3\,000$ mg/kg 锌,ZnO	265	363	1.37
$1\,500$ mg/kg 锌,$Zn_5Cl_2(OH)_8$	263	353	1.34
$1\,500$ mg/kg 锌,$Zn_5Cl_2(OH)_8$	261	339	1.30

注:15 d 断奶,起始重 5.2 kg,连续饲喂 21 d 试验 121 d 断奶;Meyer 等,2002。

抗营养性拉稀的效果,氧化锌比硫酸铜好,但油脂导致的腹泻无效;添加高铜、高锌一般不同时使用。氧化锌对于细菌性拉稀无效。

§4.4　饲料原料的衔接

作为主要饲料原料的大豆在现实生产中发挥着极其重要的作用。但大豆中存在的抗原蛋白是限制大豆利用效率的关键因素之一。以往消除大豆抗原蛋白的致敏作用多集中于研究开发加工处理生大豆的方法，如热处理、膨化加工处理、热乙醇处理、酮制剂处理等，然而，由于大豆抗原蛋白是热稳定的抗营养因子，以上加工方法还不足以生产零抗原或低抗原大豆。目前，利用基因消除法将大豆中表达抗原表位的基因去除以培育出无抗原物质的大豆蛋白日益受到人们的关注，然而转基因大豆的安全性问题还需要进一步的研究证实。

在蛋白原料选择方面，豆粕等植物蛋白质是引起仔猪肠道发生免疫反应的主要抗原物质，大豆球蛋白和聚球蛋白等抗原可导致断奶仔猪肠黏膜细胞发生过敏反应。研究表明，仔猪发生过敏反应的程度与大豆球蛋白的剂量相关，相对高剂量可导致更为严重的免疫反应。用膨化大豆代替豆粕，可减少仔猪腹泻率，日增重提高40％，每千克增重耗料减少0.12 kg。断奶早和较小的猪，膨化大豆取代豆粕的量可达100％，断奶晚和较大的猪少用膨化大豆以降低饲粮成本，但不影响生长成绩。熟化的豆制品没抗原性，可以多用。其他原料替代或降低日粮中的豆粕用量，减轻仔猪断奶后生长受阻的有效措施，是增加早期断奶仔猪饲粮中奶产品的用量。

对仔猪来说，除母乳中的蛋白外，其他蛋白都有抗原性。降低饲粮蛋白水平可减轻肠道过敏反应，减缓断奶后腹泻，有效办法是通过添加合成氨基酸并以可消化氨基酸为基础配制饲粮。Wahlstrom 等(1985)报道，添加赖氨酸、蛋氨酸、苏氨酸、色氨酸和异亮氨酸，配制24 kg体重断奶猪的日粮，蛋白水平从16％降到12％，对生产性能无不良影响。Goihl(1995)也报道，饲粮中添加赖氨酸、苏氨酸和色氨酸,蛋白水平降低 4 个百分点对断奶仔猪生产性能无影响。董国忠等(1995)研究表明,低蛋白氨基酸平衡饲粮可降低早期断奶仔猪腹泻。可见,饲粮低蛋白是减少抗原的有效办法。

日粮抗原含量与黏膜受损程度呈正相关。蛋白质来源不同,引起过敏反应和致病性大肠杆菌增殖的程度也不同,所以蛋白质品质与蛋白来源影响仔猪饲料蛋白质的适宜水平。我国猪日粮一般以玉米、豆粕为主,解决豆粕抗原性的方法,一是通过豆粕发酵或膨化加工来部分降低蛋白中的抗原成分;二是限制大豆产品的用量。

在仔猪补饲日粮中,添加少量大豆制品有利于胃肠道成熟及对植物性蛋白耐受性的形成,能提高仔猪对断奶后增加的植物性蛋白的适应性,否则,在早期断奶仔猪,即使断奶后再用豆粕,仍然会有过敏反应,所以哺乳仔猪日粮中添加豆粕是必须的! 并且,在使用早期断奶仔猪日粮前对哺乳猪充分补饲,尽快提高其对断奶日粮的免疫耐受。

一般在断奶前使用开食料(教槽料),断奶后才逐渐换用仔猪配合饲料。随日龄增长和采食量增加,仔猪消化机能和吸收能力不断提高,设计饲料配方时要尽快放宽原料选择范围,营养水平也可逐渐降低。但必须强调,应“逐渐降低”营养水平,“逐渐添加”新原料,注意不同饲料配方(饲养阶段)前后衔接,并且不用品质差的原料和粗饲料。

在哺乳期补料中给予一定量的抗原刺激,使之产生免疫耐受,就可以在断奶后大量使用常规原料。很多人在哺乳期仔猪饲料中把含有植物蛋白抗原的原料都膨化或发酵处理,是不科学的。更有厂家只生产教槽料这个单一品种,完全不考虑为后续饲料做铺垫,不仅产品价格高,而且也不合理。

有人提出,哺乳仔猪的高档教槽料不用植物性蛋白质原料。

如果教槽料不含豆粕等免疫蛋白质,那么仔猪在断奶前就不会对豆粕产生免疫耐受,不会在断奶后对饲粮中大豆蛋白质具有较好的适应能力。现代养猪程序早期断奶,在仔猪 21 日龄或 28 日龄断奶时仔猪还处于易对豆粕产生过敏反应的阶段,所以断奶后使用豆粕仍然会产生过敏反应,绕不过这个坎! 如果断奶后仍然使用动物性蛋白质原料(例如乳清粉、鱼粉、喷雾干燥血浆粉或喷雾干燥血粉),直到仔猪不对豆粕产生过敏反应的 8 周龄左右,这种方案不能发挥仔猪的优秀性能,延迟了仔猪在后来的育肥期对玉米-豆粕型日粮的适应,提高饲料成本。不应采用这种营养方案。

　　策略性地使用豆粕可以影响仔猪断奶时的免疫应激。一般的育肥期日粮是玉米-豆粕型,因为这是最低成本的饲粮,所以这是仔猪日粮调整的目标——断奶后尽快把仔猪日粮调整为玉米-豆粕型日粮。其实在断奶前充分补饲可使仔猪对饲粮抗原获得免疫耐受,断奶后仔猪的过敏反应可以避免或程度减轻。一般报道,仔猪建立免疫耐受性所需的补饲量至少是 600 g,这是针对含豆粕25% 左右的所谓玉米-豆粕型日粮。4 周龄比 3 周龄断奶更容易获得这一采食水平。

　　我们强调设计乳猪教槽料配方时使用豆粕的策略。哺乳仔猪因为有母乳,所以对饲料的采食量低。配方师要利用母乳的保护作用和采食量低的特点,在设计哺乳仔猪饲料配方时适当使用豆粕,让仔猪在断奶前采食足够豆粕,给仔猪以足够而且适当的免疫刺激,对豆粕产生足够的适应能力,这样就可以避免断奶时的免疫应激反应。而在断奶后 2 周内,仍然使用断奶前的含豆粕日粮,以避免引起仔猪对豆粕中的抗原蛋白产生刺激反应。过了断奶后的开始阶段,仔猪会尽快适应豆粕蛋白以降低饲料成本。当然,哺乳仔猪日粮用豆粕多了也会有不良反应,所以我们强调教槽料使用豆粕的"合理量",笔者的经验是使用 10% ～18% 的豆粕,长期生产使用的实践表明,这种策略效果良好。

§4.5　仔猪皮红毛亮问题

皮红毛亮只适用于白猪,不适于黑猪。毛皮光亮表明猪只健康,没有疾病。饲料营养均衡是保持仔猪健康的主要因素,饲料营养的全价性是仔猪皮红毛亮的基础。毛长可能与整体营养有关,维生素、微量元素、能量、氨基酸等,只有全面的调整配方,否则很难解决。要注意维生素 A,维生素 B_2,维生素 B_5,维生素 B_6 和生物素(H),生长速度快的需求量大,夏季炎热采食量低,为缓解热应激需求量大。石粉等矿物质和微量元素的原料中常含有有毒的重金属,它们会影响动物的生长、代谢、健康。亚麻籽粕富含 B 族维生素和有机硒,少量使用有改善皮毛质量的作用。

猪毛长还可能有环境和疾病原因。温度低仔猪本能长毛;环境不舒适,脏、乱等;环境应激也引起毛乱,如噪声、断电、缺水等。所以要给猪一个温暖舒畅的环境。有寄生虫时仔猪营养不良,毛长。

猪只的皮肤是否红,从理论上来说,可以用色度测定仪测定。实践中有个简单办法,就是读者看看自己的手掌颜色,这就是肉色,至多是拍一下手,然后看看手掌颜色,这就是皮红。很多配方师绞尽脑汁采取各种手段追求猪的皮红,浪费大量资源以迎合市场的不正当要求,甚至使用超量的有毒添加剂,使猪皮肤红得过分,不再是正常的肉色,这其实是猪处于亚中毒状态,只会在短期饲养中蒙蔽养猪人,根本不会使猪快速生长。

毛亮的标准,就是在阳光下可以看见猪毛闪光,就像走在海边的沙滩上可以看见的景象,但是不会整个猪毛都闪光,这才是猪健康的标志。一般来说,皮亮、毛亮并不难解决。如果饲料配方设计得合理,能够满足动物的营养需求,营养平衡,在没有疾病的情况下,猪只的皮肤会自然有油度,皮和毛都会比较亮,根本不需要超量甚至违法使用添加剂。

　　皮红毛亮是一种外在表现，是非生产性指标，与所喂饲料的品质以及与猪的生长性能无直接关联或内在联系，因此，不应片面强调这些非生产性指标，否则会带来成本压力和经济损失，应遵从营养学规律，客观辩证地理解皮红毛亮。行业中还有其他唬人的口号，例如拉黑粪，都是无良饲料厂家的不正当竞争手段，当大力宣传使养猪人不再上当。

第5节　复合预混料配方设计

　　复合预混料，几乎可以包括所有需预先混合的有关成分。市售产品中还有为特殊目的（如改善产品外观等）而加入的添加剂。复合预混料的添加比例一般为 0.5％、1％、2％等，而 4％、5％的产品，因加入钙、磷、盐，通常称为料精。这里主要对复合预混料产品设计中注意事项进行阐述。

　　合理使用添加剂，对配制营养调控型仔猪饲料的作用是不可估量的。这不仅在于定向控制和调节仔猪机体代谢机制，调动、激发和强化仔猪机体系统自我营养调控功能，有效控制饲料中有毒有害物质的残留和排放，保证畜产品卫生，而且通过日粮营养调控措施改善仔猪胃肠道消化环境，从而提高仔猪性能，从根本上提高养猪经济效益。

　　猪用预混料生产投资少，工艺简单，利润较高，许多小企业纷纷土法上马，所以目前市场上猪用预混料的质量鱼目混珠、参差不齐。特别是很多小型企业设备落后，技术力量薄弱，有的甚至采用简单的人工搅拌方式生产预混料，其质量很难得到保证。

§5.1　使用添加剂应注意的问题

　　（1）添加剂种类繁多，应依据生长阶段及健康状况有目的地使用，否则会降低效果，例如在不缺硒地区不必补硒。要注意适量，符合国家规定的《饲料添加剂安全使用规范》。此外还要考虑载体种类,各种养分的平衡,因为常有以石粉作载体的,设计配方时就要考虑添加剂中的钙。

(2)要注意添加剂原料的有效成分含量、稳定性、有效性。当纯度大于99%以上,可以近似作为100%。购买纯度一致的产品有助于减少可能的失误。在考虑纯度时更要关注有效成分含量,例如96%维生素K_3(MSB)的有效成分为50%,98.5%L-LYS·HCl含赖氨酸78%。用维生素K_3时需明确是MSB,还是MNB,还是MPB;DL-泛酸钙还是D-泛酸钙;维生素C还是维生素C酯还是L-抗坏血酸钙;赖氨酸盐酸盐还是赖氨酸硫酸盐等。

维生素的稳定性最重要。要选择经过稳定化的生物学效价高且利用率高的,同时注意维生素之间配伍禁忌。

微量元素,既要考虑生物学效价,又要考虑经济效益。若选择硫酸盐,应尽量减少其结晶水,或改用氧化物或氨基酸螯合物,以减少产品中结晶水为某些化学反应提供条件。我国大部分地区缺硒,尤其东北和沿海一带;高铜、高锌不要同时使用。

尽量选择信誉高、质量好的厂家的产品。要索取发票,以便在出现问题时作为投诉和索赔依据。勤购少买,保管好。

(3)根据市场定位或推荐配方考虑氨基酸添加;非营养性添加剂选择需技术人员的知识和经验;单项原料时,根据生产设备、工艺有必要对某些微量成分进行预混合或将有配伍禁忌的原料分开预混合,通过增加载体或稀释剂来减少化学反应。

§5.2 饲料添加剂的配伍

一种饲料添加剂的效力因与另一种添加剂或其他物质混合在一起而减弱、甚至完全失效的现象,称为配伍禁忌(Incompatibility)。几乎每种饲料添加剂都要与其他饲料添加剂混合,因而其配伍性和配伍禁忌自然是配合饲料及其预混料制作工艺的重要依据。在设计添加剂预混料配方工艺时应防止将有禁忌的两种原料或存在配伍禁忌的饲料添加剂直接放在一起。除非饲料厂现配现用，互作效应大的最好是分开包装，例如把维生素与微量元素分开包装。

饲料中组分之间的 pH 值、氧化还原性质不同，以及表面活性剂的作用，O_2、CO_2、金属离子的催化作用等都提高了化学反应的速度，主要是氧化还原和分解反应。

实际应用中比较突出的实例有：①烟酸和泛酸钙之间；②微量元素和维生素之间；③氯化胆碱和其他添加剂之间；④药物性添加剂之间；⑤钙对抗锌吸收，磷对抗铁吸收等。

（1）有碱性物质或 H_2O_2 存在时，2 min 内混合物料中有 30% 的 Fe^{2+} 氧化成 Fe^{3+}，在用含有碳酸钙的沸石粉作载体的微量元素预混剂中，由于碳酸盐的作用，Fe^{2+} 含量明显降低，Fe^{3+} 含量提高，碳酸盐含量等下降，物料由灰白色逐渐变为黄褐色。大部分预混料在组成上有所不同，一般只有微量元素、常量元素、维生素预混剂和促生长类物质，缺少氨基、酸化剂和磷酸盐等掩蔽微量元素，预混料产品变色的事时有发生。解决的办法是尽量使用不含碳酸盐的沸石粉做稀释剂。

（2）烟酸和泛酸钙之间：泛酸钙是白色粉末，有亲水性，极易吸水；在 pH5～7 范围内稳定，在酸性环境（pH<5）中吸水脱氨失活破坏更快，所以湿度增加会加剧这种分解反应。烟酸的酸性强，维生素 C 的酸性也强，可加速泛酸钙的分解。在夏季，烟酸酰胺还容易与维生素 C 形成黄色复合物，使两者的活性受到损失。补救的办法是用碳酸钙粉末中和烟酸的酸性。

（3）固态氯化胆碱的色泽自白色到褐色，胆碱的含量为 50%。氯化胆碱本来像氯化钠一样安全，可是多年来却议论纷纷，原因是氯化胆碱容易吸收空气中的水分和 CO_2，同时又有表面活性剂的作用，如果混合物中有碳酸盐，胆碱吸收了水分和 CO_2 形成的碳酸溶液,可以大大加速碳酸钙的溶解,碳酸钙是弱酸强碱盐,其中的 OH^- 和胆碱中季胺基 $[(CH_3)_3N^+]$ 可形成强碱(胆碱),产生一系列的破坏作用,例如对维生素 A、胡萝卜素、维生素 D 和泛酸钙等有破坏作用。配伍时可以将磷酸氢钙与氯化胆碱先预混,磷酸盐作为缓冲剂可以消除胆碱的碱性。

(4)过去习惯用碘化钾作碘源,用亚硒酸钠作硒源,结果碘离子和亚硒酸根发生氧化还原反应(碘离子也可以和 Fe^{3+}、Cu^{2+} 反应),产生的单质 I_2,可以破坏维生素、脂肪等(卤代反应);SeO_3^{2-} 被还原成单质 Se(0 价,红色)。此外,饲料中的还原糖(葡萄糖、乳糖等)的醛基和 SeO_3^{2-} 亦发生氧化还原反应,SeO_3^{2-} 被还原成单质 Se。采用碘酸钙作碘源,问题就基本解决了。

(5)微量元素化合物和维生素之间。微量元素添加剂中的铁、铜、锰等阳离子是维生素分解的接触剂,尤其是 Fe^{2+} 对维生素 A 的破坏极为显著。当含水率高时,更加快破坏作用。实际生产的补救方法是将微量元素化合物与维生素分别配制成复合矿物质和复合维生素添加剂,分别在配合饲料加工生产线的二次混合工序的投料口投入添加,以全部饲料原料充当载体,扩大稀释,缓解微量元素离子与维生素之间的矛盾,以保护各养分的活性。

(6)药物性添加剂之间。当某些药物放在一起使用时,会使药物效价降低,甚至失去活性,严重者会产生毒性。下面列出我国农业部规定的不能放在一起使用的药物种类,其中同一栏内两种或两种以上的药物品种不能同时使用。

我国农业部规定的药物禁忌配伍:

第一栏:氨丙啉;氨丙啉+乙氧酰胺;苯甲酯+磺胺喹噁啉;氨丙啉;乙氧酰胺苯甲酯;硝基二甲硫胺;氨羟吡啶;尼卡巴嗪;尼卡巴嗪+乙氧酰胺苯甲酯;氢溴酸常酮;氯苯胍盐霉素;莫能霉素;拉沙洛西钠。

第二栏:越霉素 A(Destongcin A)(又名德畜霉素 A)。

第三栏:喹乙醇;杆菌肽锌;恩拉霉素;北里霉素;维吉尼霉素;杆菌肽锌＋硫酸黏杆菌素。

第四栏:喹乙醇;硫酸黏杆菌素;杆菌肽锌＋硫酸黏杆菌素。

此外还有一些过去常用的药物添加剂之间的配伍禁忌,例如土霉素不能与青霉素、链霉素同时使用,因为土霉素酸性极强,能破坏青霉素、链霉素的防病促生长效果。

§5.3　维生素预混料加工工艺

维生素预混剂成本较高,无论是购买商业产品和定制加工,还是企业买原料单体自己配制,都应注意如下问题:①稀释剂的性状和有害成分;②混合的顺序合理性;抗氧化措施的合理性;③商业维生素预混剂产品因为要考虑产品的密度和外观,稀释剂的选择有些困难,既要价格低廉又要避免破坏。如果不考虑稀释剂成本,建议使用淀粉或淀粉含量较高、脂肪较低的次粉和玉米粉,或者用玉米芯粉、豆皮＋沸石粉、新鲜的稻壳粉＋沸石粉。

关于混合顺序问题,滕冰等(2009)建议分组混合后再将各个组分混合,每组内的组分之间要稳定。维生素预混剂混合基本工艺如下。

(1)分组预混。

第一组:维生素 A、维生素 D_3、维生素 E、维生素 B_1、生物素、泛酸钙;载体:淀粉-玉米粉(经干燥失活);设备:"V"字形、锥形、无重力式混合机;混合时间:2～8 min。

第二组:维生素 B_2、烟酰胺(烟酸)、维生素 B_6、维生素 B_{12}(吸附型);设备:"V"字形、锥形混合机;混合时间:2～8 min。

第三组:维生素 K_3、叶酸、维生素 C(安全化);设备:"V"字形、锥形、无重力式混合机。

(2)将各组混合。将第一组和第二组、第三组混合;混合时间为 2～5 min,暂存包装、标识、记录;包装于周转袋中,包装量为该品种配方添加量;标识为动物种类阶段、重量、日期。

(3)注意事项。结块的原材料预先过 80 目筛;载体的水分含量应小于 7;维生素 B_{12} 用乙醇(含水乙醇)溶解并且用磷酸氢钙吸附;叶酸最好以淀粉为载体制成 2‰ 预混剂;有条件时应使用微粒化维生素 B_2;不需要加防尘石蜡;维生素 A 微囊颗粒应大于 40 目;维生素 K_3 纯度尽可能高,亚硫酸盐含量要低;如果制剂中无维生素 C,可以将叶酸制剂并入第二组,第一组和第二组混合后再加入维生素 K_3;暂存状态不需加入抗氧化剂。

§5.4 复合预混料加工工艺

(1)大中型饲料厂。预混料的混合工艺要体现:分门别类、重点保护、层次分明、一物多用的原则,建议把预混料分成大料和小料两个部分来进行,最后混合到一起。另外一项原则是任何两种或多种添加剂,在没有稀释剂隔离的情况下,不要将其混在一起。在生产预混料过程中,不要把添加剂看成简单的营养物质,要将其看成化学物质,预混的过程是一个复杂的伴随化学反应过程。预混工艺决定着营养和非营养成分是否在饲料产品中发挥组合作用。饲料原料中的不良成分能否消除。举例说明:

小料配伍组分:抗氧化剂(复合型)、多维预混剂、甜味剂、蛋氨酸、药物(用载体事先预混,采用微粒化制剂);载体:淀粉类或谷壳粉(60 目、新鲜)、沸石粉。

上述物料用"V"字形混合机混合 2～5 min,放料包装、标识、记录。

大料配伍组分:氯化胆碱、微量元素预混剂、食盐、赖氨酸、磷酸盐(磷酸氢钙或磷酸二氢钙)、酸化剂、其他组分(酶制剂、收敛剂、调味剂、微生态制剂等);载体:谷壳粉(60 目、新鲜)、沸石粉。

预混料的投料(按 100.4％ 投料)顺序及包装要求:开启主混合机,先后投入磷酸盐、微量元素预混剂、酸化剂、赖氨酸、载体、食盐、其他组分、氯化胆碱(以 5 倍量磷酸氢钙预先混合),投入"小料",以上物料混合、放料,包装,袋口缝入饲料标签。

(2)一般小场(户)。可先用 10 倍量饲料与添加剂第 1 次混合,然后再用 10 倍量饲料进行第 2 次混合,要一层层混合,直至混合完成,这样容易混合均匀,发挥饲料添加剂的作用。饲料厂批量生产预混料,要考虑到配制顺序和易操作等问题。例如两个工人,分开配制,最后放一起,顺序如下:

1)食盐—维生素—甜味素—酸化剂—磺胺嘧啶—硫酸黏杆菌素—抗氧化剂—防腐剂—乳清粉—白糖。

2)矿物质—金霉素—硫酸铜—氧化锌—赖氨酸—脂肪粉—麦麸(载体,要求含水量低于 5％)等。

3)如两部分的量不多,可直接放一起,顺序是把"1"倒入"2"中,而不是"2"倒入"1"。

4)配方中小料部分保留两位小数,电子秤最小读数 10 g,用量越少的越要精确。每批用量低于 100 g 的原料,先预混后再称量配制。

§5.5　组合应用各种添加剂

(1)大胆使用各种添加剂。笔者经验表明,在设计断奶仔猪饲料配方时,"大胆使用"合成赖氨酸、酶制剂、酸化剂、活菌制剂、低聚糖、抗生素、肉碱等添加剂,只要注意了各种添加剂的配伍,都会产生良好效果。至于调味剂,笔者的经验是选择优质原料时,不必使用调味剂就有很好的适口性。

需要指出的是,"大胆使用"并不是大量使用。有许多配方师使用了超量的添加剂,例如有的铜用量远高于 300 mg/kg,这会抑制仔猪采食量,抑制仔猪生长发育。

市售预混料主要原料占总成本比例各不相同。以 4% 的猪预混料为例,维生素成本占 5%～15%;微量元素 4%～5%;氨基酸40%～60%;药物 10%～16%;钙、磷占 9%～12%;使用时必须清楚预混料的组分,否则就不能设计出营养合理的配合饲料。

(2)酶制剂。常用聚糖酶、植酸酶以及动物消化道内源性补充酶。要注意饲料加工中的损失。

(3)诱食剂,乳猪料常加甜味剂。糖精便宜,但口感味觉不很符合乳猪。要选择最适合乳猪口味的甜味组合,利于诱食。笔者经验,仔猪饲料原料中使用蔗糖＋柠檬酸具有很好的诱食效果,比例可以是蔗糖 8%＋柠檬酸 0.8%;不过,在大量使用优质原料的高档仔猪饲料,本身的适口性就很好,无需额外添加诱食剂。

(4)提高仔猪免疫力的添加剂。有鱼溶浆蛋白(腥肽),维生素E,维生素 C,免疫多糖,有机微量元素锌、硒等。小肽类产品,其实在血浆蛋白粉,发酵豆粕中含量很高。可以用寡聚糖,占配方空间只有 0.025%。

(5)防病促生长类药物添加剂,一般在仔猪出生后几周内日粮中添加效果很好。抗生素种类很多,使用时要遵照国家制定的《药物饲料添加剂使用规范》。药物组合选择要点是:①肠道不能吸收的大分子药物;②抗 G^+ 和抗 G^-,广谱的;③能进入血液的就要注意了。为避免产生抗药菌株的发生和耐药性发生,饲料厂应多种抗生素轮流使用,一般在 3～5 个月后轮换。每隔 2 周交替使用活菌制剂与抗生素。

(6)考虑载体、稀释剂时,要考虑容重、黏着性、粒度(0.216～0.61)、含水量、pH 值、载体比例(3～6)∶1 等。要求容重、粒度与有效成分一致,有较好黏着性,pH 接近中性,化学稳定。淀粉可催化还原亚硒酸钠为零价红硒;硅酸盐可催化氧化碘化钾为单质碘;胆碱和碳酸钙使吸收二氧化碳碱性增强,硫酸锰转化为二氧化锰。

§5.6　饲料添加剂的贮存

(1)保持低温与干燥。当温度在 $15\sim26℃$ 时,不稳定的营养性饲料添加剂会逐渐失去活性,夏季温度高,损失更大。当温度在 $24℃$ 时,贮存的饲料添加剂每月可损失 10%,在 $37℃$,损失达 20%。干燥条件对保存饲料添加剂也很重要。空气湿度大时易发霉变性。

(2)饲料添加剂的熔点、溶解度、酸碱度对保管和贮存的影响。熔点低的饲料添加剂,其稳定性较差,熔点在 $17\sim34℃$ 即开始分解。有些饲料添加剂对酸碱度很敏感,在潮湿时饲料添加剂的微粒很容易形成一层湿膜,故产生一定的酸度,影响稳定性。

(3)贮存期与颗粒大小对饲料添加剂质量的影响。细粒状饲料添加剂稳定性较差,随贮存时间延长,可造成较大损失。维生素类的饲料添加剂即使在低温、干燥条件下保存,每月自然损失也在 $5\%\sim10\%$。对任何一种饲料添加剂的贮存,由于高压可引起粒子变形,或经加压后,相邻成分的表面形成微细薄膜,增加暴露面积,因而会加速分解。

(4)添加抗氧化剂、防霉剂、还原剂、稳定剂。为避免发生类似硫酸亚铁、抗坏血酸、亚硫酸盐还原等,造成某些饲料添加剂发生氧化或还原反应,破坏其固有效价,有必要在添加剂饲料中加入适量抗氧化剂和还原剂。饲料在潮湿环境下易发生潮解,并在细菌、霉菌等微生物作用下发生霉变,所以有必要在饲料中添加适量的防霉剂。不同的稳定剂,对添加剂的影响也不一样,例如,以胶囊维生素 A 与脂肪维生素 A 比较,当贮存在湿度为 70%、温度为 $45℃$ 时,$12\ \mathrm{h}$ 后可发现鱼肝油维生素 A 效价损失最大,胶囊状保持的效价最高。

（5）包装物要求避光、防水、不漏不易破损。有时为了减少微量元素和维生素之间反应,可以将两者分开包装。贮存中防潮低温意义重大。

在保存过程中,配合饲料中的维生素会有不同程度的损失。在设计饲料配方时应注意留出余量。不同保存时间下,维生素破坏程度不同。表3.16是BASF公司报道的不同状态下的维生素损失率。表3.17、表3.18、表3.19和表3.20汇总了国内外资料报道的数据,可供参考。

表 3.16　维生素平均损失率

名　　称	在含胆碱和微量元素预混料中每月平均损失百分率/%	制颗温度(87.8℃)调制时间(0.3 min)平均损失百分率/%	在全价饲料中每月平均损失百分率/(%)
维生素 A	8	6	9.5
维生素 D_3	9.5	6	7.5
维生素 E	2.4	2	2
维生素 K	38	24	17
维生素 B_1	9.6	6	5
维生素 B_2	8.2	6	3
维生素 B_6	8.8	7	4
维生素 B_{12}	2.2	2	1.4
泛酸钙	8.4	6	2.4
叶酸	12.2	6	5
生物素	8.6	6	4.4
烟酸	8.4	5	4.6
维生素 C	40	30	30
胆碱	2	1	1

表 3.17 影响维生素稳定性的环境因素

名称	水分	氧化	还原	微量元素	热	光	最适 pH 范围	特殊逆境因素
维生素 A	(+)	+	-	+	+	+	中性、弱碱性	氯化胆碱
维生素 D₃	(+)	(+)	-	+	+	+	中性、弱碱性	氯化胆碱
维生素 E	-	-	-	(+)	-	-	中性	
维生素 K₃	(+)	-	+	+	+	(+)	中性、弱碱性	氯化胆碱
维生素 B₁	(+)	(+)	+	+	+	-	酸性	维生素 B₂
维生素 B₂	-	-	-	-	-	(+)	弱酸性、中性	维生素 C
维生素 B₆	-	-	-	-	-	(+)	弱酸	
维生素 B₁₂	-	(+)	-	(+)	(+)	(+)	弱酸、弱碱	维生素 C、维生素 B₁
泛酸钙	+	-	-	-	+	-	弱碱	维生素 B₂、烟酸、维生素 B₁
叶酸	(+)	-	(+)	(+)	+	+	弱碱	维生素 B₂
生物素	-	-	-	(+)	+	-	弱酸、弱碱	
烟酸	-	-	-	-	-	-	弱酸、弱碱	
烟酰胺	+	-	-	-	-	-	中性	维生素 C
氯化胆碱	+	-	-	-	-	-	酸性、中性	
维生素 C	(+)	(+)	-	(+)	+	+	酸性、中性	维生素 B₂、维生素 B₂、烟酰胺
类胡萝卜素	(+)	+	-	-	+	-	中性、弱碱	

注：①+：敏感；(+)：弱度敏感或同其他因素结合时敏感；-：不敏感。
②中性：pH 值 6~7.5；弱碱：pH 值 7~9；弱酸：pH 值 5~7；酸性：pH 值 3~5。
③富金华，2009。

表 3.18　水分对维生素添加剂的影响

名称	试验结果	文献来源
维生素 A	1%预混料贮藏 1 个月,水分为 7%保存率为 91%,水分为 10%则保存率为 8%。	黄忠,1998
	贮存 3 个月测定保存率,低温低湿为 88%、高温低湿为 86%、高温高湿则为 2%。	Christian,1983
	含水分 7%预混料储存在 28℃条件下,维生素 A 的月损失率为 59.64%。	杨敏,1996
	预混料中水分对维生素 A 有显著影响,高水分组 1%预混料维生素 A 损失率随贮存时间延长逐渐加快,而 4%预混料高水分组在贮存 2 个月后基本全部损失	孙海霞,2000
维生素 E 维生素 C 维生素 B₁ 维生素 B₂ 烟酸	这些维生素低水分条件下贮存 1 年后,存留率很高;高水分条件下,维生素 B₁ 贮存 21 d 后仅剩 48%,维生素 C 几乎全部损失,3 个月后,维生素 B₂ 含量小于 50%	Shaaf,1990
维生素 B₁ 维生素 B₆	在湿度较低的条件下很稳定,但当湿度较高的情况下则破坏比较严重	BASF,1991 Young 等,1975

表 3.19　微量元素对部分维生素的影响

名称	试验结果
维生素 K	预混料中含有铁、锌、锰时,贮藏 3 个月后,损失 80%以上
维生素 B₁	添加无机微量元素的预混料内平均月损失率为 54.61%,有机螯合物则为 35.24%。含或不含微量元素预混料贮藏 3 个月后,盐酸和硝酸硫胺素存留率分别为 48%、95%

续表 3.19

名称	试验结果
维生素 B_2	预混料中不加矿物质和加矿物质,分别在室温和 43℃ 下贮存 27 周后,损失率分别为 50%、58% 和 54%、76%。 肉鸡预混料中含有和不含微量元素贮存 7 个月后,保存率分别为 50% 和 46%。 含微量元素预混料 98℉ 贮存 3 个月,损失 55%,不含微量元素时则为 24%
烟酸	预混料中不加矿物质和加矿物质,分别在室温和 43℃ 下贮存 27 周后,损失率分别为 4%、9% 和 9%、18%
叶酸	肉鸡预混料中含有或不含微量元素贮存 7 个月后,保存率分别为 96% 和 91% 在含有铁、锌、锰时,维生素预混料贮藏 3 个月后,损失 40% 以上。 含或不含微量元素预混料贮藏 3 个月后,存留率分别为 100% 和 45%
维生素 B_6	预混料中含有铁、锌、锰时,贮藏 3 个月后,损失 20%

表 3.20　常温下维生素保存时的损失速度

维生素	每月维生素存留量/%				每月损失 /%
	0.5	1	3	6	
维生素 A(微粒胶囊)	92	83	69	43	8～9
维生素 D_3(微粒胶囊)	93	88	78	55	6～7.5
维生素 D_3	95	85	72	50	9.5
维生素 E 醋酸盐	98	96	92	88	2～2.4
维生素 E(醇)	78	59	20	0	40～57
MSBC	85	75	52	32	17～38
MPB	86	76	54	37	15～34
盐酸硫胺	93	86	65	47	11～17

续表 3.20

维生素	每月维生素存留量/%				每月损失/%
	0.5	1	3	6	
硝酸硫胺	98	97	83	65	5~9.6
维生素 B₂	97	93	88	82	3~8.2
维生素 B₆	95	91	84	76	4~8.8
维生素 B₁₂	98	97	95	92	1.4~2.2
泛酸钙	98	94	90	86	2.4~8.4
叶酸	98	97	83	65	5~12.2
生物素	95	90	82	74	4~8.6
烟酸	93	88	80	72	4.6~8.4
维生素 C	80	64	31	7	30~40
氯化胆碱	99	99	98	97	1~2

注:MSBC=甲萘醌亚硫酸氢钠复合物;MPB=亚硫酸二甲嘧啶甲萘醌。

参 考 文 献

[1] 柏关娟,孔祥峰,李铁军,等.宁乡猪和三元猪血清和肌肉氨基酸含量比较研究[J].江苏农业科学,2009(1):198-200.

[2] 李凯年,孟丹,孟昱,编译.关于对仔猪最佳断奶日龄的再认识.猪业科学,2010(11):97-99.

[3] 孟令军.荣昌乳猪理化特性及主题风味物质的研究[D].西南大学硕士学位论文,2008.

[4] NRC.猪营养需要[M].焦士彦,郑春田,姜建阳,等译.北京:中国农业大学出版社,1998.

[5] 滕冰,崔志英,舒绪刚.饲料产品生产工艺的若干问题及对策.饲料博览,2009(3):28-31.

[6] 王继华,付庆民.鸡饲料配方设计技术[M].北京:中国农业大学出版社,2005.

[7] 吴金龙,刘均贻,卿笃学. 最佳营养物质浓度配方技术[J]. 饲料研究,2000(10):5-6.

[8] 杨公社,高整团,刘艳芬,等. 八眉猪肉脂品质的研究[J]. 中国农业科学,1994.27(5):63-68.

[9] 朱洪强,王全凯,殷树鹏. 野猪肉与家猪肉营养成分的比较分析[J]. 西北农业学报,2007,16(3):54-56.

[10] 张宝荣,郭英金,闻殿英. 猪肉中氨基酸与胴体重和瘦肉率变化关系的分析[J]. 黑龙江畜牧科技,1998(3):29-31.

[11] Joel M. D. ,Robert D. G. ,Mike D. T. ,and Jim L. N. et al. Nursery Swine Nutrient Recommendations and Feeding Management. IN:Natonal Swine Nutriton Guide[M]. 2010.

[12] NRC Model and Requirements Book [R]. http://www7. nationalacademies. org/banr/BANR_Swine. html.

[13] Soybean Research Reports[R]. http://www. nsrl. uiuc. edu/Feedutilsite/soyswine_mini. html.

第4章 饲料配方的线性规划

第1节 饲料配方设计原则和程序

饲料是养殖业的物质基础,饲料配方设计是配合饲料生产的核心技术之一,也是动物营养学与饲养学有机结合的结晶与媒介。饲料配方设计水平决定企业效益和形象,饲料配方设计技术的普及决定全国饲料资源的合理利用与畜牧业生产的持续发展。配方师要把饲料配方的设计目标放在经济、社会与生态三个效益的结合点,充分考虑品种、性别、日龄、体重、生理状况、饲养条件、饲喂方式等影响饲粮配制效果的因素,才能设计出合理利用饲料资源、提高产品质量、降低饲养成本的高质量饲料配方。

§1.1 仔猪饲料配方的种类

目前我国仔猪饲料配方市场上常见的仔猪饲料主要有哺乳仔猪饲料和保育仔猪饲料两种。哺乳仔猪饲料又叫做教槽料,开口料。而养猪场自配饲料的则常按周或某些时间段设计多种饲料。

动物为维持正常生理活动,满足生存、生长、发育、繁衍和生产需要,必须不断从外界取得多种营养物质。饲料(Feeds)就是这种以供给动物营养为目的而使用的物质。配合饲料是根据动物营养需要和饲料原料营养价值,把多种原料按饲料配方加工生产的饲料。配合饲料包括预混料、浓缩料、全价配合料等形式。

仔猪饲料目前利润并不高,由于仔猪采食量小,所以仔猪饲料销售量一般不大,然而,仔猪饲料对饲料厂整个猪饲料产品系列的形象影响最大,对饲料配方设计技术的要求也最高,仔猪体重小,饲料质量高低易于观测,成为不同品牌饲料竞争的焦点。

(1)目前市场和猪场使用的仔猪配合饲料产品,有粉状料、颗粒料、碎粒料(把颗粒料再粉碎)、膨化料等。粉状配合饲料优点是易加工,使用方便,缺点是运输过程分层,仔猪能挑食,造成浪费。粉状料饲喂时可直接喂给或拌水饲喂。颗粒料可避免挑食,减少长途运输中分层。目前生产的仔猪配合饲料多数为颗粒饲料。在制粒过程中挤压的高温高压能破坏某些养分,尤其是维生素,再者加工费用高。碎粒状配合饲料是把粉状料先压制成颗粒然后破碎。使用碎粒料的较少,且碎粒料一般只用于开食。

仔猪需要高营养浓度的日粮,所以一般地说,破碎料、颗粒料比粉状料的效果好。目前粉状料一般用于小型猪场和养猪户,不要求很高档的饲料时使用,实际上粉状料加水易,规模化猪场对仔猪采用流食饲喂方案时也要采用粉料。仔猪浓缩饲料是粉状料的一种,通常浓缩饲料占配合饲料的 $10\%\sim40\%$,能量饲料原料占 $60\%\sim90\%$。浓缩饲料的优点是不含能量饲料原料,减少了这一部分的收购和运输费用,方便了农民。

市场上还见有仔猪预混料。一般占配合饲料的 $1\%\sim5\%$。

(2)仔猪饲料配方。根据仔猪营养需要,饲料原料营养成分和营养价值,原料的供给和价格等数据,科学地确定参与构成配合饲料的各种饲料原料的用量比例,这种饲料原料的配比就是饲料配方;实际生产中,还要根据饲料配方的特点给出关键制作工艺参数等配套技术资料。饲料配方是指导饲料生产的依据,直接关系到饲料产品的质量和成本;是饲料厂和养殖场制定饲料原料采购计划的依据;是进行生产性能估测的重要参考资料;饲料配方是一种高技术含量的产品。

所谓饲料配方设计,就是应用一定算法,根据原料的营养成分和配方的规格、要求,产生配方中各原料比例的一种运算过程。生产上饲料配方经常变动,包括各种原料的比例、原料种类等,但要保证使用效果不变,例如,料肉比、日增重等,好的配方应该是市面上同类性能产品中成本最低的。

参与构成饲料配方的各种饲料原料的成本之和就是饲料配方的成本。设计饲料配方的总原则是使整个畜牧业利润最大,饲料厂+用户利润最高,或饲料厂+经销商+用户+消费者利润最高。

线性规划法是目前应用最广泛的一种优化饲料配方技术。线性规划最低成本配方的优化结果是产生一个满足约束条件的最低成本配方,它受原料的营养成分、饲养标准(约束条件值)、原料价格等的影响。

由于仔猪的特殊性,设计仔猪饲料配方技术性极高。要求配方师既掌握仔猪的生理特点和营养需要,又要掌握仔猪常用的饲料原料的可消化性和营养价值。

饲料是各种养分的载体。饲料配方是否能达到设计目标的关键在于:①对动物营养方案的认识是否准确;②对饲料原料的有效养分含量或生物学效价掌握的准确程度;③对配合饲料加工贮藏过程中养分损失的准确预测;④饲料配方设计技术。所以这些研究是营养学、饲料学和配方师的首要目标。

(3)饲料配方的种类。①典型配方:由典型原料组成,或为典型饲养方式设计的配方;反映某地区的饲养方式,或为科学研究提供简化的营养模型;适用范围小,灵活性差。②经验配方:总结实际饲养经验获得的量化表达;能维持动物健康和一定的生产能力,但不能保证营养供应和饲养成本的优化;多见于尚无饲养标准的非常规畜禽品种,或野生动物的养殖。③试验配方:一是饲料厂最新设计尚未大面积生产的饲料配方,二是为科学研究专门设计的饲料配方。④生产配方:实际生产中使用的配方。兼顾营养性、市场性、可行性等多方面因素,集中体现饲料与营养学科的最新知识和经验,灵活多变。⑤操作配方:根据生产配方制定的指导具体车间实际操作的配方;随饲料厂机械设备和工艺流程而变。⑥宣传配方:饲料厂对外宣传所用的配方;一般都隐秘了核心技术参数,参考时应注意。

§1.2　饲料配方设计原则

．设计饲料配方有多种方法,一般要遵从科学、经济、合法、卫生四项基本原则;作为仔猪饲料,又有其特殊要求,这都是设计仔猪饲料配方必须遵循的准则。

(1)经济性与市场性原则。经济性和市场性是任何商品生产者必须考虑的原则,设计饲料配方也必须经济实用。生产中采用高投入高产出或低投入低产出的饲养策略,主要取决于市场。对地方品种和散养户可设计较低档配方,对外来良种、改良品种和规模养殖场则应设计高中档配方。当市场饲料原料价格低廉而畜产品售价较高时,则应设计高档饲料产品,追求好的饲养效果和饲料转化率;当市场饲料价格坚挺而畜产品销售不畅、价格走低时,则可设计较低档次的饲料产品,实现低成本饲养,保持一般生产成绩。

(2)安全性与合法性原则。安全性和合法性也是任何商品生产者必须考虑的原则。设计饲料配方必须遵守国家有关饲料生产的法律法规,如《饲料和饲料添加剂管理条例》、《中华人民共和国兽药管理条例》、《饲料标签》、《饲料卫生标准》等。严禁使用瘦肉精等违禁药品,控制使用高铜高锌,尽量使用无公害饲料添加剂(如复合酶、酸化剂、益生素、寡聚糖、中草药制剂等),提高饲料产品的内在质量,使之安全、无毒、无药残、无污染,完全符合营养指标、感观指标、卫生指标。国家明确不准添加的东西如盐酸克伦特罗(瘦肉精)、三聚氰胺、己烯雌酚坚决不在饲料中违法添加。

重点是尽量减少对动物的毒害。要注意原料自身含有的有毒有害物质和贮存过程中产生的微生物次生代谢产物污染;饲料添加剂要合理使用;要保证新鲜、合理加工、适量使用。

(3)科学性原则。首先是产品要有科学先进性,在配方中运用动物营养领域的新知识、新成果;要有可操作性,满足市场需求的前提下,根据企业自身条件,充分运用多种原料种类,保证饲料质量稳定;要在合法性前提下提高产品的市场竞争力。

配方营养水平最关键。既要考虑养分浓度又要考虑养分的比例,重点是营养平衡、全价、有效。要注意蛋白能量比、氨基酸能量比、理想蛋白质、钙磷比例、矿物质元素和多种维生素的平衡,微生态平衡、酸碱平衡、离子平衡等。国家标准对仔猪、生长肥育猪配合饲料(GB/T 5915—2004),实行的都是推荐性标准。新《饲料标签》(GB 10648)标准对饲料标准提出了更高要求,对产品的分析保证值要求配合饲料除常规成分外,要标示氨基酸含量,浓缩饲料要标示氨基酸,主要微量元素和维生素含量。饲养标准是经研究和实践总结制订出来的,具有"特定动物+环境"的平均保障性质。尽管动物自身有某些营养调节能力,但应用时还是要根据"特定动物+环境"对饲养标准进行必要调整。在调整饲养标准时要注意遵守物质不灭定律。养分可以转化为动物产品,但转化效率最高也不会达到100%。某著名饲料品牌曾经发布过一则广告:"吃××料四两,增重斤半以上",忽悠住许多养猪人,因为他们迷信添加剂有"灵丹妙药"式的"神奇"效果。

每个育种公司每推出一个动物新品种,就会有一整套的标准相应推出,一般来讲,育种公司为其自身利益考虑,制订的饲料标准相对而言往往较高。

企业标准必须以国家标准为指导,指标不得低于国家标准。《饲料卫生标准 GB 13078》企业不得自己制订,属于强制性标准。

§1.3 饲料配方设计程序

(1)搜集市场信息,确定产品档次。饲料产品质量的定位或设计目标是决定饲料产品质量最重要的因素。饲料企业饲料产品的定位取决于多种因素,如企业技术力量、工艺技术条件、市场情况、饲养者和消费者的需求等。

设计饲料配方前一般应收集如下信息:①饲养对象,仔猪的遗传性能如何? ②市场情况,市场需求量? 对手的质量、售价、特点、所处市场位置和发展潜力? ③用户情况,用户的偏爱:最关心产品的哪些特征? 哪些特点最受欢迎? 市售产品的哪些特点不能使用户满意? ④用户的饲养管理水平? ⑤产品的营养功能,生产全价料还是浓缩饲料? 预混料? 用户喜欢什么料? ⑥生产过程,加工工艺对饲料营养的影响? 产品贮存期多长? ⑦国家法律,饲养标准、产品标准? 是强制执行标准还是推荐执行标准? ⑧产品物理形状,市场需要颗粒料还是粉状料? 用户喜欢什么包装?

目前我国一般市场对高档仔猪料的基本要求是:①高浓度的、平衡的、仔猪可消化的养分和料重比;②通过营养手段而不是添加药物使饲料具有提高仔猪抗病力的作用;③作为商品的饲料产品还要求产品外观,例如添加油脂、香味剂、着色剂等。

(2)根据市场信息,确定产品质量标准。产品的质量水平和价位,直接决定产品在市场上的竞争能力,即市场占有率。一般把确定产品的类型、质量水平和价位的过程称为产品定位。根据收集的信息资料确定自己的产品标准,是饲料厂最重大的决策。

就仔猪饲料而言,高档饲料的成本往往很高,只要稍微调整某些原料的用量,就会大大降低饲料成本,而饲养效果差异并不明显,不经过专门的对比试验常难以发觉。所以就目前的状况而言,商品性"高档仔猪饲料"往往与养猪场自配的高档仔猪饲料有很大差别。

在确定商品性仔猪饲料产品的质量标准时,首先评估用户饲养的品种、饲养环境、饲喂模式等因素,调查用户对饲料效果的评价指标,摸清竞争对手的设计标准,在此基础上制定自己的营养标准。确定一个产品的质量标准时应考虑的最重要的问题是日粮类型与饲养方式。全价饲料还是浓缩饲料？预混料？颗粒饲料还是粉状饲料？预期日采食量？自由采食还是限制饲养？综合上述信息，确定自己的产品质量和价位，应当怎样调整饲养标准？确定适合的饲养标准是配方师的最高境界之一。

（3）研究每一种可用饲料原料的特性。要掌握每一种饲料原料的可消化性和对仔猪的营养作用，同时要考虑每种原料的负作用，注意限制用量。高档仔猪饲料要求原料多样化、品种数量多，然而采购能力和费用、仓储能力和费用、生产工人的操作水平、出现差错的概率等因素则要求原料种类要少。

在确定可用哪些原料及其用量限制时，一般考虑如下几点：①有哪些原料可用？质量和价格如何？本厂存货有多少？可用原料的供应情况是否稳定？各种原料的质量、数量和产地、来源？②可用原料的营养成分，理化特性，例如消化率、适口性如何？体积是否过大？可用原料对动物有什么影响？在饲料成分表中查出各种可用原料的营养成分和营养价值。③可用原料是否含抗营养因子或有害物质，是否卫生？是否会对仔猪和环境造成危害？各种原料的最大用量范围是多少？最少用量是多少？④可用原料的营养质量，加工特性，养分在加工过程中的变化情况？⑤各种原料在现在使用的饲料配方中的用量是多少？⑥各种原料的营养成本高低？哪些原料物美价廉？

（4）设计饲料配方。在确定了产品质量标准后，就要与销售部讨论产品贮藏期，考虑各种养分在贮藏过程中的损失。要根据饲料原料中可利用的养分含量设计饲料配方。用可利用营养素为指标（如标准回肠可消化氨基酸、有效磷等）设计饲料配方的基础是要有各种饲料原料的可利用营养素含量数据。目前中国饲料数据库提供的最新版中国主要饲料原料营养成分与价值表中已经提供了回肠末端可消化氨基酸含量和有效磷含量。

　　配方师应在分析所用饲料原料的基础上,根据其基本物化特性、加工方法、条件等和相关回归公式及一切可用手段来具体确定其可利用营养素含量,并在此基础上进行配方设计。仔猪配合饲料的利润潜力一般为 30～80 元/t。设计好饲料配方后要向销售部进行讲解和说明,并确定市场价格和策略;如果销售部对预期价格或性能有异议,请公司进行仲裁,是否可有新条件出现? 是否有应急措施? 原则上是要与销售部达成一致才可进行生产。

　　(5)分析养殖场与饲料厂的经济效益。前一章有实例说明。这里强调的是,配方师考虑的是"养殖场＋饲料厂"的总效益,至于这个总效益在养殖场与饲料厂之间如何分配,也就是利润分割问题,不是配方师的权限,而是饲料厂或公司的权限。

　　(6)饲料生产加工与饲养试验。①通知生产部按照加工参数要求和操作说明生产出适量样品。②与市场部讨论:产品成色如何? 成本状况? 外观上有哪些可以攻击的缺点? ③品管部对产品使用效果进行评价,进行饲养试验,对生产工艺要求,操作说明,使用期限等提出改进方案。

　　(7)进行饲养试验。一个好的饲料配方,在大面积生产之前,要进行饲养试验,鉴于内容复杂些,我们单列一节介绍这个问题。

　　以上程序循环进行,直到大家满意才可批量生产。

　　(8)饲料市场反馈信息的使用。任何一个产品设计都包含了设计人的观念和对市场的看法,也是一种经验,而一个人的经验和习惯往往很难改变。所以配方师经常下市场和参加交流会是有益的。产品投放市场后跟踪调查,搜集用户反应及推广效果,考察产品对市场的适应性,据此改进产品定位或修改饲料配方。对配方的整体评估是根据产品性能表现在市场上的统计分布,不同市场用户的使用结果和同一市场相对于竞争对手而言自己产品的优劣。

　　所以,制定饲料配方是个循环过程,每次循环都会使产品质量及其市场竞争力提高一步。

第2节 仔猪饲养标准的设置

确定仔猪日粮的氨基酸,碳水化合物和脂肪的水平与来源时必须注意仔猪的生物学特点及其快速变化。要重点考虑仔猪的如下特点:①体组成中蛋白质比例高;②采食量低;③免疫系统不完善;④乳糖酶活性高,淀粉酶,麦芽糖酶和蔗糖酶在出生时活性低;⑤利用日粮脂肪的能力很低。

§2.1 哺乳仔猪饲养标准的设置

(1)能量。能量是影响早期断奶仔猪生长性能的关键,可提高基础代谢率。首先,饲粮能量水平影响免疫细胞功能。营养限饲能降低外周血液中单核细胞的增生能力,抑制 B 淋巴细胞的分化。其次,饲粮中不同脂肪类型影响机体不同部位免疫细胞的免疫活性。另外,饲粮脂肪酸组成也影响免疫抗体的生成。

哺乳仔猪调节采食量的能力极差,当日粮能量低于 15.5 MJ ME/kg 时不足 15 kg 的仔猪就减少能量摄入量。所以 NRC (1998)建议能量浓度不低于 14 MJME/kg,低于这个阈值时日粮能量浓度每降低 1 MJ 可能使日粮能量摄入量至少减少 1.5 MJ。据 NRC(1998),自由采食时仔猪的适宜消化能浓度为 13.86～15.12 MJ(3.312～3.613 Mcal/kg 饲粮)。其实,在消化能浓度 15.3 MJ/kg 以下,随能量浓度增加,仔猪生长和饲料效率都线性增加。也有报道认为,仔猪饲料至少应含 14.235 MJ DE/kg。胡新旭等(2006)报道 23 日龄 7.3 kg 左右断奶仔猪,最适能量蛋白水平组合是能量为 14.43 MJ/kg,蛋白质为 20.5%,二者互作效应不显著。NRC(1998)推荐的哺乳仔猪补充饲料的消化能(DE)可用下式表示:

$$DE(kJ/kg) = -151.7 + (11.2 \times 日龄), R^2 = 0.72$$

此式不适用于 13.5 日龄前的仔猪。所以,由此式可以导出,哺乳仔猪教槽料的消化能最佳值为 15.17 MJ/kg。

哺乳仔猪蛋白质沉积与能量摄入量成正相关,因此要获得最大蛋白质沉积率,就需要为哺乳仔猪提供最大的能量摄入。考虑到我国能量饲料原料状况,乳猪料的能量设计达到美国 NSGN(2010) 推荐的标准,代谢能 3.53 Mcal/kg,造价会很高,而达到 NRC(1998)推荐的代谢能含量 3.265 kcal/kg 不难。实践中能量指标设计到什么水平,主要看生产-市场系统。美国的人工和猪舍折旧费远远高于中国,所以,也许我们不必像美国那样急着考虑仔猪的生长速度。或者说,我们的仔猪饲料营养浓度也许不做到美国 NSNG(2010)那么高,对我们的养猪场和饲料厂都有利。尤其是高档仔猪饲料,质量稍微降低,就可以大大降低原料成本。

我国制定饲养标准时,各种营养指标的制定规则是仅仅考虑了我国猪的营养需要量,没有考虑各项生产措施在养猪生产-市场系统中的边际效益,更没考虑饲料营养指标的边际效益,我从未见到研究此类课题的报道,我见到的各种市售饲料配方软件也没有这个功能,不能根据当前的养猪生产-市场系统中饲料营养的边际效益制定相应的饲养标准,所以不是"最佳营养标准"。这个问题涉及到较多的数学技术,笔者认为:

一个动物科技人员,数学造诣的深浅,决定了你在学术上能走多远。

这里介绍《断奶仔猪》(214 页)给出的一个例子。用非线性模型拟合表 4.1 的数据,确定在这个生产-市场系统中日粮赖氨酸的最佳水平。用连续 10 年的原料价格和商品猪价格来估计每个月单位增重消耗的饲料成本最低、饲料成本边际效益最大化的日粮。可以看出,含赖氨酸 1.40% 的日粮与 0.8% 的日粮相比,可获得

2.57～2.93 美元的额外利润。

表 4.1　增加日粮中赖氨酸水平对 40～80 磅猪的经济价值

经济核算	日粮总赖氨酸/%				
	0.80	0.95	1.10	1.25	1.40
日粮成本(美元/t)	147.52	154.53	161.55	168.82	176.05
饲料成本(美元/头)	4.65	4.67	5.18	5.27	5.40
28 d 增重(磅)	15.7	16.9	18.6	18.5	18.9
饲料成本(美元/kg 增重)	0.295	0.276	0.280	0.287	0.284
增重价值(美元/头)(1.025 美元/kg 增重)	16.13	17.30	18.99	18.86	19.38
弥补饲料成本后的收益(美元/头)	13.58	14.88	16.28	16.05	16.51
与 0.8% 赖氨酸相比的额外收益(美元)		1.30	2.70	2.57	2.93

　　根据为能而食的理论,采食量取决于日粮能量浓度,日粮能量浓度的改变会影响到其他营养物质的摄入量,包括蛋白质。所以蛋白质相对于能量的比例非常重要,需要根据能量浓度调整蛋白质水平。如果日粮中单位能量所含的养分浓度不变,日增重和饲料转化效率会随日粮能量水平提高而逐渐改善,不过仔猪根据日粮能量调节采食量的能力不完善。

　　能量和蛋白质互作使得如何有效利用能量和蛋白质问题变得非常复杂。这些潜在的互作包括:蛋白质能提供部分日粮能量;蛋白质的周转和沉积需要能量;体蛋白是能量沉积的一部分。

　　所以,从饲养标准角度看,能量水平决定着饲料产品的定位,是确定仔猪饲养标准的"定盘星"。不过,随着饲料科学研究的深入,能量的度量指标也在不断变化。目前普遍认为竟能体系比较科学,然而实践中,相应的饲料科学研究跟不上,我国还没有完善的饲料净能数据库可用。表 4.2 是一个国外的资料,供参考。

表 4.2　猪可消化赖氨酸和净能的需要量

生长阶段		仔猪前期	仔猪	生长猪	肥育猪	怀孕母猪	哺乳母猪
日龄/d		<40~50	<65~70				
体重/kg		<12	<25	25~60	60~110		
净能/(MJ/kg)	平均值	10.5	10.0	9.5	9.5	9.1	9.5
	最小值	10.0	9.0	9.0	9.0	8.9	9.2
	最大值	11.0	10.5	10.5	10.5	9.6	10.0
净能/(Mcal/kg)	平均值	2 500	2 400	2 300	2 300	2 175	2 270
	最小值	2 390	2 150	2 150	2 150	2 125	2 200
	最大值	2 630	2 510	2 510	2 510	2 290	2 390
可消化 Lysine/NE/(g/MJ)		1.25~1.30	1.15~1.20	0.90	0.80	0.55	0.90~0.95
可消化 Lysine/NE/(g/Mcal)		5.25~5.45	4.80~5.00	3.75	3.35	2.3	3.75~3.95

IFIP,2002。

实践中可根据当地情况选择符合实情的净能水平(NE);设定可消化赖氨酸/净能比值(dLys/NE);然后用理想蛋白模型设定其他必需氨基酸水平。

(2)蛋白质和氨基酸。实践中常是根据赖氨酸与能量比和理想蛋白质模型确定各种氨基酸的需要量。能量可看作是机体的能源,而蛋白质可看作是构造肌肉组织的原料。饲料能量浓度确定后,其他营养物质与能量间的平衡关系至关重要。要首先考虑蛋白质与能量比(g/MJ 或 g/Mcal),因为生长猪蛋白质和脂肪沉积所需的能量占机体总需要量的 2/3。当日粮蛋白与能量比不当时,会影响各营养物质的利用率。必要的日粮营养物质与能量保持一致时,日增重和饲料转化效率随日粮能量水平的提高而逐渐改善。

对体重 20 kg 以下仔猪氨基酸需要量的研究很少。ARC(1981)认为,0~3 周龄仔猪至少需要 62.99 g CP/Mcal DE,3~8 周龄仔猪需要 66.0 g CP/Mcal DE,而赖氨酸/粗蛋白比为 7 g/100 g。林映才(2002)报道,在动植物蛋白平衡时,早期断奶仔猪(3.4~9.5 kg)日粮 CP20%、CP/DE = 61 g/Mcal 已足够,CP 水平再高不改善仔猪性能。

乳猪消化系统发育不完善,例如,胰蛋白酶含量在 5 周龄前维持在相对较低的水平,到 6 周龄才开始增加,因此在 5 周龄前仔猪对饲料蛋白尤其是植物性蛋白的消化吸收能力有限。断奶后营养源从母乳转向固体饲料,饲粮中高蛋白质水平往往导致仔猪腹泻和生长抑制,因此确定仔猪饲粮适宜蛋白质水平尤为重要。一般认为,在我国目前饲养条件下,哺乳阶段乳猪和断奶后 10~20 d 的仔猪用乳猪配合饲料,蛋白 20%～22%(体重 7 kg 以前用 22%,7 kg 以后用 20%),消化能 3 400 kcal/kg,属于中档产品。由于我国和美国的饲料原料种类不同,完全采用美国 NSNG(2010)营养标准不切实际,而我国的仔猪饲养标准(2004)规定的营养指标相对较低,NRC(1998)推荐的营养水平属于中档,但是其微量元素和维生素指标太低。

氨基酸主要用于蛋白质合成。过量吸收的氨基酸被脱氨基以尿素形式排出,而碳架被代谢产生能量。合成尿素需要能量,并且尿素也含能量(每克尿素含能量 10.53×10^{-3} MJ 或每克氮折合能量 22.78×10^{-3} MJ),因此蛋白质过多或氨基酸不平衡时日粮能量利用率低于含足够蛋白质而氨基酸平衡的日粮;氨基酸平衡而蛋白总量缺乏的日粮会导致脂肪沉积,这是由相对过多的能量转化来的。低蛋白日粮能导致日粮热增耗效应增加,这种增加可解释为代谢能中维持需要所占比例增加而生长需要的比例减少。

所以制定饲料产品标准时,要保持蛋白与能量比和氨基酸与能量比,在计算时,首先确定蛋白质和赖氨酸需要量,再按理想蛋白质模型确定其他必需氨基酸的量。

以最适 N 存留率和利用率为指标,必需氨基酸与非必需氨基酸之比是 50:50(伍喜林,2006),在低蛋白水平下,必需氨基酸与非必需氨基酸之比更重要,Lenis 等(1999)发现,必需氨基酸与非必需氨基酸之比可提高到 70:30,不降低 N 利用率。我们认为,这是必需氨基酸被有效利用合成了非必需氨基酸。J. Heger(2003)报道,猪体蛋白或内生蛋白组成中必需氨基酸与总氨基酸之比(E:T)为 44%~54%,而且在 46%~50%时猪生长或蛋白质沉积速度最大。据此,我们可以根据相应的必需氨基酸的总量折算出真蛋白质需要量,计算公式如下:

仔猪日粮真蛋白质需要量(%)=可消化必需氨基酸之和/
(46%×理想蛋白质模型的准确度×氨基酸平均消化率%)
=可消化必需氨基酸之和/(46%×95%)/氨基酸平均消化率(%)
=2.288 33×可消化必需氨基酸之和/氨基酸平均消化率(%)

这里取低值46%是考虑到非必需氨基酸成本低,非必需氨基酸充足可以避免仔猪动用必需氨基酸来合成非必需氨基酸。

理想蛋白质模型的准确度也值得考虑。根据动物营养的"水桶原理",理想蛋白质模型中与"真正的理想氨基酸模式"相差最大的氨基酸就决定着这个理想蛋白质模型的效率。这在估计仔猪蛋白质需要量时必须考虑,这个"浪费"的比例目前还没法估计,但是根据目前报道的仔猪理想氨基酸模型的变异,我们假设了理想蛋白质模型的准确度为 95%。

实践中可以根据这个公式估计真蛋白质需要量,需要说明的是,有了更准确的参数时,例如必需氨基酸与总氨基酸之比和理想蛋白质模型的准确度等,要及时用准确的参数修正上述公式。

【例 2】在 NSNG(2010)推荐的仔猪第四阶段(体重 11~20 kg)标准化理想可消化氨基酸总和为 7.83%,假定使用的各种原料的氨基酸平均消化率为 90%,则相应日粮的真蛋白质需要量为:

真蛋白质需要量(%)＝2.288 33×7.83/0.9＝19.91(%)

【例 3】NRC(1998)推荐的仔猪 20 kg 体重以前各阶段真回肠可消化氨基酸的需要量总和分别为 8.59%,7.64% 和 6.5%,可以由此推算这几个阶段仔猪的真蛋白质需要量。假定所用原料的氨基酸平均消化率为 90%,则:2.288 33×8.59%/0.9＝21.84%,2.288 33×7.64%/0.9＝19.43% 和 2.288 33×6.5/0.9＝16.53%,这些结果与 NRC(1998)推荐的粗蛋白质需要量分别相差 26.0%－21.84%＝4.16 个百分点,23.7%－19.43%＝4.27 个百分点和 20.9%－16.53%＝4.37 个百分点。不过这里计算的是"真"蛋白质,而 NRC(1998)推荐的是"粗蛋白质",由此可以进一步推断 NRC(1998)假定的粗蛋白质的消化率,根据上述公式,可以导出如下计算公式:

氨基酸平均消化率(%)＝2.288 33×可消化必需氨基酸之

和/粗蛋白质需要量(%)

分别按此公式估计 NRC(1998)假定的粗蛋白质的消化率如下:2.288 33×8.59%/26＝75.6%,2.288 33×7.64%/23.7＝73.8%,和 2.288 33×6.5/20.9＝71.2%。这些假定显然是低估了仔猪日粮的消化率,因为仔猪日粮使用的原料都是优质原料,消化率都在 90%以上,只有大宗原料玉米等的消化率稍低,但是根据我国公布的最新版饲料数据库(2010 版)来看,一般也应该在86%以上,所以可以推断,NRC(1998)给出的粗蛋白质需要量过高了。

实际上,笔者经验和许多研究报道都表明,在其他营养指标相同时,仅仅降低 NRC(1998)的这个蛋白质指标,可以降低 3～4 个百分点,对仔猪生长发育和饲料利用率等生产性能无任何影响(例如 Hansen 等 1993,Kerr 等 1995,Le Bellego 等 2002),这不仅说明根据可消化氨基酸总量来确定真蛋白质水平是可行的,而且最重要的是,上述分析表明,仔猪日粮的消化率越高,蛋白质的需要量越低。

根据上述原理,我们为 NSNG(2010 版)附有可消化蛋白质需要量的数据,见附录 2.1。蛋白质需要量低了可能更有利于降低仔猪断奶时高蛋白日粮引起的断奶应激,但是也许会引起仔猪用价格较贵的必需氨基酸合成较为廉价的非必需氨基酸。

需要指出的是,上述分析都没有考虑仔猪必需氨基酸不同于生长猪,例如,谷氨酰胺等。如果把这一部分考虑进来,那么仔猪需要的可消化蛋白质总量会发生变化。好在谷氨酰胺只是断奶后仔猪的条件性必需氨基酸,所以实践中可以在上述分析结果的基础上单独考虑谷氨酰胺。例如,断奶仔猪,在玉米-豆粕日粮中可单独添加 1%的谷氨酰胺,保证谷氨酰胺含量。只是谷氨酰胺不稳定,实践中实际添加的是其稳定形式的 2 分子肽——谷氨酰胺二肽。

仔猪的蛋白质营养实际是氨基酸营养,在日粮氨基酸平衡时,赖氨酸水平越高,仔猪生长速度和饲料利用率越高;其他氨基酸必须与赖氨酸维持恰当平衡才能得到最佳效果。

为保持营养平衡,在设计饲料配方时必须根据能量水平调整蛋白质水平,也就是各种氨基酸和蛋白质相对于能量的比例。蛋白质过剩不仅浪费有效能,而且因需消化分解和排出它们而加重肝和肾的负担,严重时会导致肝脏结构和功能损伤,导致机体蛋白质重毒,即酸毒症。所以,一般饲养标准都规定了相应动物的蛋白质需要量。日粮蛋白质过量或氨基酸不平衡会降低利用率。日粮中必需氨基酸平衡时蛋白质含量不足会限制蛋白质沉积,导致能量被转而用于合成脂肪。

合理的营养水平是根据日龄、体重和饲料产品档次决定,例如7～14 kg仔猪的标准回肠可消化赖氨酸(SID)需要量最佳水平在4.09 g SID Lys/Mcal ME,能量水平3.45 Mcal ME/kg较好。

影响仔猪蛋白质需要量的因素很多,主要有:①仔猪的遗传基础。遗传性能决定仔猪生长发育性能和饲料营养需要量。②仔猪日龄。仔猪生后几天内蛋白质需要量迅速降低。③日粮能量浓度影响日粮蛋白质和氨基酸需要量,即蛋白与能量比、氨基酸与能量比。④蛋白品质影响蛋白质和氨基酸需要量。⑤日粮粗纤维影响蛋白质的消化率。笔者一般是按照粗纤维每增加1%,日粮蛋白质的消化率降低1%～1.5%来折算。⑥环境温度过高过低都影响蛋白质和氨基酸需要量。

(3)蛋白能量比。一般来讲,蛋白能量比保持恒定时脂肪沉积是不变的。影响脂肪沉积的四个因素是:提高蛋能比一般可以阻止过多的脂肪沉积;氨基酸不平衡可引起脂肪沉积;日粮脂肪对胴体组成的特殊作用;日粮能量水平对脂肪沉积的作用。

日粮的蛋白与能量水平有一定组合效应,只要日粮理想蛋白与能量之比保持在一定范围,动物就可通过调节采食量而保持其生产性能。表4.3给出几个实例供参考。

表 4.3　仔猪日粮的蛋白/能量比和赖氨酸/能量比

仔猪体重/kg	王继华 SID	NSNG,2010		中国,2004	
	教槽料[a]	4～5	5～7	3～8	8～20
蛋白：能量比/(g/ME Mcal)	60[b]	70.83[c]	68.97[c]	65.19	60.897
Lys：能量比/(g/ME Mcal)	4.10[d]	4.419	4.302	4.012	3.333

注：a. 假定仔猪 5～7 日龄开始教槽,21～28 日龄断奶,教槽料使用到 35 日龄；b. 这里的蛋白质为可消化蛋白质,不是粗蛋白质；c. 这个蛋白能量比计算时使用的蛋白质数据分别是 24.79 和 24.00,是笔者根据本书前述公式推断的可消化蛋白质总量(见附录 2.1),据此推断值计算的蛋白能量比；再者,要注意这里计算依据的能量是代谢能,不是消化能；d. 这里的赖氨酸为标准回肠可消化(SID)赖氨酸。

例如,美国 NRC(1998)10～20 kg 仔猪的蛋白与能量比为 13.24(g/MJ),如果选择能量水平为 13.5 MJ/kg,则蛋白质水平应该为：13.5×13.24 ＝17.874%,赖氨酸需要量的计算方法依此类推。日粮养分浓度降低时,动物可通过增加采食量而不降低生长速度,但猪饲料增重比升高。不过,蛋白与能量比必须在一定范围内变化；否则会影响动物正常代谢和生产性能,甚至导致营养障碍病。

环境温度。在高温环境中,散热困难是影响动物生产性能的主要原因之一。所以在炎热或寒冷季节可适当增加或降低蛋白能量比。温热环境不影响动物对蛋白质、赖氨酸及蛋氨酸的需要量,也不影响赖氨酸和蛋氨酸的利用率。但应根据采食量变化调整饲粮中蛋白质、氨基酸的浓度。冷热应激时,动物体内代谢加强、某些矿物元素排泄增加,从而增加矿物质需要量。冷热应激均提高代谢率,并影响消化道中微生物对某些维生素的合成。

饲料配方设计中蛋白能量比的选择。在设计饲料配方时,如何选择最适宜蛋白能量比具有重要意义。蛋白能量比的选择首先是确定饲养对象,相同对象中,考虑不同品种的影响；其次是确定饲喂对象的生长阶段、体重及生理阶段;第三是确定饲喂动物的目的,是产乳、育肥还是繁殖;第四是确定动物所处环境;第五是结合现有饲料原料和经济效益,确定最佳蛋白能量比。

生产条件下,因受原料条件或成本影响,执行标准中的能量常与饲养标准有差异,一般就以蛋白能量比及氨基酸能量比进行折算。注意用可消化蛋白与可消化能之比(DP/DE)。Van Lumen and Cole(1996)指出,DP/DE 这个比值与猪大小有关,见表 4.4。

表 4.4　不同生长阶段猪的理想 DP/DE(g/MJ)

生长阶段	10 kg 以下乳猪	10~50 kg 小猪	50 kg 以上大中猪
DP/DE	3.68~3.89	3.35~3.60	2.51~2.93

杂种仔猪的赖氨酸与消化能之比大约在 1.2 g/MJ DE 时生长速度最高。这个比率受基因型、性别和体重影响,表 4.5 是很久前的数据,可以参考。

表 4.5　生长猪日粮赖氨酸与消化能(DE)(g/MJ)的适宜比率

基因型	蛋白质沉积率(g/d)	体重(kg)	赖氨酸/消化能(g/MJ)		
			去势公猪	母猪	公猪
未改良	100	<25	0.78	0.80	0.83
		25~55	0.73	0.75	0.78
普通	125	<25	0.85	0.85	0.88
		25~55	0.78	0.80	0.83
高度选育基因型	150	<25	0.88	0.90	0.93
		25~55	0.83	0.85	0.88
杂交	175	<25	1.20	1.20	1.20
		25~55	1.10	1.10	1.10

来源:Van Lunen 和 Cole,1996。

（4）仔猪的理想氨基酸模型。仔猪必需的氨基酸有 13 种（生长猪有 10 种，育肥猪和成年猪只有 8 种），仔猪理想氨基酸模型报道很少，各国推荐的理想氨基酸模型，都没考虑仔猪必需的全部氨基酸，例如甘氨酸以及仔猪特殊的条件性必需氨基酸，例如谷氨酰胺等，实践中可以不列入饲养标准而单独添加。表 4.6 是美国 NSNG(2010)推荐的标准回肠可消化氨基酸模型，可参考。

表 4.6　　NSNG(2010)推荐的 SID 氨基酸模型

体重/lb	9～11	11～15	15～25	25～45	45～90	90～135	135～180	180～225	225～270
赖氨酸	100	100	100	100	100	100	100	100	100
苏氨酸	62.2	62.3	61.8	62.4	63	63	64	65	67
蛋氨酸	28.2	27.8	28.2	28	29	29	29	29	30
蛋氨酸＋胱氨酸	57.7	58.3	58.0	58.4	58	58	60	60	62
色氨酸	17.3	17.2	16.8	16.8	16	16	16	16	16
异亮氨酸	55.1	55.0	55.0	55.2	55	55	55	55	55
缬氨酸	64.7	64.9	64.9	64.8	65	65	65	65	65

不同作者给出的理想蛋白质模型差别很大（表 4.7）。究其原因，一方面，有的理想蛋白质模型是根据最大饲料效率，有的模型是基于最大氮沉积；另一方面，有的是考虑了标准回肠可消化氨基酸（SID），有的考虑的是表观可消化氨基酸。

（5）最新研究显示，仔猪肠道的营养很特殊，例如以非必需氨基酸（谷氨酰胺、谷氨酸和天冬氨酸等）为能源，提供肠道能量需要量的 70%～80%，而传统观念的葡萄糖只为肠道能量需要量提供 20%～30% 的能量。当仔猪给予低蛋白日粮时，优先满足肠道，日粮蛋白质显著降低时，首先受到影响的是外周瘦肉组织。所以肠道的氨基酸营养模式或理想氨基酸模型不同于肠外组织。这是对传统动物营养学的发展,设计饲料配方时应该结合考虑小肠营养问题。

表 4.7　不同氨基酸模型的比较

氨基酸	报道 SID	NSNG 2010	NRC1998	中国 2004	王继华 SID
赖氨酸	100	100	100	100	100
精氨酸	41~55	41.94	40.3	39.44	55
组氨酸	31~33	31.98	32.09	31.69	32
异亮氨酸	55~60	55.06	54.48	55.63	56
亮氨酸	100~110	100.00	100.75	59.86	—
蛋氨酸	26~30	28.07	26.87	28.17	29
蛋氨酸+胱氨酸	55~60	58.10	56.72	57.04	59
苯丙氨酸	55~60	60.02	59.70	59.86	60
苯丙氨酸+酪氨酸	93~118	94.14	94.03	93.66	100
苏氨酸	62~68	62.17	62.69	66.20	65
色氨酸	17~22	17.03	17.91	19.01	18
缬氨酸	65~72	64.83	67.91	69.01	65
谷氨酰胺	60~100				100

注:表中 NSNG 的模型是笔者根据其仔猪四个阶段的数据平均数算出的。王继华的模型假定仔猪 5~7 日龄开始教槽,21~28 日龄断奶,到 35 日龄完全换为保育猪饲料。

(6)近年来,国内外学者对小肽的研究主要集中在吸收机制、吸收速率的影响因素、吸收部位、活性肽的作用及机体对小肽的利用等方面。与游离氨基酸相比,小肽营养具有 2 大特点:第一,主动吸收,吸收速度快,耗能低,且可避免游离氨基酸之间的吸收竞争,进而提高动物生产性能。第二,小肽具有额外的生理或药理活性。从乳蛋白体内和体外水解产物中分离出的多种活性肽可参与机体神经和免疫功能调节，促进细胞增殖与生长等；从鸡蛋蛋白中提取的肽类物质能促进 DNA 合成和细胞生长（Azuma 等，1989）。小肽有多种生物学功能，作为多种生物活性因子、激素、受体、底物、活性抑制剂等，有利于仔猪受损肠黏膜的修复与生长；调节内分泌机能。小肽促进矿物元素的吸收与利用，促进肠道有益菌群的繁殖，提高菌体蛋白的合成，促进肠道微生物的消化能力。某些活性小肽（如外啡肽）能促进幼龄动物的肠道发育和提早成熟，并刺激消化酶的分泌。一些小肽能够有效地刺激和诱导小肠绒毛刷状缘酶活性的提高，并促进动物的营养性康复，一些肽还有调味作用。因此有学者提出，动物要获得最佳的生产性能，日粮中必须有一定数量的完整蛋白质和小肽。

（7）矿物质需要与维生素需要。断奶仔猪对添加食盐有积极反应。美国的饲料公司的仔猪日粮中的钙、磷浓度见表 4.8。

表 4.8　仔猪日粮的钙、磷浓度　　　　　　%

仔猪体重/kg	钙		磷	
	NRC	美国公司	NRC	美国公司
1～5	0.9	0.91	0.75	0.79
5～10	0.8	0.83	0.65	0.70
10～20	0.70	0.79	0.60	0.60

为满足仔猪最佳生长的需要，2 倍于 NRC 推荐的水溶性维生素量是必要的，特殊情况下需要更高。我国大部分配合饲料产品中维生素添加量远高于 NRC（1998）标准，因而在这方面较少存在问题。实践中可以参考 NSNG（2010）推荐的标准给予微量元素和维生素。

§2.2　断奶仔猪饲养标准的设计

断奶使仔猪日粮性质和采食量发生巨变。断奶前,仔猪每天吮乳 16～24 次。日粮为液体乳汁,营养物质是易于消化的乳糖、乳脂和乳蛋白。以干物质计算,母乳中大约含 35% 脂肪,30% 蛋白质,25% 乳糖。所有仔猪都在同一时间吃奶。断奶后,仔猪必须适应固体的植物性饲料,仔猪消化生理变化很大,因此设计仔猪日粮必须适应仔猪消化生理,尤其应考虑仔猪断奶日龄和体重,以减少不利仔猪生长的营养因素。

仔猪断奶后采食量低而蛋白质沉积能力巨大,所以日粮须由高可消化的原料组成,消化率低的原料会把未消化的氮传递给肠道微生物。健康仔猪生长快,所以需要的蛋白质和氨基酸较高。

多数研究表明,提高断奶后采食量可以增加仔猪生长速度,而且这一体重优势可以保持到育肥期结束;同时,提高采食量还可以显著降低仔猪肠道疾病的发生。断奶后要尽快把仔猪日粮调整到最低成本日粮,使仔猪进入育肥阶段日粮,降低饲料成本,所以要理解仔猪性能与日粮成本之间的关系。

理解日粮复杂性与采食量关系的要点是:①日粮采食量促进早期断奶仔猪生长;②复杂日粮可以改善断奶后前几周的采食量;③随年龄增加,应该迅速降低日粮中那些以诱食为目的的昂贵原料,有效控制单位增重的饲料成本。

(1)日粮能量浓度的确定。能量是影响早期断奶仔猪生长性能的关键(表 4.9)。仔猪断奶后,由于饲料类型和管理条件的改变,使大脑皮质糖苷分泌增加,要求饲粮能量浓度有所增加。适当提高日粮能量水平,可保证仔猪每日所需能量的绝对摄入量,减少应激。

新断奶的仔猪采食量常不能满足其沉积蛋白质所需的能量，这是需要高能量的时期，所以，为仔猪提供可利用的能源可改进生长速度和瘦肉沉积量。强调这一认识有助于理解不同情况下仔猪对日粮复杂性的各种反应。

表 4.9　能量水平对 21 日龄断奶仔猪达到 20 kg 体重的影响

饲料消化能水平/(Mcal/kg)	消化能摄入量/(Mcal/d)	达到 20 kg 天数/d	饲料消耗/kg
3.25	2.55	44	35
3.42	2.65	38	30
3.75	2.75	35	27
3.63	2.77	35	26
3.94	2.75	35	25

饲料采食量高度依赖环境。如果因健康状态、环境、管理或其他因素使采食量降低，则可添加各种特殊的成分或诱食剂以促进采食。一般使用乳糖、喷雾干燥的动物血浆粉和其他适口性好的原料以提高早期断奶仔猪的采食量。但是如果由于改进环境和减少病源而使仔猪采食量很高，就可少用复杂而昂贵的原料。另外，有些原料（例如喷雾干燥血浆粉）可以改进仔猪免疫功能。

营养素和能量摄取都取决于饲料能量水平，动物采食量直到能满足能量需要为止，即动物为能量而采食。由于仔猪采食量有限，所以要求用消化率高的碳水化合物原料，这在断奶后更重要。出生时乳糖酶分泌量和活性都高，乳糖消化率高，所以乳糖，乳清粉等是乳猪的良好能源。添加一定量的乳糖可以促进其他碳水化合物的消化和吸收。不过要注意，10 日龄内的仔猪消化蔗糖的能力有限，35 日龄前利用脂肪的能力也有限。使用的其他谷物类能源原料要粉碎到 $600 \sim 750$ μm，可改善消化率和仔猪健康。我们还不了解日粮脂肪利用率低的原因，刚断奶的仔猪利用体脂肪的能力也不高。但是从饲料加工看,添加脂肪有润滑作用,可改善含奶产品多的仔猪料的质量。利用脂肪的能力随年龄而增加,所以从策略上看断奶后的日粮应该把脂肪作为辅助能源而不是作为主要能源。4 周龄后,随仔猪消化酶系统的发育和脂肪代谢的改善,脂肪作为能源的重要性上升。提高断奶仔猪日粮能量浓度的措施一般是加油,以植物油为好(比动物油消化率高 13%),但要注意在仔猪断奶后 1 周内仔猪胃肠脂肪消化酶活性很低,这时添加脂肪不宜消化。

　　早期断奶仔猪对日粮中简单碳水化合物(如乳糖)比复杂碳水化合物(如淀粉)利用率高,因此广泛使用乳清粉和乳糖,添加乳清粉能明显改善 3~4 周龄断奶仔猪最初 2 周的生产性能。乳清粉含天然乳香,既能促进仔猪食欲,提高采食量,进入胃内产生的乳酸又能降低断奶猪胃内 pH 值,有利于食物蛋白的消化。

　　仔猪采食量受日粮消化率影响很大。日粮消化率低不但加重小肠损伤程度,而且进一步降低日粮蛋白质在小肠的消化吸收,导致较多蛋白质进入大肠发生腐败。所以,在营养平衡前提下,增加仔猪能量摄入量的办法就是选择消化率和适口性都高的原料。

　　断奶后 24 h 内仔猪采食量很少或根本不采食,此后在整个生长期采食量线性增加,对于含 3 200 kcal DE/kg 的玉米-豆粕型日粮,饲料采食量增加速度的估计值为 17~23 g/d,可用公式表示为:

DE 摄入量(kcal/d) $= -1\,531 + 455.5 \times BW - 9.46BW^2$,
$R^2 = 0.92$

　　这个公式主要描述了 5~15 kg 仔猪的体重与 DE 采食量间的关系。15~110 kg 生长猪采食量与体重的关系为:

DE 摄入量(kcal/d) $= 13\,162 \times (1 - e^{-0.017\,6BW})$

　　用这个公式估计的日采食量除以日粮能量浓度 DE 就是日采

食量。NRC(1998)推荐 3～20 kg 体重的仔猪需要 3.4 Mcal DE/kg 日粮。

据报道,8 kg 以上仔猪能依饲粮消化能浓度调节采食量,以维持恒定的能量摄入量,但 8 kg 以下仔猪这种调节能力较差。因此,在配制 8 kg 以下体重的仔猪饲粮时,要适当提高日粮有效能,利用日粮影响仔猪对饲料的消化、吸收、代谢等环节。可从以下几个方面着手:饲养标准的调整;饲料原料的选择;饲料的酸碱度;微生态添加剂;酶制剂;离子平衡;饲料加工工艺等。

据报道,能量水平为 13.81～15.06 MJ DE/kg 时哺乳仔猪可获最佳生长速度和正常消化道发育,5～10 kg 体重的仔猪每日蛋白和消化能需要量分别为 100 g 和 1 594 kcal。据 Crystal levesque. M. sc 等(2006)研究,25～26 日龄自由采食的断奶仔猪(10～25 kg 体重),饲料可消化能含量在 3 350～3 650 kcal/kg 范围内时生长不受内在消化器官的食物容量限制,随着日粮能量浓度(脂肪添加比例)的增加,仔猪的日增重、日能量摄入量和饲料利用效率均线性增加。超过这个范围,再增加饲料中能量并不能促进生长和蛋白质存贮,这表明要突破仔猪生长限制不能靠简单地提高饲料能量水平。总的看来,生长期(25～35 kg 体重)对高能日粮的反应大于肥育期(55～100 kg),当能量水平增加 5% 时,生长猪的饲料效率改善 13.5%,肥育猪则改善 8.6%。

最新的美国 NSNG(2010)饲养标准推荐的各项营养指标比较高,断奶仔猪日粮 ME 高达 3.33 Mcal/kg,商品饲料做到这个水平会成本很高。断奶仔猪的营养需要量也应该随仔猪生产性能提高和市场目标而变化,在确定饲料产品标准时,最好依据这个标准进行修改。

(2)蛋白质和氨基酸水平的设置。一般认为,可以按蛋白质/能量比,氨基酸/能量比的原则设置蛋白质和赖氨酸水平(表4.10),然后根据理想蛋白质模型或理想氨基酸模型设计其他氨基

酸的水平。而我们认为,应该按照我们在本节前面给出的公式确定可消化蛋白质的需要量:

仔猪日粮真蛋白质需要量(%)= 2.288 33×可消化必需氨基酸之和/氨基酸平均消化率(%)

表 4.10　能量及赖氨酸能量比对仔猪生产性能的影响

赖氨酸和消化能之间的比率	消化能含量/(Mcal/kg)		
	3.17	3.34	3.51
3.04	450	455	464
3.47	461	492	491
3.91	487	517	501
4.37	488	490	470

限制仔猪生长的主要氨基酸是赖氨酸,所以设计仔猪饲料产品标准时应先确定日粮中赖氨酸的含量,然后按理想蛋白质模式确定其他氨基酸的比例,这样才能获得最佳生产效果。一般以可消化赖氨酸水平为 100%,确定其他氨基酸的水平,例如,根据NSNG(2010)推荐的标准,可消化苏氨酸应是可消化赖氨酸含量的 62.116%,可消化蛋氨酸应该是 28.122%,可消化异亮氨酸应为 55.081%。不过据报道,哺乳仔猪和早期断奶仔猪的苏氨酸需要量高于这个比例,Thr:Lys 须达到 0.65;色氨酸的需要量也可能高于这个标准,需要达到 Trp:Lys=0.22 才好。

谷氨酸虽不是必需氨基酸,但断奶时经常出现的肠道萎缩也许与谷氨酸缺乏有关。有报道血浆中的谷氨酸含量在断奶时明显下降,说明内源谷氨酸不能维持血液中的正常含量,而谷氨酸是维持肠道细胞正常的必需物质,所以谷氨酸可认为是一种断奶仔猪必需的氨基酸。关于仔猪肠道的营养,包括肠道的氨基酸代谢和小肽的消化吸收,是仔猪营养学领域的最新而且非常重要的研究成果。

6.5 kg 的断奶仔猪,消化能为 3.550 Mcal/kg (14.8 MJ/kg)
的日粮,断奶后维持基础代谢的需要,每天至少要采食 120 g 日
粮。仔猪的维持代谢能需要还与环境温度有关,环境温度对仔猪
采食量影响呈二次曲线关系,即猪随环境温度的升高最初吃得多,
而后吃得少。当有效温度(或实感温度,Tc)低于新陈代谢的舒适
温度时,猪会提高其能量的需求以抗御寒冷。新生仔猪适宜温度
为 32~34℃,环境温度低于临界温度 1℃时,代谢能需提高 2%~
5%。NRC(1998)给出的环境温度对维持能量需要的影响:在环
境温度(T)低于最适温度(Tc)时,热损失的增加(ΔT)与猪的体重
(W)呈线性关系:

$$\Delta T=(1.31\times W+95)(Tc-T)(\text{kJ/d}) \tag{3}$$

式中:W 为体重(kg),Tc 和 T 分别为临界温度和环境温度(℃)。
可据此式计算任何低温环境下能量需要量的增加量。

美国 NSNG(2010)推荐的标准,不仅能量浓度高,每兆卡代
谢能含可利用赖氨酸 0.393 393~0.375 375 g,远高于 NRC
(1998)推荐的标准。

(3)有人建议提高断奶仔猪第一阶段日粮中的粗纤维水平来
促进肠道功能发育,以减少食糜排空时间,从而减少用作细菌生长
底物的有效率,这是不科学的(参见表 4.11)。目前使用的 21 d 断
奶的仔猪日粮,虽没限制粗纤维含量,但是高营养浓度要求的原料
种类限制了粗纤维含量(<3%)。

表 4.11　日粮消化率对体重 10 kg 仔猪采食量的影响

日粮消化率	采食量/(kg/d)
90	0.8
80	0.4
75	0.32

（4）其他养分指标的设置。确定有效的抗生素和在日粮中添加的时间很关键，定期轮换使用抗生素可避免产生耐药性。可以参考 NSNG(2010)标准，维生素和微量元素水平取其上中值，而钙、磷、钠、钾等大量矿物质的需要量指标可以直接参考使用。

（5）关于通过模型计算的需要量。现在不断推出一些模型，以预测或计算在某一生产条件下动物的营养需要。现在的推算已扩大到总氨基酸或有效氨基酸的需要量。在明确品种等各相关因素较为接近的条件下，这些公式在辅助确定执行标准时有重要参考价值。但计算值仍需加上安全系数，并考虑加工因素的影响。公式很多，有时计算结果相差很大，设计时需了解其权威性、建立公式的基础条件，并与经验值进行比较（可以参见表 4.12）。

表 4.12　断奶仔猪日粮的典型营养水平

营养水平	阶段 I 第 1 周	阶段 II 第 2,3 周	阶段 III 第 4,5 周
粗蛋白/%	21.30	20.80	20.70
赖氨酸/%	1.50	1.40	1.14
蛋氨酸/%	0.37	0.35	0.32
有效磷/%	0.50	0.45	0.35
钙/%	0.85	0.80	0.71
添加锌 Zn/(mg/kg)	3 000	2 000	100
添加铜 Cu/(mg/kg)	8.0	8.0	210.0
代谢能/(kcal/kg)	3 065	3 106	3 339

资料来源：Illinois 大学试验猪场，2000。

第3节　最佳饲料配方

饲料不是兽药,靠一个"经典"配方解决所有问题不现实,以不变应万变的饲料配方不可能完美。饲料原料的质量、价格不断变动;饲养管理方式各不相同;仔猪品种、发育阶段、健康状况、环境等常有不同;猪遗传性能每年会有改良,营养需要也变化,新的研究成果不断涌现;特殊情况,例如季节变化,或发生某些传染病以及营养代谢性疾病时,都要适当调整饲料配方中有关原料的配合比例或某一营养指标的水平。

离开市场的饲料配方设计是研究者的工作,不是商品饲料的产品目标。对饲料配方适时调整的目的,就是为使所设计的饲料配方能调制出在营养方面可满足需要,在价格方面比较低廉,性能方面适应市场的配合饲料。所以制作饲料配方的依据主要有:①动物营养需要参数(饲养标准):确定关键营养指标及其容许变动范围,在数学规划中作为营养约束条件。②饲料营养价值资料:关键营养指标的化学含量或可利用量;各种饲料用量的适宜范围。③添加剂使用说明:有效成分含量、用量、配伍禁忌和特殊使用方法等。④原料价格:设计最低成本配方时必备。⑤饲料生产加工对饲料营养的影响:这是调整饲养标准所必须考虑的。

§3.1　实际例子

现有玉米、大麦、小麦三种饲料原料各 900 kg,三种原料的养分数据和市价见表 4.13,要为猪、牛、鸡三种动物各配合 900 kg 饲料,怎样安排这些饲料,才能使生产成本最低而获得的有效能又最高呢? ——本例引自《配合饲料配方计算手册》。

表 4.13　几种高能量饲料原料的基本数据

原料名称	动物	价格/(元/kg)(C)	有效能/(MJ/kg)(N)	营养成本/(C/N)
玉米	猪		3.45(DE)	0.348
	牛	1.2	2.20(NE)	0.545
	鸡		3.36(ME)	0.357
大米	猪		3.50(DE)	0.640
	牛	2.24	2.00(NE)	1.120
	鸡		3.37(ME)	0.655
小麦	猪		3.50(DE)	0.411
	牛	1.44	2.00(NE)	0.720
	鸡		3.08(ME)	0.468

注:DE 为消化能;NE 为产奶净能;ME 为代谢能。

第一种分配方案:平均分配。每种动物各分给 300 kg 玉米,300 kg 大米和 300 kg 小麦,则:猪获得消化能 3 135 Mcal(3.45×300+3.50×300+3.50×300);牛获得净能 1 860 Mcal(2.20×300+2.00×300+2.00×300);鸡获得代谢能 2 943 Mcal(3.36×300+3.37×300+3.08×300)。三种动物共可获有效能 7 938 Mcal,合计成本 4 392 元,每兆卡有效能成本为 4 392/7 938＝0.553 3 元(即 550.3 元/kMcal)。

第二种分配方案:把玉米分配给牛,把大米分配给鸡,把小麦分配给猪。结果是:猪获消化能 3 150 Mcal(3.50×900);牛获净能 1 980 Mcal(2.20×900);鸡获代谢能 3 033 Mcal(3.37×900)。三种动物共获有效能 8 163 Mcal,合计成本仍是 4 392 元,每兆卡有效能成本为 0.538 元(即 538 元/kMcal)。

通过上述计算可以看出,两种分配方案第二种较好,每千兆卡有效能的成本比第一种分配方案低 15.3 元。当然,在资源丰富时

全用玉米最好。如果猪、牛、鸡都用 900 kg 玉米,则共可获有效能
8 109 Mcal,总成本 3 240 元。每千兆卡有效能合 399.56 元,比上
述第二种分配方案还低 138.44 元/kMcal。

通过实例可看出,不同配方有不同成本。所谓最佳饲料配方
是指,在一组给定的饲料原料中,通过最佳搭配,使配方既满足饲
养标准,又成本最低,同时充分利用资源。

§3.2　最佳饲料配方的概念

(1)一般把用线性规划法设计的,既满足动物对多种养分的需
要,又使饲料成本达到最低的饲料配方称为最佳饲料配方。

(2)饲养标准一般都给出动物每天的最大最小采食量,例如我
国猪饲养标准(2004),15～30 kg 生长育肥猪日平均采食量可以
在 1.28～1.36 kg 之间变动。先把饲养标准换算为各种养分与能
量的比例,即以能量为单位的养分浓度,然后,再根据单位有效能
量成本最低的原则确定饲养标准。这里需要强调,能量不可过低,
否则因为日粮采食量的限制而得不到足够的每天养分需要量。一
般地说,在饲养标准给出的采食量上下波动 5% 是没问题的。

(3)"日粮营养平衡"不仅要求各种养分指标的平衡,而且包括
蛋白能量比、氨基酸能量比、必需氨基酸与非必需氨基酸之比、钙
磷比、酸碱平衡、离子平衡和渗透压平衡等。

由于不同地点、不同时间所能获得的饲料原料及其养分含量、
营养价值和价格不同,所以,随时间、地点和价格的变化,最佳饲料
配方也随之改变。换句话说,没有永远最佳的饲料配方。

(4)在"多配方"规划模型中的数学原理不变,只是应用上有了
新的策略。所以在讨论"最佳饲料配方"的概念时,可以暂不考虑
多配方模型问题。

§3.3　饲料配方线性规划法的数学模型

Waugh(1951)首次提出了线性规划配方模型(LP,linear programming)。饲料配方数学模型的一般化形式如下。

假定在饲料配方中第 j 种饲料原料的用量为 $X_j(j=1,2,\cdots m)$，显然有 $X_j \geqslant 0$。假定在设计饲料配方时考虑的营养指标有 n 项，第 j 种饲料原料的第 i 个养分的含量记为 a_{ij}，则显然有 $a_{ij} \geqslant 0$，不过实践中，a_{ij} 多是化验结果，或从国家公布的饲料数据库查取。假定在设计饲料配方时选择的饲养标准中的 n 项营养指标，例如能量、粗蛋白质、钙、磷、赖氨酸、蛋氨酸等，分别记为 b_1，$b_2,\cdots,b_n$，则显然有 $b_i \geqslant 0$。如果记第 j 种饲料原料售价为 c_j，则饲料配方的成本为：

$$C=c_1 X_1+c_2 X_2+\cdots+c_m X_m \tag{1}$$

我们设计饲料配方就是要求在满足下述方程组(2)的约束条件的情况下使式(1)的 C 最小。

$$\begin{cases} a_{11}X_1+a_{12}X_2+\cdots+a_{1m}X_m \geqslant b_1 \\ a_{21}X_1+a_{22}X_2+\cdots+a_{2m}X_m \geqslant b_2 \\ \qquad\qquad \cdots\cdots \\ a_{n1}X_1+a_{n2}X_2+\cdots+a_{nm}X_m \geqslant b_n \\ X_i \geqslant 0, i=1,2,\cdots,m \end{cases} \tag{2}$$

在线性规划中显然有 $a_{ij} \geqslant 0, b_i \geqslant 0, c_j \geqslant 0$，且 a_{ij}，b_i 和 c_j 都是常数。

这就是设计饲料配方的线性规划法的数学模型。

实践中，配方师经常假定原料价格、质量和饲养标准等为常数，然而事实远非如此。为有效驾驭线性规划模型参数的波动，需要进一步研究影子价格和灵敏度分析问题。合格的配方师要懂点数学,要明白饲料配方线性规划模型对应的对偶模型问题、模型应用及其经济学含义。

利用线性规划的优化方法设计饲料配方时,得到的最低成本配方是在一组特定条件下的结果。当这些条件包括原料的养分含量、饲养标准、用量有限制的原料用量及原料价格等任何一个发生变化时,一般会影响到最终配方成本。而配方师不能控制原料质量和价格,只能控制配合饲料或浓缩饲料的营养指标和对应的配方成本,即所谓的产品质量与成本控制。

第4节 影子价格

目前多数配方师是用线性规划法设计饲料配方,但是研究营养的人常对线性规划的数学原理所知甚少,尤其是其中的影子价格及其灵敏度分析,以至于常见有很多曲解或误用。本节目的是,以配方设计示例,由简单到复杂,探讨影子价格及其在饲料配方设计中的意义和作用。

§4.1 饲料原料的影子价格

常有根据原料的可消化干物质或可消化蛋白质含量来评价饲料价格高低者(表4.14)。这种评价标准不合理,因为在线性规划中一种原料的价格高低是相对于可用的原料—市场系统而言的。

表 4.14 猪对饲粮养分回肠表观消化率(%,风干基础)

项目	粗蛋白/%	DM消化率/%	CP消化率	价格/(元/kg)	可消化粗蛋白/%	可消化CP/(元/kg)	可消化DM/(元/kg)
日粮	15	82	74	3	11.10	27.03	36.59
棉籽粕	43.50	61	41	1.9	17.84	10.65	31.15
菜籽粕	38.60	52	39	1.8	15.05	11.96	34.62
玉米	8.70	77	57	2.1	4.96	42.35	27.28

根据线性规划模型对影子价格的基本定义,某种原料的影子价格是指:在得到最佳配方后,配方中某种原料的用量增加一个单位,使饲料配方成本增加的量。例如棉粕有毒,在饲料配方中的用量一般要限制。如果在用线性规划法设计好的最佳配方的基础上修改饲料配方,饲料配方中再多用一个单位的棉籽粕(当然就要相应地降低其他原料的用量)可使配方成本增加-0.05元/kg,则这个-0.05元/kg就是棉粕的影子价格。可由下列简化方式理解:

$$\Delta C_i = x_i \text{ 的影子价格} \times \Delta x_i$$

式中:C 为目标函数,ΔC_i 为由于第 i 种原料改变一个单位导致的目标函数的改变量;x_i 为第 i 种饲料原料;Δx_i 为第 i 种饲料原料的改变量。所以,某种原料的影子价格就表示该原料对目标函数的影响度。

为便于理解影子价格的实际意义,下面举一最简单的配方设计例子。

设有玉米和棉粕两种原料,其粗蛋白含量分别为 8.7% 和 37.0%,价格分别为 $c_1 = 1.2$ 元/kg 和 $c_2 = 1.5$ 元/kg。现在要用这两种原料配制含粗蛋白为 16% 的配合饲料,问:怎样设计饲料配方才能既满足粗蛋白需要又成本最低?

设玉米用量为 x_1,棉籽粕用量为 x_2,则按题意可得下列方程组

$$\begin{cases} \text{目标:} \min C = c_1 x_1 + c_2 x_2 & \qquad (1) \\ \\ \text{约束条件:} 8.7 x_1 + 37 x_2 = 16 & \qquad (2) \end{cases}$$

把式(2)改写为 $x_2 = 16/37 - (8.7/37) x_1$,即

$$x_2 = 0.432\ 4 - (8.7/37) x_1 \qquad (3)$$

此式表明,玉米用量(x_1)与棉籽粕用量(x_2)呈反比例关系。玉米用量 x_1 每增加 1 个单位时,棉籽粕用量 x_2 就下降(8.7/37.0)个单位。就是说,玉米对棉籽粕的边际代替率为(8.7/37.0)。如用

Δx_1 和 Δx_2 分别表示 x_1 和 x_2 的微小变化(增量),则可写出:

$$\Delta x_2 / \Delta x_1 = 8.7/37$$

所以我们可把式(3)写为:

$$x_2 = 0.432\ 4 - (\Delta x_2 / \Delta x_1) x_1 \tag{4}$$

把此式代入目标函数式(1)可得:

$$
\begin{aligned}
C &= c_1 x_1 + c_2 x_2 \\
&= c_1 x_1 + c_2 [0.432\ 4 - (\Delta x_2 / \Delta x_1) x_1] \\
&= c_1 x_1 + 0.432\ 4 c_2 - c_2 (\Delta x_2 / \Delta x_1) x_1], \text{即} \\
C &= 0.432\ 4 c_2 + [c_1 - c_2 (\Delta x_2 / \Delta x_1)] x_1 \tag{5}
\end{aligned}
$$

由此式可看出,当 $[c_1 - c_2 (\Delta x_2 / \Delta x_1)]$ 为正值时,降低玉米用量 x_1 就可降低配方成本 C,把 x_2 增至最大限度,就可求得最小化的配方成本 min$C$;当 $[c_1 - c_2 (\Delta x_2 / \Delta x_1)]$ 为负值时,提高玉米用量 x_1 可降低配方成本 C,把 x_1 提高到最大限度,就可求得最小化的配方成本 min$C$。

所以不难看出,因子 $[c_1 - c_2 (\Delta x_2 / \Delta x_1)]$ 决定了玉米用量 x_1 多了好还是少了好。如果用 ΔZ 表示 $[c_1 - c_2 (\Delta x_2 / \Delta x_1)]$,记为

$$\Delta Z = [c_1 - c_2 (\Delta x_2 / \Delta x_1)] \tag{6}$$

则实践中就可把 ΔZ 当作判别式使用。当 ΔZ 为正值时,降低玉米用量 x_1 可降低配方成本 C;当 ΔZ 为负值时,增加玉米用量 x_1 就可降低配方成本 C。这里的 ΔZ 就相当于一般饲料配方线性规划中的影子价格。

例中,把已知数据代入式(6)可得:$\Delta Z = 1.2 - 1.5 \times (8.7/37) = 0.847\ 3$,所以应尽量降低玉米用量 x_1,这样可降低配方成本。在本例中:x_1 取最小值 0,这时不用玉米,而全用棉籽粕。

§4.2　饲料养分的影子价格

在线性规划的数学理论上,影子价格还包括规划模型右手侧约束值的影子价格,在饲料配方规划模型中就是饲养标准中各养分指标的影子价格。假定在设计饲料配方时考虑的营养指标有 n 项,例如能量、粗蛋白质、钙、磷、赖氨酸、蛋氨酸等,记为 b_i, $i=1,\cdots,n$ 线性规划理论中约束值的影子价格就是指饲养标准中各养分指标 b_i 的影子价格。根据线性规划模型对影子价格的基本定义,饲料配方中某个营养指标的影子价格指的是,在得到最佳配方后,该营养指标的约束值改变一个单位,导致配方成本的改变量。也可由简化方式理解:

$$\Delta C_i = b_i \text{ 的影子价格} \times \Delta b_i$$

式中:C 为目标函数,ΔC_i 为由于第 i 个养分指标改变一个单位导致的目标函数的改变量;b_i 为第 i 个养分指标;Δb_i 为第 i 种养分指标的改变量。所以,某种养分指标的影子价格就表示该养分指标对目标函数的影响度。

假设要设计生长猪的饲料配方。要求营养水平为可消化蛋白 16.5 g,钙 8.7 g,有效磷 0.45 g。已知有四种原料,玉米(x_1)、豆粕(x_2)、骨粉(x_3)和贝壳粉(x_4)的价格分别为 0.48 元/kg、0.94 元/kg、0.75 元/kg 和 0.11 元/kg,它们的养分含量可从《中国饲料数据库》查到。问:四种原料各用多少,才能使配合饲料成本最低,又能满足生长猪对粗蛋白质、钙和有效磷的需要?

这个问题的线性规划模型为:

$$\min C = 0.48x_1 + 0.94x_2 + 0.75x_3 + 0.11x_4$$

$$s.t. \begin{cases} 85x_1 + 450x_2 + 0.0x_3 + 0.0x_4 \geqslant 165 \\ 0.2x_1 + 3.2x_2 + 280x_3 + 350x_4 \geqslant 87 \\ 1.2x_1 + 3.1x_2 + 100x_3 + 0.0x_4 \geqslant 4.5 \\ x_j \geqslant 0, j = 1,2,3,4 \end{cases}$$

一般情况下,假定有 n 种饲料原料,第 j 种原料的价格为 c_j;假定设计饲料配方时要考虑的营养指标有 m 个,第 j 种饲料原料的第 i 种养分含量是 a_{ij};记饲养标准中第 i 个营养指标的饲养标准值为 b_i。则规划饲料配方的数学模型可一般写作

$$(LP) \quad \min C = \sum_{j=1}^{n} c_j x_j$$

$$s.t. \begin{cases} \sum_{j=1}^{n} a_{ij}x_j \geqslant b_i, i=1,\cdots,m \\ x_j \geqslant 0, j=1,\cdots,n \end{cases}$$

式中:x_j 为第 j 种饲料原料在饲料配方中的用量,是决策变量。

上述线性规划(LP)问题的对偶线性规划问题可以写为:

$$(DLP) \quad \max G = \sum_{i=1}^{m} b_i y_i$$

$$s.t. \left\{ \sum_{i=1}^{m} a_{ij}y_i \leqslant c_j, j=1,\cdots,n \right.$$

对原线性规划问题(LP)引入松弛变量 $x_{n+1}, x_{n+2}, \cdots x_{n+m}$,化为标准形

$$(LPI) \min S = CX$$

$$s.t. \begin{cases} AX=b \\ X \geqslant 0 \end{cases}$$

式中:$X=(x_1,x_2,\cdots,x_n,x_{n+1},x_{n+2},\cdots,x_{n+m})^T, C=(c_1,c_2,\cdots,c_n,$
$0,0,\cdots,0), b=(b_1,b_2,\cdots,b_m)^T, A=$

$$\begin{bmatrix} a_{11} & a_{12} & \cdots & a_{1n} & 1 & 0 & \cdots & 0 \\ a_{21} & a_{22} & \cdots & a_{2n} & 0 & 1 & \cdots & 0 \\ \vdots & \vdots & \vdots & \vdots & \vdots & \vdots & \vdots & \vdots \\ a_{m1} & a_{m2} & \cdots & a_{mn} & 0 & 0 & \cdots & 1 \end{bmatrix}$$,如果矩阵 A 行满秩,即

$rank(A)=m$,则 A 的任一非奇异子矩阵 B(即行列式 $|B| \neq 0$)都

是 LPI 的一个基。把变量的顺序及其相应的系数重新排列，可用分块矩阵记为：

$$X = \begin{bmatrix} X_B \\ X_N \end{bmatrix}, A = (B, N), C = (C_B, C_N),$$

则有 $AX = \begin{bmatrix} B & N \end{bmatrix} \begin{bmatrix} X_B \\ X_N \end{bmatrix} = \begin{bmatrix} BX_B + NX_N \end{bmatrix} = b$，所以只需要令 $X_{m+1}, X_{m+2}, \cdots, X_n = 0$，即可解出在此基下的唯一解（基本解）：$X_B = B^{-1}b - B^{-1}NX_N$。如果此解既满足 $AX = b$ 又有 $X_i \geqslant 0$，则此解基本可行（故称为可行解或基本可行解）。把基本可行解带入目标函数，

$$\begin{aligned} S &= \begin{bmatrix} C_B & C_N \end{bmatrix} \begin{bmatrix} X_B \\ X_N \end{bmatrix} \\ &= C_B X_B + C_N X_N \\ &= C_B(B^{-1}b - B^{-1}NX_N) + C_N X_N \\ &= C_B B^{-1}b - (C_B B^{-1}N - C_N)X_N \end{aligned}$$

可见，只有 $B^{-1}b \geqslant 0$ 且 $C - C_B B^{-1}A \geqslant 0$，才有 $\min S = C_B B^{-1}b$，这时基 B 称为线性规划问题 LPI 的最优基 B，所以 LPI 的最优解为 $X_B = B^{-1}b, X_N = 0, \min S = C_B B^{-1}b$，由此舍去松弛变量就可得到原线性规划问题 LP 的最优解。

根据对偶定理，原 LP 问题的 DLP 问题有最优解

$$Y = (y_1, y_2, \cdots, y_m) = C_B B^{-1}, \quad \max G = \min S = C_B B^{-1}b$$

这里的 $y_i(i = 1, 2, \cdots, m)$ 就是第 i 种养分资源的影子价格。

§4.3　影子价格的意义

如果 B 是线性规划问题 LPI 的最优基，DLP 的最优解 $Y = (y_1, y_2, \cdots, y_m) = C_B B^{-1}, G = S = C_B B^{-1}b$，则 $G = S = C_B B^{-1}b =$

Yb，求矩阵导数，有 $\partial S/\partial b = \partial G/\partial b = (y_1, y_2, \cdots, y_m)$，所以变量 y_1，$y_2, \cdots, y_m$ 的经济意义是：在其他条件不变（最优基也不变）的情况下，单位养分变化引起的目标函数最优值的改变；或求偏导数 $\partial S/\partial b_i = \partial G/\partial b_i = y_i (i = 1, 2, \cdots, m)$，表示在其他条件不变时，第 i 个营养指标的单位变化引起的配方成本改变量。这说明 y_i 代表第 i 种养分指标在最优决策下的边际价值。

由于影子价格是养分在最优决策下边际价值的反映，所以没有最优决策就没有影子价格。同一养分在不同的原料市场限制和不同决策下影子价格可能不同，因此影子价格是受原料市场和质量本身客观条件制约的。由问题 LP 与问题 DLP 的最优解之间的关系 $minG = maxS = C_B B^{-1} b = Yb$，说明养分的影子价格定量反映了养分在最优决策下应为配方成本（总收益）提供的价值。

值得指出的是，若某种养分的影子价格等于零，则说明这个养分指标在给定条件下适当改变不影响配方成本。

上述理论分析表明，影响影子价格的因素主要有：配合饲料产品定位、原料质量、原料市场价格结构和配方设计时的约束条件等。

第5节　影子价格在饲料配方设计上的应用

§5.1　根据影子价格调整饲料配方

原料的影子价格揭示了当增减参与计算的饲料原料时对最终配方成本的影响程度。某原料影子价格的绝对值越大，表明其对配方的最低成本影响越突出；而影子价格为"零"的原料是指其在特定取值范围内，该指标的达成对最低成本不构成影响。从经济上讲，某原料（养分）的影子价格是对每单位该原料在特定条件下最优配置时的边际效益的估价，所以可根据影子价格有把握地调整饲料配方。一般说来，当某原料影子价格为负值时，增加该原料在饲料配方中的用量,可降低配合饲料成本;当某原料影子价格为正值时,降低该原料在饲料配方中的用量,可降低配方成本。

利用 Excel2000 以后的版本设计饲料配方时,可以在筛选出最低成本配方的同时,直接在原料价格的灵敏度一栏中得到参选原料影子价格的信息。

值得注意的是,设计饲料配方时各原料的影子价格不是固定不变的,当参与规划饲料配方的各种原料的价格、质量、用量限制和饲养标准有任何变化时,各种原料的影子价格都有可能发生变化——也就是说有可能规划出另外一个饲料配方及其影子价格,甚至原来为正的影子价格改变为负的影子价格。

再就是,在设计饲料配方时,影子价格分析只对那些设计饲料配方之前设置了限制用量的饲料原料有实际价值,而那些没有对用量设置限制的原料,其影子价格只有理论意义。因为在优化过程中,已把那些没用量限制的饲料原料用到了最佳量。或者说,规划结果就是在给定的约束条件下,各种饲料原料(包括设置了约束和没设置约束的原料)的最佳配比,也就是最佳饲料配方。

§5.2　根据影子价格调整饲养标准

各种养分指标即资源的影子价格,能从量上指导配方师有针对性地调整饲养标准。在配合饲料中最重要的营养指标是能量和蛋白质,其他指标常以这两个指标为基础而定。所以配合饲料的成本主要取决于这两个指标以及与之相对应的原料。这两个指标常允许在一定范围内变动,即是说,蛋白能量比在一定范围内变化时不影响动物生产性能,所以,在设计饲料配方时,可根据影子价格在营养平衡允许的范围内调整蛋白能量比和其他营养指标。

一般可通过计算能量和蛋白质的影子价格大致确定。理论上说,当某养分的影子价格为负值时,可把配方标准中该养分的指标调整到最高限度,当某养分的影子价格为正值时,可把配方标准中该养分指标调整到最低限度。氨基酸指标按理想氨基酸模式中各种氨基酸与蛋白质的比例确定。然而实际与理论常有巨大差异。据笔者经验,在设计饲料配方时,多数养分指标的影子价格都是正数。所以在实践中通常可以遇见的情况是,降低任何一个养分指标都会降低饲料配方的成本,当然,按照营养平衡原则,把全部营养指标都按平衡比例降低时,饲料配方的成本一定是会随着降低的,不用复杂的数学规划。

出现这种现象的原因,一方面是由饲料原料的性质决定,另一方面,是由饲料配方的规划原理决定的。首先,各营养成分不是单独存在的资源,而是以多种成分同时存在于一种饲料原料中,我们不可能孤立地"买"、"卖"或投入某一养分(市场上有售的氨基酸和维生素例外)。其次,在约束的营养成分之间,尤其是能量和其他营养成分间存在密切关系。如果把能量视为依变量,其他营养成分则是自变量。就饲料配方而言,它必须是营养平衡的。只有能量和其他营养成分在配方中保持一定比例关系,这个饲料配方才有使用价值。对于多数饲养标准来说,各营养成分需要量之间的相互关系已经确立。一个合格的配方师在设定营养指标时,已将各养分需要量之间的相互平衡关系考虑在内,只不过是在建立最低成本配方的线性规划模型时,将各营养成分约束条件"简化"或"假设"为独立变量。许多实际问题都是经过简化后,再建立起数学模型,因此,线性规划所提供的数学原理,在用于实际设计饲料配方时,还要注意具体问题具体分析。

不过有时会出现某种养分指标的影子价格为负值。如果根据这个数学分析的结果来调整饲料配方的营养指标,往往导致饲料配方营养不平衡,降低饲料使用的效果,尤其是饲料转化率,这将导致资源浪费。例如,笔者曾注意到精氨酸的影子价格有时为负值,如果仅仅根据数学原理,孤立地提高精氨酸的约束值(而不相应地提高蛋白质、赖氨酸等的约束值),必然导致氨基酸不平衡。

但是对养分的影子价格进行数学分析依然有巨大经济价值，至少对饲料配方设计有理论指导意义。因为家畜对日粮各种养分的需要量及其相互比例不是不可改变的，其中蛋白能量比最有经济价值。例如在仔猪饲料生产中，蛋白能量比（g/Mcal）至少可在 58～65 之间变化，而市场上蛋白质资源（典型代表是豆粕）和能量资源（典型代表是玉米）的相对价格经常变化，当能量资源贵时就可提高蛋白能量比，当蛋白质资源贵时就可降低蛋白能量比。当然，不同蛋白能量比的饲料会影响采食量甚至料肉比，所以要权衡饲料成本的降低与仔猪性能的关系，根据具体情况作出决策，这就为配方师提供了发挥技术优势的空间。

值得注意的是，饲料配方设计标准中各养分的影子价格也不是固定不变的，会随着各种养分指标的消长而发生位置的更换，或不构成影响的资源变成有影响的，犹如人们熟悉的限制性氨基酸顺序的变化。因此还必须研究资源影子价格的有效区间，体现影子价格的相对稳定性。

§5.3　根据影子价格评价原料

评价饲料原料的传统方法是计算饲料原料中每种主要营养指标（如蛋白质、限制性氨基酸、ME 等）的价格，这种方法往往不能表明饲料原料在配方中的真实价值。因为一种饲料原料的实际价值取决于一定的原料质量-价格环境，与其他原料的质量-价格有关，当然还与前已述及的营养指标和全部可用原料的约束条件有关，在规划配方的动态运算中是以各种原料满足约束条件的能力为依据。影子价格指的是原料之间的"相对价格"，即一种原料与另一种或几种原料相互取代所导致的优化配方成本差异。

某个原料的影子价格还受饲养标准的影响，在同一原料质量-价格环境中，对于不同产品定位的配合饲料，某个原料的影子价格可能会有变化。例如,对于营养浓度较高的配合饲料,规划结果可能是选用鱼粉,对于营养浓度较低的配合饲料,在同样的原料质量—市场价格条件下,规划结果可能是选用豆粕,甚至是棉籽粕或菜籽粕。

所以,评价某个饲料原料时,最好是把它的质量-价格放在本厂可用原料和产品定位结构中进行分析,或者模拟设计一下饲料配方,根据其影子价格决定是否购入。

饲料添加剂属于饲料原料的一种,完全适合于影子价格分析。不过对于单项添加剂原料,不需要使用线性规划方法就可以评比哪种原料的性价比更好。

根据影子价格原理有针对性调整饲料配方,可以有效降低饲料配方成本。

由于配合饲料产品定位、原料质量、原料市场价格结构和配方设计时的约束条件等都可以影响影子价格,所以还需要深入探讨这些因素影响配方设计结果的规律,影子价格的灵敏度分析可以解决一些问题。

§5.4 线性规划法的重要缺陷

饲料配方的线性规划模型是建立在一些与实际不符的基本假定之上的,例如假定某种饲料原料的某种养分含量、饲料原料的市场价格和配合饲料的质量等都是常数,这与实际不符(这个可以从表4.15看出),所以用线性规划法只能设计出近似最佳的饲料配方。

饲料配方规划时的养分数据误差,主要来自配方中量大的主要组分的营养素数据取值。说白了就是玉米(占50%~70%)和大豆粕(占15%~20%)的营养指标数据取值。一般而言,粗蛋白质可以造成正负1%的误差,能量可以造成正负1 MJ/kg的误差。

表 4.15 回肠标准可消化氨基酸的变异 %

	d 赖氨酸			d 蛋氨酸		
	平均	标准差	CV	平均	标准差	CV
玉米	0.19	0.02	11	0.15	0.03	20
豆粕	2.44	0.25	10	0.55	0.06	11
菜籽粕	1.38	0.34	25	0.58	0.05	9
肉骨粉	2.20	0.63	29	0.69	0.22	32
羽禽粉	1.34	0.25	19	0.45	0.11	24
鱼粉	4.38	0.77	18	1.64	0.31	19

有四种措施可解决饲料原料营养价值变异对配方质量稳定性的影响:一是实测有效含量,但多数情况下,尤其是中小型饲料厂此措施难以实现。二是利用回归公式,根据实际情况监测的指标估计有效含量。三是根据安全限量设计配方或设计概率饲料配方。四是添加酶制剂等生产调节剂,提高饲粮营养物质利用率。

理论上说,不仅饲养标准 $b=(b_1, b_2, \cdots, b_m)^T$ 中的各分量不相互独立,或者表示为其协方差不为零,记为 $Cov(b_1, b_2) \neq 0$,例如日粮中的蛋白质也含有能量,提高蛋白质水平时日粮的能量水平也会提高;而且更重要的是,饲料原料养分数据矩阵 $A = \begin{bmatrix} a_{11} & \cdots & a_{1n} \\ \vdots & & \vdots \\ a_{m1} & \cdots & a_{mn} \end{bmatrix}$ 中的每一个列向量的方差-协方差矩阵也不是对角矩阵,换言之,各种饲料原料中,不同养分都是随机变量而不是常数,每种饲料原料内各种养分之间存在相关而不是相互独立,见表 4.15,这其实也是我们根据某些化验的饲料养分指标预测另外的营养指标的理论依据。每种饲料原料内各种养分指标之间不独立,可以记为 $Cov(a_{ij}, a_{ik}) \neq 0$;第三是饲料原料的价格向量 $C = (c_1, c_2, \cdots, c_m)^T$,其元素也不是相互独立的常数,而是有很大的相关,例如在豆粕涨价时,其他蛋白质原料常常是跟着涨价的,这就是说,$Cov(c_1, c_2) \neq 0$。

还有日粮的消化率,尤其是日粮中某种饲料原料的特定养分的消化率,受仔猪状况、饲料原料和饲养管理条件等因素影响巨大,也不是常量,而是随机变量。

而线性规划方法的基本假定是饲料原料养分数据矩阵 A,饲养标准向量 b 和饲料原料价格向量 C 都是常数,暗含的基本假定就是:

$$\begin{cases} Cov(a_{ij}, a_{ik} = 0 \\ Cov(b_j, b_k) = 0 \\ Cov(c_i, c_l) = 0 \end{cases}$$

根据上面的分析,这些假定显然是不成立的。这就是说,线性规划方法设计饲料配方,在理论上存在着原则性的缺陷。为了解决线性规划法在设计饲料配方时的不足,可以采用随机规划法(王继华等,2003),以某种概率保证设计的饲粮能满足动物的营养需要,将在本书后面章节详细讨论。

第6节　灵敏度分析

§6.1　灵敏度分析的意义

尽管资源影子价格的引入增加了计算结果的透明度,但还不能全面满足进行深层次配方设计的需求。在一般线性规划配方模型的基础上,还可利用数学规划的理论对原料价格的变动,动物营养需要的变化和饲料原料质量的波动做灵敏度分析:①获得保持原有配方不变时,各种原料价格的可变动范围,指导原料采购部门合理采购原料。②当线性规划的配方模型的养分系数即各种原料的养分含量在一定范围内发生变化时,如何制约配方计算结果的变化? 或配方不变时,究竟对配方的使用效果会带来多大不稳定性? ③当动物随生理状态变化需要改变饲养标准时,是否需要改变饲料配方? 这都是灵敏度分析可以解决的问题。

所以,实践中,配方师除经常从全厂考虑和分析各种配合饲料产品的生产和盈利状况外,还经常考虑和分析饲料配方何时需要修订。一个解决实际问题的线性规划模型,如果参数(包括 a_{ij}、b_i 和 c_j)有一定误差,那么最佳方案允许的误差范围是什么? 如果参数中的一个或几个发生了变化,这种变化对原最佳方案有什么影响? 这两个问题实质是一个问题,就是模型中的参数与实际情况出入达到多大,原来的最佳方案就不再是最佳方案? 在原最佳方案不继续使用时,怎样找到新的最佳方案?

可在原来计算结果的基础上,直接分析参数的变化对最优解的影响,从而判定最佳方案是否还能继续使用。如果不能继续使用,能不能直接通过对原来的最佳方案进行调整,不进行更多的计算就能得到新的最佳方案?

一般的专用饲料配方软件常可以在筛选出最低成本配方的同时,在原料价格的灵敏度一栏中得到参选原料灵敏度的上下限信息;原料的价格在灵敏度的上下限范围内变化时不需要修改饲料配方,超出灵敏度的上下限范围时,就需要修改饲料配方,也就是需要根据新的原料市场重新设计饲料配方。

§6.2　饲料原料价格的灵敏度分析

市场条件经常发生变化,原料价格 c_j 常会变化,某种原料的价格 c_j 变动多少,才需要修订原来的饲料配方呢? 通过灵敏度分析可了解目标函数式系数允许的增量和减量。在最优解(最佳饲料配方)保持不变的情况下,目标函数式中的系数(饲料原料价格)的变化范围反映了所获得配方对原料市场价格变化的适应能力。

如果原料价格变化在允许范围内,则不必更改配方。再者,我们还可以根据原料的影子价格作采购决策,克服以往原料采购依据经验判断甚至盲目采购的缺点。

对目标函数系数进行灵敏度分析——原料价格灵敏度分析,当原料价格在灵敏度分析给定范围内调整,最优解不变,不需要调整配方;超出范围时,最优解变化,最优基也可能改变,必须调整配方。

原料价格的灵敏度分析属于线性规划中的目标函数系数的灵敏度分析。在约束条件及其他参选原料价格不变的条件下,某一参选原料价格在其灵敏度范围内变动,不会改变配方。对入选原料来说,当该原料价格上升至灵敏度上限后,计算机即开始减少其在配方中的用量并相应补充其他相关参选原料,以实现"配方的单位成本最低"这一目标函数。因此,入选原料的灵敏度上限也就是该原料在该配方中的影子价格或边际价值。如出现没有灵敏度上限或原料灵敏度上限为无限大的情况时,其所提供的信息是:无论该原料价格上涨到多高,该原料在配方中的比例不会改变。这种情况对配方优化和饲料市场经营不利,应予以避免。避免的途径:一是引入尽可能多的市场上可以买到的同类原料,也就是与该原料有竞争关系的原料,例如玉米与大米、小麦、高粱之间作为能量饲料存在竞争关系,发酵豆粕、去皮豆粕与带皮豆粕、棉籽粕、菜籽粕之间作为蛋白饲料存在竞争关系;二是合理而适当地调整配方的约束条件。但是这对于有些原料并不合适,例如食盐在饲料配方中的用量,由于其他原料不含食盐,如果数学模型的约束条件中含有"食盐"的最低添加量,那么,无论食盐的市场价格如何变动,都不会影响食盐在饲料配方中的用量。

入选原料的灵敏度下限,其所表达的含义是:当该原料的市场价格下降到其灵敏度下限以下,且其他参选原料价格及所有约束条件均不改变时,计算机会选入更多的该原料,并相应降低其他原料在配方中的比例,以实现配方的单位成本最低这一目标函数。因此入选原料的灵敏度下限与原料的影子价格无关。根据线性规划模型导出的入选原料灵敏度低限有时会出现零或负值,这对于饲料原料的价格来说自然毫无意义。它所提供的信息是:在配方的约束条件和其他参选原料及其价格不变的条件下,该原料用量已达上限,不管该原料市场价格如何进一步下降,其在配方中的使用量不可能增加,除非对该原料设置了用量上限,并且人为提高该原料的上限,则重新运算规划出的饲料配方会增加该原料的用量,整个饲料配方的成本会有降低。如果该原料没有设置用量上限或者设置了上限而不改变其约束,并且其他约束条件和参选原料及其价格都不变,那么,该原料在配方中的使用量不可能增加,饲料配方的成本也就无从降低。这时影子价格的作用是,即使饲料公司的销售量或生产量不增加,如果该原料市场价格下降至远低于其影子价格并达到了历史上少见的"低谷"时,可以根据对市场前景的分析,资金及原料贮藏的技术条件,适当多购入一些该原料,以便在今后价格上涨的情况下,保证配方的低成本,或向市场出售。

对于未被选入配方的原料来说,当其市场价格降到其灵敏度下限以下,且其他参选原料、价格及所有约束条件均不改变时,计算机开始选入该原料。因此,线性规划中灵敏度下限也就是该原料在该配方中的影子价格或边际价值。未被选入配方的原料价格上涨不影响现有配方,因此不存在灵敏度上限,这是由线性规划的目标函数系数灵敏度的基本定义决定的。

§6.3　饲料原料养分含量的灵敏度分析

饲料原料的养分含量并非都可准确测定。不同产地的黄玉米其养分含量不同,国家公布的饲料数据库只是平均值,饲料厂借用时带有估计和预测性质,难免有误差(这个可以从表 4.16 看出)。

这样得到的饲料配方或影子价格只能是近似最佳或在一定范围内反映客观实际。当某种饲料原料的质量与原配方要求的质量相差很多时,就需要重新设计饲料配方。那么,当饲料原料的养分含量变动量 Δa_{ij} 达到多大,就需要重新设计饲料配方了? 这是灵敏度分析所要解决的问题之一。

表 4.16　2007 年中国饲料原料粗蛋白质和氨基酸含量的变异

	CP			赖氨酸			蛋氨酸		
	平均值/%	SD	CV/%	平均值/%	SD	CV/%	平均值/%	SD	CV/%
中国鱼粉	62.9	±3.67	5.8	4.47	±0.52	11.6	1.67	±0.17	10.4
进口鱼粉	65.3	±2.93	4.5	4.81	±0.44	9.1	1.78	±0.14	7.6
肉骨粉	53.1	±7.61	14.3	2.51	±0.83	33.1	0.70	±0.35	50.0
羽毛粉	85.1	±8.13	9.6	2.03	±0.32	15.8	4.74	±0.66	13.9
豆粕	44.1	±3.61	8.2	2.71	±0.21	7.8	0.60	±0.04	6.7
玉米蛋白粉	61.2	±6.58	10.8	0.91	±0.09	9.9	1.57	±0.13	8.3
菜籽粕	37.9	±1.18	3.1	1.85	±0.19	10.3	0.73	±0.03	4.1
棉籽粕	44.7	±3.17	7.1	1.79	±0.15	8.4	0.61	±0.05	8.2
麦麸	16.7	±1.15	6.9	0.61	±0.08	13.1	0.24	±0.02	8.3
玉米	8.0	±0.54	6.8	0.24	±0.01	4.2	0.16	±0.01	6.3

§6.4　饲养标准的灵敏度分析

配方师调整饲养标准就是调整线性规划模型约束方程右手侧的变量 b_i。生产上调整饲养标准后需要按照新标准设计新配方。不过,饲养标准变动不大时不必重新设计饲料配方。饲养标准 b_i 变动多少,才需要重新设计饲料配方呢?

约束限制值允许的增量和减量,指在保持最优解和其他条件不变的情况下,各个约束限制值的可变化范围,也就是指在此变化范围内约束条件的影子价格才能成立。这可为进一步调整约束条件提供参考。

灵敏度分析为解决上述问题提供了具体的方法和严格的理论依据。对约束值进行灵敏度分析——饲养标准的灵敏度分析,当约束值在灵敏度分析给定的范围内调整时,最优基(入选原料种类)不变,最优解(原料用量)有可能变动。

§6.5　养分影子价格与原料影子价格的关系

以上讨论的是不设约束条件的参选原料的影子价格。对于通过约束条件被计算机强迫纳入配方(≥)或限制其在配方中的使用量(≤)的原料影子价格,文献中涉及不多。一般说来,被设为约束条件的原料,其用量落在约束点(≤或≥)时,其影子价格可按线性规划模型约束条件的影子价格基本定义来确定,即在其他约束条件和其他原料价格不变条件下,该原料的约束值改变一个单位对配方成本的影响。需要提到的是,约束条件的影子价格,即原线性规划模型的对偶模型最优解的对偶变量,其具体数值仅适用于该约束条件的灵敏度范围。至于原料约束条件的影子价格对饲料配方、原料采购和原料管理的意义,则需要具体分析。如果对某一约束原料的影子价格分析表明,从配方中增加或减少一个单位或一个百分点,可以显著降低配方成本;而配方师所设定的约束值又不是绝对不可调整的,该原料的这一影子价格信息对进一步改进配方设计就很有价值。对于以固定量(如 1%)加入配方的预混料(或前例中的食盐)而言,其影子价格基本上没有意义。预混料的内涵是由营养配方师确定的各种微量添加成分,而以预混料形式按固定量加入配方是为了饲料加工工艺的需要,配方师对此一般无意改变。至于预混料各种微量添加成分(如营养性或药物性添加剂)的影子价格,将在随后的原料影子价格实际应用的举例中讨论。

　　常见到一些关于饲料影子价格的定义的讨论，使初学者难以理解。我们动物科学等非数学专业的科技人员，按照笔者的经验，可以去读有关的《线性规划》或《工程数学》方面的专著，更便于我们理解有关的数学原理。

　　Rossi(2004) 将饲料的影子价格定义为未被选入配方的原料灵敏度下限与该原料的市场价格之差，并认定入选原料的影子价格为零，这个定义不妥。影子价格的一般概念是对市场价格而言，反映优化利用条件下资源的实际价值的一种计算价格(何承耕等，2002)，因此不应当用与市场价格之差来表达，更不应当为零。饲料原料包括入选原料，作为一种资源，都存在着相对于其市场价格的影子价格。而在配方中的入选原料的灵敏度上限客观地反映了该原料在该配方中相对于相关原料的实际价值。当某入选饲料原料价格上升至灵敏度上限后，该原料在配方中的用量开始被其他原料取代，配方相应改变，这时电脑会显示出该原料的一个新灵敏度上限或新的影子价格，但已不是原来配方下的影子价格了。据此，Rossi (2004)提出了参数价格变化(parametric price changes)的概念。参数价格变化指的是当某入选饲料原料价格上升(下降)至灵敏度上限(下限)后，该原料在配方中的用量相应减少(增加)；据此还可以绘制出同一饲料配方约束条件及其他参选饲料原料价格不变条件下，该饲料在不同价格范围内在配方中用量的"关系图"或"价格图"。这对于饲料原料的采购与管理或有参考价值。

§6.6　饲料配方软件上的灵敏度分析

　　在市场出售的饲料配方软件中，有很多软件里说的影子价格并不是一般数学意义上的影子价格，估计是为了便于不懂数学的配方师使用，把灵敏度也称作影子价格，造成一些论述上的混乱。例如熊易强(2006)就曾经说，"在线性规划设计最佳饲料配方时，所有被选入配方中的原料(除了作为约束条件迫使进入配方的原料之外),市场价格必然低于其影子价格;所有未被选入配方的原料,市场价格必然高出其影子价格"。就笔者所知,有很多情况下某些原料的影子价格是负值,难道市场上还有价格为负数的饲料原料吗? 或者说,市场上还有倒贴钱的饲料原料吗?

参 考 文 献

[1] 范玉妹,徐尔,周汉良. 数学规划及其应用[M]. 北京:冶金工业出版社,2003.

[2] 胡迪先,王立常,夏先林,等. 配合饲料配方计算手册[M]. 成都:四川科学技术出版社,1987.

[3] S. S. Rao 著. 工程优化原理及应用[M]. 祁载康,等译. 北京:北京理工大学出版社,1990.

[4] 王继华,张乐颖,梁立军. 影子价格/灵敏度分析与饲料配方调整[J]. 邯郸农业高等专科学校学报,2005,22(1):1-4.

[5] 王继华,范聚芳,董瑞玲. 制定饲料配方数学方法的发展(J). 兽药与饲料添加剂,1999.

[6] 王继华,邢海军,张凤仪. 饲料配方模糊规划和随机规划原理[J]. 邯郸农业高等专科学校学报,2003,20(2):1-4.

[7] 熊易强. 饲料配方中影子价格的定义及其应用[J]. 饲料工业,2006(23).

[8] 熊易强. 饲料配方基础和关键点[J]. 饲料工业,2007,28(7):2-7.

第5章 饲料配方设计的新方法

本章讨论一些较新的设计饲料配方涉及的数学原理与方法，是配方师必须了解的重要技术。

第1节 原料的变异与饲料配方的精度

§1.1 饲料养分的变异

所有饲料，包括精饲料和副产品饲料，其营养成分都存在变异。变异是绝对客观存在的，甚至包括不同原料养分的消化率。营养学家必须学会在配制饲料时控制变异。饲料营养成分存在的变异会增加风险，增加成本。如果一种特定的饲料原料在批次之间存在较大的变异，配制日粮时必须提高添加量，以避免可能出现的营养缺乏（这增加了饲料成本），否则可能出现营养不足，降低生产性能。

尽管许多人在配制日粮时都在使用平均数，但很少有人在配制日粮时考虑和利用离散性数据。用简单的话说，离散性是用来确定你使用平均数时的可靠性的。如果取样的分布值的离散性非常大，在使用平均值时出现实际偏差的可能性就增大。对于一个正态分布的变量，最常用的离散性度量指标是标准差（SD），平均数 ± 0.5 SD 应当占所有观测值的 38%，平均数 ± 1 SD 应当占所有观测值的 68%，平均数 ± 2 SD 应当占所有观测值的 95%。例如，一个啤酒糟总体的粗蛋白平均水平是 25%，其标准差为 2，那么我们可以期望：来自该总体的样品有 68% 粗蛋白水平在 $23\%\sim$

27%范围内,有 95%的样品粗蛋白水平在 21%～29%范围内。标准差越小(相对于平均值),我们在利用平均值配制日粮时出现实际误差的可能性越小。

§1.2　变异的来源

如果我们能很好地理解饲料营养成分可能出现的变异来源,有助于我们确定利用哪些数据,如何利用这些数据。谷物和加工副产品的营养水平可能受到多种因素的影响:作物的遗传基础(品种、杂种等),生长的环境条件(气候、干旱、土壤肥力等)。副产品饲料还受到加工技术的影响。

上面提到的变异来源被认为是固定变异(就是说,其变异是可描述、可重复的)。例如,玉米杂种可能一直进行提高其籽粒蛋白质含量的选育,因而其籽粒蛋白质含量高于一般的玉米;酒精糟在生产过程中所使用的干燥温度非常高,导致其酒精糟酸性洗涤不溶蛋白质含量较高。干旱的天气可能导致玉米籽粒较小,增加其粗纤维的含量。另一类固定变异来源于化验室。尽管分析方法的标准化方面已取得了很大的进展,化验室可能使用不同的分析技术分析饲料营养含量。如果化验室 A 用亚硫酸盐测定中性洗涤纤维(NDF),而其他的化验室不使用亚硫酸盐,由于分析方法的不同,不同化验室的分析结果也不同。

另一种变异来源被称之为随机变异。我们不知道为什么数值会有差异,这种确实存在的变异我们无法解释。如果你从一批啤酒糟中取 10 个样品,并把这 10 个样品送化验室分析,你会得到 10 个稍稍不同的粗蛋白含量的数值。变异可能来源于这一批啤酒糟内部差异,也可能来源于化验室的随机误差。

一般在理想情况下,随机变异可以被视为总体内部存在的变异,而固定变异可被看作不同总体之间的变异。例如,由于制造工艺的不同,酒精厂 X 生产的酒精糟始终比酒精厂 Y 生产的酒精糟的中性洗涤纤维含量高。如果酒精厂 X 和酒精厂 Y 生产的酒精糟被看成两个总体,那么每个总体内部的标准差应当低于将两个酒精厂的产品视为一个总体的标准差。

由于饲料厂谷物的混合及原料来源不同,许多本来是固定的变异被混淆了。例如,你可能不知道你购买的豆粕用什么品种的大豆生产出来的,你可能也不知道你购买的玉米淀粉渣是否是由受干旱影响的玉米加工而来。在这种情况下,固定变异来源变成了随机变异,这将导致总体内变异的增加。然而,通过定义不同的总体,尽量让总变异归入固定变异源,会减少数据的离散性,从而降低我们在利用平均数时出现误差的概率。

§1.3 变异的估计

现在最大的可利用的饲料原料营养成分的资料是由有关奶牛的 NRC(2001)数据库。该数据库包括大多数奶牛常用饲料原料营养成分的平均值和标准差。用于计算一种饲料营养成分平均值和标准差的来源可能非常广。样品可能取自美国不同的地区、也可能来自不同年份生产的谷物。对于某些饲料和营养成分,用于计算该种饲料营养成分的平均值和标准差样本数量可能非常有限,我们在使用这类数据时要十分小心谨慎。而对于另一类饲料原料,样品的数量可能非常之大,其平均值和标准差能很好地估计来源广泛的总体情况。可是我们必须记住,在 NRC 表中所列、一个非常宽泛总体的平均值对某一个特殊来源的饲料原料也许不是很好的估计。Kertz(1998)也给出了一些饲料原料营养成分变异的数据。

根据饲料营养成分变异的大小,可以将饲料原料分成低、中等、高变异三类。低变异的饲料原料有:玉米籽粒,高粱籽粒,可能还有大麦籽粒。高变异的饲料原料主要是副产品饲料,这类饲料通常不是一种直接的终产品。例如,马铃薯渣的营养成分变异非常大,因为马铃薯渣中有淘汰不用的马铃薯,有马铃薯皮,有马铃薯加工成人类食品过程中产生的渣滓,可能还有被退回的用于人食的产品,等等。面粉厂下脚料,玉米筛出物,罐头厂的下脚料也属于营养成分高变异的种类,这类原料组成难于定义,即便是来源于同一来源,其营养变异也很高。属于中等变异的饲料原料主要是加工的伴随产品(不是副产品)。例如,酒精糟(酒精生产终产品),玉米蛋白粉(生产玉米糖的终产品),啤酒糟(生产啤酒的终产品)。由于这类产品在生产过程中是严格控制的,因此在同一个工厂出来的伴随产品是比较一致的。

为了提高日粮配合的准确性,对于中等和高变异的饲料原料必须定期抽样、检测,并且将所获检测结果正确地加以利用。

在日粮配制中,对于某种特别饲料原料的变异的精确估计非常重要。配制日粮如果要考虑一个安全系数,就要使用标准差。在 NRC 营养成分表中给出的标准差实际是谷物和副产品总的变异,包括饲料本身存在的差异,包括不同化验室间的差异,不同生产工艺间的差异,以及许多其他来源的差异。如果我们没有其他关于所用饲料的变异的数据,那可以利用 NRC 给出的数据。不过必须记住,许多饲料的实际变异要远远低于 NRC(2001)的数据。

如果所有样品来自于一个来源,其标准差就会大大降低,这意味着你在利用粗蛋白平均值配制日粮时出现粗蛋白含量可能误差的可能性大为减少(也就是配合料出现实际蛋白质缺乏的可能性大为降低)。

当我们获得了一个新的数据,我们要问一个简单的问题:有没有好的理由使其营养成分含量改变了? 可能的回答:我改变了供应商,酒精厂的生产工艺改变了,或者在更多情况下我什么也不知道。如果你没有想出饲料营养组成改变的理由,那么营养含量的改变可能就是随机造成的。营养含量的改变可能是由于批次间的随机变异,由于批次内随机变异(取样误差)造成的,或者两者都有。在这种情况下,新获得的数据并不见得比旧数据好,但新旧数据的平均值出现实际误差的可能最小。因此,我们应当使用新旧数据的平均值来配制日粮,而不是用新数据。用户应当记录、整理饲料分析化验的平均值和标准差,并且一旦有新的数据,重新计算平均值和标准差。

如果你有一个合乎逻辑的理由认为饲料营养含量改变了(例如,新的总体),那么用新的数据代替旧的数据,你应当重新开始整理数据。

§1.4　减小变异的方法

所有饲料的营养成分都存在变异。可是,日粮中所有的饲料原料的某种营养成分,在某一天都低于期望水平的可能性是很低的。日粮中某些原料的营养可能高于期望值,而另一些饲料原料的营养可能低于期望值。因此,饲料原料营养成分的变异通常低于配合饲料营养成分的变异。饲料原料营养的变异随着日粮中饲料种类的增加而降低。

如果配入大比例的、特别的、粗蛋白含量变异很大的饲料原料,会增加日粮误差的危险。但如果这种特别饲料原料在日粮中只提供10%的粗蛋白,那么其5个百分点的粗蛋白变异只导致0.5百分点日粮粗蛋白的变异。在配制配合饲料时,尽量用多种饲料原料,并且某种饲料原料的比例不要太大,这是减少日粮变异及由此引起的成本增加的最好方法。

§1.5　饲料配方的精度和保证值

按照饲料配方生产猪日粮,不同批次产品的质量是会有变异的,变异大小如何判断? 也就是如何判断饲料配方的精确度? 可以采用变异系数(CV),配方养分的保证值也可以估计出来。

(1)变异系数的计算方法：

1)了解各种原料养分的变化范围,针对某一种原料的多次观测值,计算该养分的平均数和标准差。

$$x_i = \frac{\sum x}{n}, \quad s_i = \sqrt{\frac{\sum\limits_{i=1}^{n} x_i^2 - \left(\sum\limits_{i=1}^{n} x_i\right)^2 / n}{n-1}}$$

2)计算配方养分的标准差和变异系数。假设饲料配方使用了 m 种原料,第 i 种原料在饲料配方中的用量为 a_i,该原料在考察的养分指标上的标准差为 s_i,则配方养分的标准差和变异系数分别估计为：

$$S = \sqrt{\frac{\sum\limits_{i=1}^{m} (a_i s_i)^2}{\left(\sum\limits_{i=1}^{m} a_i\right)^2}}; \quad CV = S/X, 其中 X = \frac{\sum\limits_{i=1}^{m} a_i x_i}{\sum\limits_{i=1}^{m} a_i}$$

饲料是工业产品,变异系数 CV 应小于 10%,最好在 5% 以内。

(2)保证值计算步骤：

第一步,计算配方营养素的 X、S、CV。

第二步,确定适宜的边界概率 α,从正态分布表中查出相应的临界值(K_α)值。则两尾概率的范围是：

$$X \pm K_\alpha S \ 或 \ X(1 \pm K_\alpha CV)$$

【例1】计算保证值。假设有下述饲料配方数据：

饲料	配方用量/%	CP 变化/%	CP 平均/%	CP 标准差/%
玉米	0.797 3	8,8.4,9	8.5	0.5
米糠	0.056 6	13.3,14.1,14.6	14	0.6

菜籽饼 0.117	36,38.5,39.5	38	1.8
其他　0.03			0
a_i		x_i	s_i

该饲料配方的粗蛋白质平均数和标准差分别是：

$$X = \frac{\sum a_i x_i}{\sum_{i=1}^{m} a_i}$$

$$= \frac{0.797\ 3 \times 8.5 + 0.056\ 6 \times 14 + 0.117 \times 38 + 0.03 \times 0}{0.797\ 3 + 0.056\ 6 + 0.177 + 0.03}$$

$$= 12$$

$$S = \sqrt{\frac{\sum_{i=1}^{m} a_i^2 s_i^2}{\left(\sum_{i=1}^{m} a_i\right)^2}}$$

$$= \sqrt{\frac{0.797\ 3^2 \times 0.5^2 + 0.056\ 6^2 \times 0.6^2 + 0.117^2 \times 1.8^2}{(0.797\ 3 + 0.056\ 6 + 0.177 + 0.03)^2}}$$

$$= \sqrt{0.204\ 06} = 0.451\ 73$$

根据正态分布表可知，所分析的配方养分值的 95% 的置信区间是 $[12-1.96 \times S, 12+1.96 \times S]$，也就是 $[11.55, 12.45]$。

计算结果说明：有 95% 的把握相信，CP 在 11.55%～12.45% 之间变化，抽样分析的最低保证值不低于 11.55%。

饲料质量的稳定，是饲料工业及畜牧业持续稳步发展的重要保证。然而，在饲料生产中常出现成品质量与配方设计之间有一定差异，达不到配方设计的要求。配方失真的主要原因有：①原料营养成分变异的影响，原料存放时间太长也会损失营养，同时增加有害物质，特别是一些稳定性差的添加剂（如维生素 A 等），在温度、湿度、光线和空气等外界环境的作用下会迅速失效，有的吸潮，效价降低。②粉碎粒度的影响。③混合均匀度的影响,保证国标规定的混合均匀度变异系数应小于 10%。④配料精度的影响。⑤制料工艺的影响。⑥成品水分的影响。控制颗粒料成品水分,调质和冷却风干是关键。⑦物料残留影响。在饲料加工及输送过程中,由于料仓、设备性能(如提升机的卸料形式,逆流冷却器栅格上颗粒料残留)的制约,以及物料静电的作用,一部分物料被黏附于设备上,并混入别的物料中,造成交叉混染。⑧采样、化验的影响。取样不正确,分析误差就会增大,会误导配方设计,影响产品质量。⑨饲养实验得到的消化率,受很多因素的影响,例如动物的年龄、生理状态,饲养管理等,所以消化率也是存在变异的,也应该视为随机变量。

因此,要健全检测机构,完善检测设施,加强技术培训,提高化验人员的技术水平。运用标准的方法采集、制备和分析饲料样品。并通过配方设计过程来降低产品质量的波动。

第 2 节　饲料配方的随机规划

在线性规划法一章已经讨论过,理论上说,饲养标准 $b=(b_1, b_2, \cdots, b_m)^T$ 中的各分量不相互独立,或者表示为其协方差不为零,记为 $\mathrm{cov}(b_1, b_2) \neq 0$;各种饲料原料中,不同养分都是随机变量而不是常数,每种饲料原料内各种养分之间存在相关而不是相互独立,可以记为 $\mathrm{cov}(a_{ij}, a_{ik}) \neq 0$;第三是饲料原料的价格也不是相互独立的常数,而是有很大的相关性,就是说,$\mathrm{cov}(c_1, c_2) \neq 0$;第四,饲料原料的消化率和某种饲料原料的特定养分的消化率也是随机变量。而线性规划方法的基本假定是饲料原料养分数据矩阵 A,饲养标准向量 b 和饲料原料价格向量 C 都是常数,暗含的基本假定就是:

$$\begin{cases} \mathrm{cov}(a_{ij}, a_{ik}) = 0 \\ \mathrm{cov}(b_j, b_k) = 0 \\ \mathrm{cov}(c_i, c_l) = 0 \end{cases}$$

这些假定实际上是不成立的。这就是说,线性规划方法设计饲料配方,在理论上存在着原则性的缺陷。为了解决线性规划法在设计饲料配方时的不足,可以采用随机规划法(王继华等,2003),以某种概率保证设计的饲粮能满足动物的营养需要,这个问题将在本节详细讨论。

§2.1　随机规划方法

饲料中营养成分的变异会影响配合饲料的质量,其主要结果是营养物的浪费,进而成为营养素污染的来源;当变异特别大时动物还表现差的生长性能。因此,减小营养素的变异对日粮配合的影响的方法,对于降低过量饲喂、减少营养素的浪费和使动物表现良好的生产性能来说都是必须的。早在 1963 年 Van De Panne 和 Popp 就注意到了原料的变异性问题并提出了饲料配方的非线性随机规划模型(SP,stochastic nonlinear programming),将原料中养分水平的均值和方差结合起来进行饲料配方,但由于算法程序的限制,其一直未得到运用,直到近年才运用于实际配方操作。

线性规划(LP)的一个重要假设是所有的系数和参数是已知的,并且是常数,但实际情况并不是如此。人们很早以前就认识到原料营养物质的变异是影响满足动物营养需要的一个潜在问题(Chung 和 Pfost,1964;Van 和 Popp,1963;Duncan,1973)。在 1958 年 Charnes 和 Cooper 提出了限定概率条件规划(CCP)。CCP 是一种非线性规划方法,它允许模型设计者确定一个需要的概率,对问题取得达到设计者预定的解决水平。相对而言,LP 配方中固定地保证饲料配方中各种养分有 $P = 50\%$ 的成功率。由于未能考虑原料的变异性,所以无法对混合后养分水平的达成情况提供更大的保障。若要增加满足某一特定养分 b_k 的成功率为 $P \geqslant p_i$,则线性规划模型中的某一约束条件可转化为如下公式:

$$P\left(\sum_{j=1}^{n} a_{kj} x_j \geqslant (\leqslant) b_k\right) \geqslant a_k$$

式中:a_{ij} 为第 i 种原料中第 j 个养分变量;x_j 为第 j 种原料的用量;b_k 为饲养标准中第 k 个养分指标的变量。

实践中需考虑保证满足养分需要量的成功概率定为多少合适。可能存在与每个养分相关的最优置信水平,根据猪的性能、可用饲料原料的性质及成本,可以确定参数的最优值。对于限制性养分,如氨基酸,可能需要较高的保障度;而其他养分利用线性规划的约束条件便可能得到足够的保障。

使用该项技术需知道原料养分间的方差-协方差,各国的饲料数据库都没有这项信息,只是简单地给出该原料养分含量的中位数或均值。因此,国家需要组织人力做一系列基础性的工作,改造现有的饲料数据库。

总之,养分变异性是不容忽视的客观事实,从变化中求不变或小变,为饲料产品质量的持续稳定性提供可靠保障,便是随机规划模型的目的所在。对于饲料厂而言,若将随机规划法作为其质量控制策略的一部分,可望获得更加稳定的产品质量。对于配方师而言,可以通过随机规划法对仔猪饲料中养分的分布(而不仅仅是其均值水平)加以优化。

尽管许多人在配制日粮时都在使用平均数,但很少有人在配制日粮时考虑和利用离散性数据。用简单的话说,离散性是用来确定你使用平均数时的可靠性的。如果取样的分布值的离散性非常大,在使用平均值时出现实际偏差的可能性就增大。对于正态分布数据,最常用的离散性度量指标是标准差(SD)。对于正态分布的随机变量,平均数±0.5 SD 的范围内应当有全部观测值的38%,平均数±1 SD 的范围内应当有全部观测值的 68%,平均数±2 SD 的范围内应当有全部观测值的 95%(图 5.1)。例如,一个啤酒糟总体的粗蛋白平均水平是 25%,其标准差为 2,那么我们可以期望:来自该总体的样品有 68%粗蛋白水平在 23%~27%范围内,有 95%的样品粗蛋白水平在 21%~29%范围内。标准差越小(相对于平均值)我们在利用平均值配制日粮时出现实际误差的可能性越小。

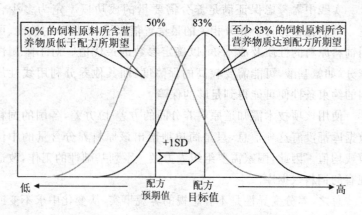

图 5.1 饲料数据库及其可靠性保证
(引自:王旭 PPT,2010)

为了保证饲料配方以一定概率满足饲养标准,具体做法有两种:一是降低原料营养含量,可以先限定各种饲料原料满足某个养分水平的概率,也就是给养分含量值设置一个安全系数,例如:赖氨酸平均含量-0.5SD。二是提高配方营养标准,例如:赖氨酸标准+0.5SD。这会严重影响配方成本,尤其是不同养分的变异程度不同,对于变异较小甚至没有变异的养分,为什么要提高饲养标准?这个问题在实践中是必须考虑的。

对饲料营养含量设置安全系数的方法,以鱼粉为例说明如下:

	鱼粉			
	国产(N=1 297)		进口(N=436)	
	平均值	平均值−0.5SD	平均值	平均值−0.5SD
干物质/%	91		91	
粗蛋白/%	62.9	61.1	65.3	63.8
		总氨基酸含量/%		
赖氨酸	4.47	4.21	4.81	4.59
蛋氨酸	1.67	1.59	1.78	1.71
苏氨酸	2.46	2.35	2.65	2.56

对配方营养标准设置安全系数的方法步骤如下:

第一步:计算原料营养元素对混合日粮该营养元素的相对贡献。计算公式为

$$C = F \times I / T$$

式中:C 为原料某营养元素对混合日粮配方该营养元素的相对贡献(%);F 为某原料在混合日粮中的添加量(%);I 为某营养元素在该原料中的含量(%);T 为某营养元素在混合日粮中的总含量(%)。

第二步:计算混合日粮营养元素的变异。计算公式为:

$$SD_f = \sqrt{(c_1 sd_1)^2 + (c_2 sd_2)^2 + \cdots + (c_i sd_i)^2} \qquad i = 1, \cdots, n$$

式中:SD_f=混合日粮中某营养元素的标准差;sd_i=第 i 个原料中某养分的标准差;c_i=第 i 个原料中的某营养元素对混合日粮该营养元素的相对贡献;$i = 1, \cdots, n$。

【例 2】$SD_{Met+Cys} = \sqrt{(0.276 \times 0.03)^2 + (0.430 \times 0.10)^2} = 0.044$

单一饲料对总日粮变异的贡献为其添加量的平方，日粮配制时的变异可以通过限制大变异饲料的添加量来降低，通常增加日粮中饲料原料的数量会降低总日粮变异。

§2.2　随机规划原理

对于一组符合正态分布的观测值，平均数（mean 或 average）是中位值的最好度量指标。一个正态分布的平均数不是绝对"正确"的，而是对总体的估计发生错误概率最低的值。植物性饲料原料的大多数营养浓度都符合正态分布，因此用平均营养浓度来表示其营养水平是中位值的最好度量指标。对于一个正态分布，大约一半的样品的值小于平均数，一半的样品营养浓度值大于平均值。植物性饲料中微量元素（有时可能是脂肪）的浓度的分布经常是一种非对称分布（几个观测值的浓度非常的高）。对于这种类型的分布，平均数会高估其中位值（不到一半的观测值的浓度高于平均数）。中位数（低于这个数值的观测值和高于这个数值的观测值各占一半）是最适合这类分布中位值的度量指标。

考虑仅第 i 种原料中第 j 个养分 a_{ij} 是随机变量的简单情况，如果 $a_{ij} \sim N(\bar{a}_{ij}, \sigma^2_{aij})$ 而把它看作是常数，设计饲料配方时使用线性规划法，使用它的观测值平均数 $\bar{a}_{ij}$ 参与规划，那么，由于 a_{ij} 高于和低于 $\bar{a}_{ij}$ 的机会各占 50%，所以，线性规划法设计饲料配方时，就有 50% 的概率是不满足饲养标准的。要提高满足饲养标准的概率，可以采取若干种配方策略。这些策略可分成两种：一种是仍然采用线性规划法，但调高饲养标准（RHS）；另一种则是通过原料所含养分的方差信息对配合饲料中养分的分布进行优化，即有控制地压低养分的均值，给养分的均值加上一个"安全裕量"。第一种策略不对变动很大的原料和始终一贯的原料加以区辨，并造成养分浪费。第二种策略则有较合理的数学依据和背景，可在满足预定要求的前提下有效地节省饲料资源。

随机规划法可以任何概率满足饲养标准,其代价是,配方成本增加。可靠性越高,或原料养分变异越大,配方成本增加越多。

在随机规划法的数学模型中,引入了概率约束,即约束条件为:在某个概率值的前提下满足约束条件——饲养标准。所以随机规划允许有关约束以一个特定概率(小概率)被违反,而线性规划不允许违反任何约束。随机线性规划的数学模型可以叙述如下。

$$极小化\ f(X) = \sum_{j=1}^{n} c_j x_j = C^T X, \quad j = 1, \cdots, n \tag{1}$$

$$满足于\ P(\sum_{j=1}^{n} a_{ij} x_j \geqslant b_i) \geqslant p_i, i = 1, \cdots, m, j = 1, \cdots, n \tag{2}$$

$$及 \qquad x_j \geqslant 0, \quad j = 1, \cdots, n \tag{3}$$

式中:x_j 为第 j 种饲料原料在配方中的用量;c_j 为第 j 种饲料原料的单位价格,a_{ij} 为第 j 种饲料原料第 i 种养分的含量;b_i 为饲养标准中的第 i 项营养指标,例如能量、粗蛋白质、钙、磷、赖氨酸、蛋氨酸等;p_i 是给定的概率;c_j、a_{ij} 和 b_i 都可以是随机变量。每个随机变量都服从正态分布,并且已知其均数和方差。

注意式(2)表示满足第 i 个约束 $\sum_{j=1}^{n} a_{ij} x_j \geqslant b_i (j = 1, \cdots, n)$ 的概率应当不小于 p_i,这里 $0 \leqslant p_i \leqslant 1$。

为了方便,我们首先研究最简单的情况,仅 a_{ij} 是随机变量,其余变量都是确定性的。Van De Panne 和 Popp(1963)提出的 SP 配方模型假设 a_{ij} 是独立的且是服从正态分布的随机变量,有 $a_{ij} \sim N(\bar{a}_{ij}, \sigma_{aij}^2)$,则可将式(2)中的约束条件简化为以下形式:

$$\sum_{j=1}^{n} \bar{a}_{ij} x_j + z_i \sqrt{\sum_{j=1}^{n} (\sigma_{aij} x_j)^2} \geqslant b_i$$

式中:$\bar{a}_{ij}$ 为第 j 种原料第 i 种营养成分的平均值;σ_{aij} 为 $\bar{a}_{ij}$ 的标准

差,即各原料营养成分的标准差;z_i 为对应的 $\bar{a}_{ij}$ 的标准正态偏离值,$\geqslant b_i$ 时 $z_i \leqslant 0$;$\geqslant b_i$ 时 $z_i \geqslant 0$。

早期 SP 模型由于算法的限制,在计算机上运算很困难,所以人们一直尝试用线性规划代替 SP 进行运算。Nott 和 Combs (1967) 引入带安全边界的日粮配合概念 (LPMS, linear programming with a margin of safety)。这是在原料数据库中营养物质含量均值基础上减掉或加上一个营养素标准差的部分来完成。但是这一标准差部分的选择是主观臆断的。

Rahman 和 Bender (1971) 提出一个线性规划模型,将上式中的非线性项加以近线性化的处理,得到如下公式:

$$\sum_{j=1}^{n} (\bar{a}_{ij} + Z_i \sigma_{aij}) x_j \geqslant b_i, \quad i = 1, \cdots, m$$

式中:z_i 为与置信水平 α_i 相对应的标准正态离差,在 $\alpha_i \geqslant 0.5$ 时,$z_i \leqslant 0$,$\alpha_i \leqslant 0.5$ 时,$z_i \geqslant 0$;$P(\sum_{j=1}^{n} a_{ij} x_j \geqslant b_i) \geqslant 0.68$ 时,$z_i = 1$。

可以看出,求解随机规划问题的关键就是把随机规划转化为确定性规划问题,然后求解。

上述方法假定了原料不同养分之间是相互独立的,这与实际不符。在考虑不同养分间的相关时,数学表达比较复杂。

下面还是考虑仅 a_{ij} 是随机变量的简单情况,$a_{ij} \sim N(\bar{a}_{ij}, \sigma_{aij}^2)$,参数 $\bar{a}_{ij}$ 和 σ_{aij}^2 已知,且 a_{ij} 的多元分布及 a_{ij} 和 a_{kl} 之间的协方差 $\mathrm{cov}(a_{ij}, a_{kl})$ 也已知。我们定义一个新变量 d_i 为:

$$d_i = \sum_{j=1}^{n} a_{ij} x_j, \quad i = 1, \cdots, m$$

由于 $a_{ij} (j = 1, \cdots, n)$ 服从正态分布,x_j 为待定常数 (但是并非已知),所以 d_i 也服从正态分布,并且其均值为

$$\bar{d}_i = \sum_{j=1}^{n} \bar{a}_{ij} x_j, \quad i = 1, \cdots, m$$

其方差为

$$\mathrm{var}(d_i) = \sigma_{di}^2 = X^T V_i X$$

这里 V_i 为第 i 个协方差矩阵，$i = 1, \cdots, m$，并且定义为：

$$V_i = \begin{bmatrix} \mathrm{var}(a_{i1}) & \mathrm{cov}(a_{i1}, a_{i2}) & \cdots & \mathrm{cov}(a_{i1}, a_{in}) \\ \mathrm{cov}(a_{i2}, a_{i1}) & \mathrm{var}(a_{i2}) & \cdots & \mathrm{cov}(a_{i2}, a_{in}) \\ \vdots & \vdots & & \vdots \\ \mathrm{cov}(a_{in}, a_{i1}) & \mathrm{cov}(a_{in}, a_{i2}) & \cdots & \mathrm{var}(a_{in}) \end{bmatrix} \tag{4}$$

这时可以把式(2)的约束表示为：$P(d_i \geqslant b_i) \geqslant p_i, i = 1, \cdots, m$，由此可以导出：

$$\sum_{j=1}^{n} \bar{a}_{ij} x_j + z_i X^T V_i X \geqslant b_i, \quad i = 1, \cdots, m$$

这些确定性的非线性约束等价于原来的随机线性约束。因此，由式(1)至式(3)描述的随机规划问题的解可以通过求解如下等价的确定性规划问题来解决：

极小化　　　　$f(X) = \sum_{j=1}^{n} c_j x_j = C^T X, \quad j = 1, \cdots, n$

满足于　　　　$\sum_{j=1}^{n} \bar{a}_{ij} x_j + z_i X^T V_i X \geqslant b_i, \quad i = 1, \cdots, m$ 　(5)

及　　　　　　$x_j \geqslant 0, \quad j = 1, \cdots, n$

若正态分布的随机变量 a_{ij} 相互独立，协方差项为零，则式(4)可简化为：

$$V_i = \begin{bmatrix} \mathrm{var}(a_{i1}) & 0 & \cdots & 0 \\ 0 & \mathrm{var}(a_{i2}) & \cdots & 0 \\ \vdots & \vdots & \vdots & \vdots \\ 0 & 0 & \cdots & \mathrm{var}(a_{in}) \end{bmatrix} \tag{6}$$

在此情况下,式(5)的约束简化为:

$$\sum_{j=1}^{n} \bar{a}_{ij} x_j + z_i \sqrt{\sum_{j=1}^{n} \left[\mathrm{var}(a_{ij}) x_j^2 \right]} \geqslant b_i, \quad i = 1, \cdots, m$$

前面给出的式(4)是只有一个方差项的最简单情况,也就是只有一种原料养分 a_{ij} 为随机变量,其他如 b_i 和 c_j 为常数。

需要说明:式(5)的约束有时是非线性的,所以就不能用线性规划的方法和步骤来求解。

必须强调指出,各种饲料原料的养分含量常有很高的相关,式(6)假定不同养分之间的协方差为零,这虽然在计算上简化了,尤其是便于理解随机规划方法,但是同时,丢失了大量的有用信息。前已述及,在假定各种饲料养分之间相互独立时,要使饲料配方的可靠性(概率保证值)从 50% 提高到 95%,就需要提高饲养标准达 2 个标准差,提高 1 个标准差时可靠性只从 50% 提高到 68%,而这一个标准差,却会"巨大地"提高饲料配方的成本!所以当我们有不同养分之间的相关数据时,一定要使用这个信息,而不要假定这些相关为零,这会使保证同样的配方可靠性时,大大减少配方成本的增加。

随着我国饲料工业的发展,随机规划模型必将得到广泛应用。

§2.3　在 Excel 上实现饲料配方的随机规划

Microsoft Excel 软件使用的规划求解算法是由 Leon lasdon (University of Texas at Austin)和 Allan Waren(Cleveland State University)改进的通用非线性规划最优化代码,可以满足线性和

非线性模型的运算。因此可以用 Excel 进行随机规划的配方设计。借助 Excel 2000"规划求解"功能,结合饲料配方设计的要求和动物的营养需要,以随机规划的数学模型,能快速简单地求解饲料配方,在最低成本目标下实现对原料变异和营养成分的有效调控。

§2.3.1 饲料配方表的建立

【例 3】用玉米、小麦麸、大麦、小麦、鱼粉、豆粕等 15 种饲料原料设计 20~50 kg 商品猪的饲料配方。营养需要和饲料原料营养价值、含量变异、约束条件、市场价格,见图 5.2(引自靳波等,2011)。

A~X 列的第 2~16 行分别输入饲料名称、配方比例、营养成分及其标准差和价格;17~18 行输入营养需要;19 列输入 SP 配方达到营养标准时的营养成分平均含量及其变异;20 行是达到既定概率时配方的营养成分含量。

§2.3.2 函数调用和算法输入

这里调用 Excel 的 SQRT、SUMSQ、SUM 和 SUMPRODUCTION 等函数。B19 格是各原料百分比之和,公式为"=SUM(B2:B16)";D19~X19 格中营养成分和价格项的公式是同行 D 列至 X 列营养成分和价格与 B2~B16 对应格的乘积之和,例如 D19 格为"=SUMPRODUCT($B$2:$B$16 * D$2:D$16)%";D19~X19 格中标准差项则是同行 D 列至 X 列标准差与 B2~B16 对应格乘积的平方和的平方根,例如 E19 格为"=SQRT(SUMSQ($B$2*E$2, $B$16*E$16, $B$3*E$3, E$4*$B$4, E$5*$B$5, E$6*$B$6, $B$7*E$7, $B$8*E$8, E$9*$B$9, $B$10*E$10, E$11*$B$11, $B$12*E$12, E$13*$B$13, E$14*$B$14, E$15*$B$15)%"。

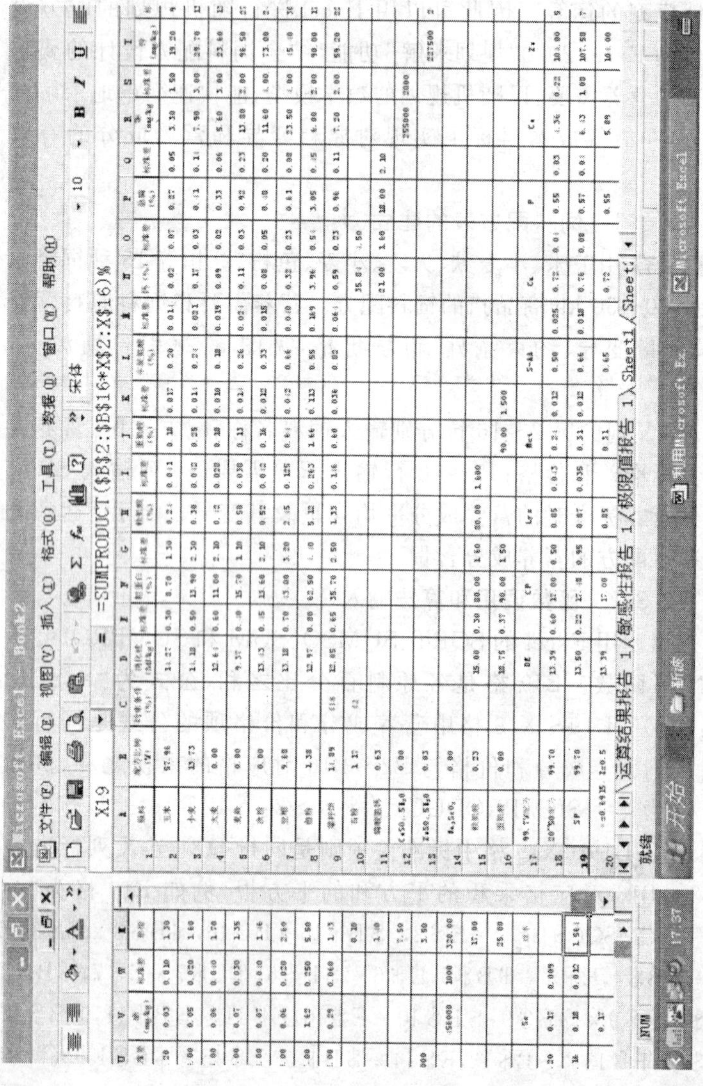

图 5.2 饲料配方求解模型电子表格排列样式

§2.3.3　规划求解

往 Excel 电子表格中输入数据和公式后,即可利用其工具栏中的"规划求解"功能开始求解,步骤如下:

(1)选中"工具"菜单,选择"规划求解"命令,出现"规划求解参数"对话框。

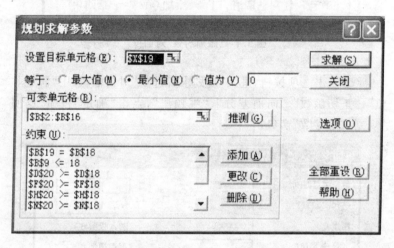

图 5.3　"规划求解"对话框

(2)在"设置目标单元格"编辑框中输入目标单元格的名称,然后点击"最小值"选项。

(3)在"可变单元格"中输入单元格名称。本例中为"＄B＄2:＄B＄16"。

(4)在"约束"窗中单击"添加"按钮,弹出"添加约束"对话框,在"单元格引用位置"和"约束值"输入约束条件,输入完成后可回到"规划求解参数"窗口。本例中正在添加约束"＄D＄20＞＝＄D＄18"。

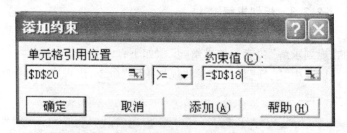

图 5.4　"添加约束"对话框

（5）点击选项按钮，进入"规划求解选项"对话框，选中"假定非负"、"正切函数"、"向前差分"、"牛顿法"，点击"确定"按钮，返回"规划求解参数"窗口。

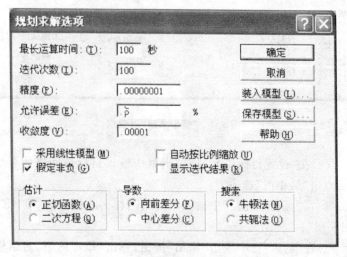

图 5.5　"规划求解选项"对话框

（6）点击"求解"按钮，开始计算，进入"规划求解结果"对话框，对话框有三种选择：①保存规划求解结果；②恢复原值；③保存方案。本例中选择了保存结果并选定敏感性报告，保存在表格中。

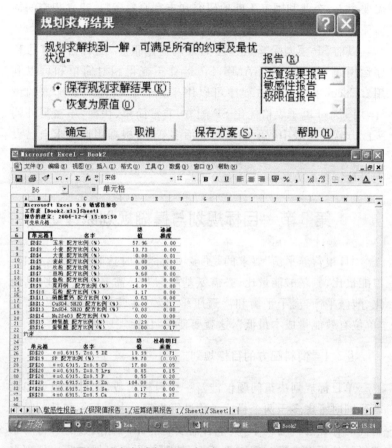

图 5.6　规划求解结果对话框及敏感性报告运算

随机规划法的数学模型要求考虑养分含量需要的置信概率是多少,可能对每一种养分都有自己的置信概率,一般以 68% 的概率来保证营养素的水平是最有利的策略;使用该技术时需要考虑原料的方差信息,这一点美国 NRC 则先行一步在奶牛的饲料原料营养成分中加入了标准差。目前国内的原料数据库中还没有,需要个人、企业和国家不断地研究和丰富原料资料,建立相应的饲料原料数据资料库。

以前 SP 模型受算法程序的限制运用很少,随着新的算法程序运用如 LINGO 和 GAMS,SP 运算正变得相对简单和可以利用。Excel 采用的算法程序可以用来进行非线性规划配方的设计,用 Excel 电子表格优化 SP 配方,非常简单、快捷,不需另外购买配方软件。表中数值的排列灵活多变,可根据用户要求自己设置,且约束条件不受条件限制,可使用于各种饲料厂、养殖场及个人设计饲料配方。

第3节 目标规划与模糊规划原理

"日粮营养平衡"要求的是"多项指标同时达到平衡",例如蛋白能量比、氨基酸能量比、必需氨基酸与非必需氨基酸之比、钙磷比、酸碱平衡、离子平衡和渗透压平衡等;在营养平衡前提下,使"单位有效能量成本最低",这就要使用"目标规划法"。

§3.1 饲料配方的目标规划

单目标规划决策问题仅涉及一个目标函数,多目标规划问题就要同时考虑多于两个目标函数进行决策。多个目标函数的最优解同时存在的机会极小,决策者需要在各个目标函数的可行解中选择最佳折中方案。就决策而言,处理单目标规划问题比处理多目标规划问题要简单得多。在单目标规划问题中,线性规划(linear programming,LP)法是最简单的规划模型,许多复杂的模型经过适当处理后可以用 LP 方法求解,所以 LP 方法被广泛应用。处理多目标规划的方法,包括目标规划法,基本上都是把多目标函数转化为单目标函数,然后解这个单目标数学规划模型。

在设计饲料配方的实践中常遇见这种情况:先给定饲料配方

（或饲料）的成本而不是先给定营养标准或饲料标准,例如,市场上
有同类的在售饲料产品,用户都知道其价格,这时根据市场价格设
计饲料配方就易于被用户接受。在给定饲料配方成本时,有两种
设计饲料配方的方法,一是常见的目标规划方法,这里不再介绍;
另一种方法是迭代的线性规划法(iteration linear programming
method,ILP),这里用实际例子引入这种方法。

【例 4】市场上在售的一种仔猪颗粒饲料价格为 4 000 元/t,
原料数据和价格在表 5.1 中给出。

表 5.1 饲料原料数据

	价格/ （元/t）	DE/ (Mcal/kg)	CP /%	Ca /%	P /%	SIDLys /%	SIDMet /%	SIDMet+ Cys /%	CF /%
玉米	2 300	3.43	8.5	0.02	0.12	0.24	0.16	0.34	2.0
豆粕	3 100	3.27	41.0	0.32	0.31	2.40	0.64	1.30	5.1
麦麸	1 560	3.15	15.0	0.11	0.24	0.55	0.13	0.30	8.9
花生粕	2 500	3.48	37.0	0.24	0.30	1.24	0.37	0.72	5.8
鱼粉	13 000	3.10	62.5	4.0	3.1	4.76	1.56	2.05	0.5
豆油	7 500	8.8	0	0	0	0	0	0	0
赖氨酸	12 400	3.80	95.4	0	0	78	0	0	0
蛋氨酸	46 500	3.80	58.4	0	0	0	98.5	98.5	0
苏氨酸	3 100	3.80	73.1	0	0	0	0	0	0
石粉	110	0	0	35	0	0	0	0	0
NaCl	1 000	0	0	0	0	0	0	0	0
预混料	21 000	0	0	0	0	0	0	0	0
营养标准	4 500	3.40	19.0	0.7	0.6	1.01	0.27	0.58	2.0

用目标规划法设计饲料配方,通常是给不同养分指标以不同
的加权值,例如,优先满足能量、粗蛋白质、限制性氨基酸等,而必
需氨基酸常给予较小权重,这与“木板水桶理论”严重不符。

我们认为,不同养分指标具有不同的弹性,有些养分指标稍微变动就严重影响动物的生产性能,而有些养分指标则可以在很大范围内变动并不影响单位的生产性能。这才是不同养分指标给予不同权重的理论基础。例如,日粮的干物质含量,就可以在很大范围内变动而不影响动物的生产性能,只是影响保质期的饲料发霉,有重要价值。在设计目标规划的规划目标时,必须根据这些原理,通常包含在规划目标中的养分指标在规划计算时都要关注。优先满足的次序,首先应该是那些弹性小的养分指标,然后是弹性大的养分指标,而不应该是日粮中是否容易缺乏。

我们给出饲料配方的迭代线性规划法(Iterative linear programming method),原理和方法步骤如下:

第一步:找出饲养标准和饲料数据,结果见表 5.1。

第二步:根据线性规划法设计饲料配方结果见表 5.2 中的配方 1。

表 5.2　饲料配方及其成本

饲料配方	No. 1/%	No. 2/%	No. 3/%
玉米	65.31	62.01	59.73
豆粕	25.25	26.02	25.36
麦麸	0	0.00	0
花生粕	0	0.5	0.80
鱼粉	6.0	6.0	6.00
乳清粉			3.00
大豆油	1.56	2.94	2.81
赖氨酸	0.01	0.29	0.28
蛋氨酸	0.0	0.15	0.17
苏氨酸			0.08
石粉	0.72	0.89	0.91
磷酸二氢钙	0.47	0.40	0.27

续表 5.2

饲料配方	No. 1/%	No. 2/%	No. 3/%
NaCl	0.2	0.21	0.12
预混料	0.5	0.5	0.5
配方成本	3 675.17	3 855	3 977.67
参考成本	4 000	4 000	4 000
营养水平			
DE/(Mcal/kg)	3.40	3.45	3.45
CP/%	20.29	21.0	21.0
Ca/%	0.7	0.75	0.75
P/%	0.6	0.60	0.60
Lys/%	1.01	1.25	1.25
Met/%	0.33	0.48	0.48
M+C/%	0.60	0.73	0.73
CF/%	2.56	2.59	2.53

在例 4 中,计算机输出的配方 1 基本合理,这个饲料配方可以进行饲养试验,但是配方成本明显低于市场允许的饲料配方成本,我们可以进一步提高配方的营养水平,也就是提高营养指标。

第三步:根据配方成本校正饲养标准。如果配方成本(formula cost,FC)远离允许的成本(given cost,GC),那么就用 GC/FC 乘以原来的饲养标准。

在本例中,配方成本低于允许的成本,GC/FC= 4 000/3 675 = 1.09,所以饲料配方的营养水平可以提高。按照算出的比例,饲养标准提高后见表 5.3 的校正标准 1。

表 5.3 中的校正后的标准 1 在商品饲料是不可行的。所以我们根据 NSNG(2010)给出的相应标准进行修改,结果见校正标准 2。

表 5.3　校正后的饲养标准

养分指标	DE/(Mcal/kg)	CP/%	Ca/%	P/%	SID Lys/%	SID Met/%	SID Met+Cys/%	CF/%
原标准	3.40	19.0	0.7	0.6	1.01	0.27	0.58	2.0
校正标准 1	3.70	20.68	0.76	0.55	1.10	0.29	0.63	2.18
校正标准 2	3.45	19.91	0.75	0.55	1.25	0.35	0.73	2.0

根据新标准计算配方。结果见表 5.2 配方 2。这个配方的成本还是远低于允许成本,所以我们可用一些高档原料,例如乳清粉。添加 3% 乳清粉的饲料配方规划结果见表 5.2 的配方 3。这个配方没有明显不足,配方成本也接近了允许的成本,可以进行饲养试验。

饲料配方目标规划的迭代线性规划法(Iterative linear programming method)实际上就是根据配方成本和允许成本之差逐渐调整饲养标准和饲料原料的过程,这个迭代过程可见图 5.7。

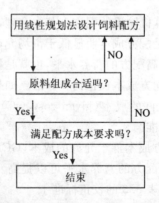

图 5.7　迭代的线性规划法

§3.2　饲料配方的模糊规划

§3.2.1　引言

目前大多数饲料厂都采用线性规划法设计饲料配方。然而线性规划法建立在一些与实际不符的基本假定之上,用线性规划法只能设计出近似最佳的饲料配方。经验表明,家畜生产性能与营养水平之间的关系并非严格的函数关系;品种,生理状态,尤其是管理水平和饲养技术都对家畜生产性能有重要影响,所以许多营养指标在一定范围内浮动对家畜生产性能没有影响。就是说,同一家畜的饲养标准可以在一定范围内变动;另外也有人认为,同名饲料原料的营养成分不同,产地、收获时期、贮藏、加工、甚至化验等都可以影响同种饲料原料的养分含量,因此认为,饲养标准有一定模糊性;同时,由于饲料原料的营养成分也具有一定模糊性,甚至原料价格也具有一定模糊性,所以用模糊规划法设计饲料配方可能是最实际的(王继华等,1999)。

目标规划法也有类似线性规划法的缺点,并且,如果通过权重来确定达成目标值的优先顺序,某些权重低的约束条件不易达到,不易接近其目标值;按照"水桶学说",即营养平衡原理,用目标规划法设计的这种饲料配方往往营养不平衡,所以不能算最佳饲料配方。不过,有经验的配方师可以根据经验对饲料配方进行调整,经过几次调整后,用目标规划法设计的饲料配方也可以逐渐接近"满意"。直到配方师"满意"时,这个饲料配方接近"最佳"的程度仍然与配方师的经验和水平有关。所以目标规划法不易学,不易用。实际上,当饲料配方的成本给定时,仍可采用线性规划法设计饲料配方,具体方法已在上节介绍。本文简介用模糊规划法设计饲料配方的方法原理。

模糊规划法从理论上看较便于实际使用,并能较好地模拟配方调整过程。为简单易学,我们先介绍用模糊规划法设计饲料配方的原理。

§3.2.2　模糊线性规划法的数学模型

在普通线性规划法设计饲料配方的数学模型的基础上,先求出最低成本 c_0,在约束条件中,把"$\geqslant$"模糊化为"$\geqslant\approx$"(大约大于等于),则可引入模糊约束集。

假定在饲料配方中第 j 种饲料原料的用量为 $x_j(j=1,\cdots,n)$,显然有 $x_j\geqslant0$。假定在设计饲料配方时考虑的营养指标有 m 项,第 j 饲料原料的第 i 个养分的含量记为 a_{ij},则显然有 $a_{ij}\geqslant0$,不过实践中,a_{ij} 多是化验结果,或是从国家公布的饲料数据库查取的。假定在设计饲料配方时选择的饲养标准中有 m 项营养指标,例如能量、粗蛋白质、钙、磷、赖氨酸、蛋氨酸等,分别记为 $b_1,\cdots,b_m$,则显然有 $b_i\geqslant0$。如果记第 j 种饲料原料售价为 c_j,则饲料配方的成本为:

$$C=c_1x_1+,\cdots,+c_nx_n$$

用模糊线性规划法设计饲料配方就是要求在满足下述方程组的约束条件的情况下使饲料配方的成本(C)最小。

$$\min C=c_1x_1+\cdots+c_nx_n\leqslant\approx c_0$$

$$\begin{cases} a_{11}x_1+\cdots+a_{1n}x_n\geqslant\approx b_1 \\ a_{21}x_1+\cdots+a_{2n}x_n\geqslant\approx b_2 \\ \cdots\cdots \\ a_{m1}x_1+\cdots+a_{mn}x_n\geqslant\approx b_m \\ x_j\geqslant0,j=1,\cdots,n \end{cases}$$

在最简单的情况下,$a_{ij}\geqslant0,b_i\geqslant0,c_j\geqslant0$,且 a_{ij},b_i 和 c_j 都是常数。

这就是设计饲料配方的模糊线性规划法的数学模型,其中 c_0 为模糊规划中配方成本的期望值。这个数学模型可用线性代数中的矩阵方法简单表示如下:

把 n 种饲料原料的单价(元/kg 或元/t)$c_1, \cdots, c_n$ 用一个列向量记为：$C = (c_1, \cdots, c_n)^T$，它们在饲料配方中的用量(kg/t 或％)$x_1, \cdots, x_n$ 用一个列向量记为：$X = (x_1, \cdots, x_n)^T$，则饲料配方的成本函数可表示为：$f(X) = C^T X$；把饲养标准或饲料标准中的 m 项营养指标 $b_1, \cdots, b_m$ 用一个列向量记为：$B = (b_1, \cdots, b_m)^T$，把 n 种饲料原料的 m 种营养成分用一个矩阵记为

$$A = \begin{bmatrix} a_{11} & a_{12} & \cdots & a_{1n} \\ a_{21} & a_{22} & \cdots & a_{2n} \\ \vdots & \vdots & & \vdots \\ a_{m1} & a_{m2} & \cdots & a_{mn} \end{bmatrix}, i = 1, \cdots, m; j = 1, \cdots, n$$

所以上述例子中用模糊线性规划法制订饲料配方的数学模型还可表述为：

求变量(向量)X 的值，使之满足约束条件 $AX \geqslant \approx B$ 和 $X \geqslant 0$，同时使

$$\min f(X) = C^T X \leqslant \approx c_0$$

不过实践中变量(矩阵)A 或 B 或 C 等都有可能为模糊变量(矩阵)，就是说它们的元素是模糊变量，都可用模糊决策法制定饲料配方。这里为简单只把约束集和目标函数模糊化。

把约束集模糊化，求出约束集的隶属函数；把目标函数模糊化，求出目标函数的隶属函数。然后根据模糊判决，按最大隶属原则求出模糊最优解 X，从而把上述模糊线性规划转化为另一个普通线性规划。

$$\max \lambda$$
$$1 + (\sum a_{ij} x_j - b_i)/d_i \geqslant \lambda (i = 1, \cdots, m; j = 1, \cdots, n) -$$
$$(\sum c_j x_j - c_0)/d_0 \geqslant \lambda; 0 \leqslant \lambda \leqslant 1; x_j \geqslant 0, j = 1, \cdots, m$$

式中：d_i 是各营养指标及原料用量约束的伸缩量，即浮动范围，配方师可以根据经验、饲养标准和用户的饲养管理水平等情况确定。$d_i \geqslant 0 (i=1,\cdots,m)$，这说明约束边界模糊化了。

§3.2.3　模糊线性规划方法步骤

据上讨论可知，模糊线性规划法实质上就是将其数学模型转化为普通线性规划来求解。所以模糊线性规划法的关键就是构造模糊线性规划模型。模型的构造可分三步进行。

第一步：构造原线性规划模型，求出最低成本 c_0，若原线性规划无解，则求出其参考解。

第二步：构造加伸缩量的线性规划模型，求出最低成本（$c_0 - d_0$），从而得到目标约束的伸缩量 d_0。加伸缩量的线性规划模型如下：

目标函数　$\min f(X) = C^T X$

约束条件　$AX - D\lambda \geqslant B - D, X \geqslant 0$

式中　$D = (d_i)_{m \times 1}$

第三步：构造模糊线性规划模型，求模糊最优解及隶属度。根据以上求解结果，并且整理上述模糊线性规划模型，可得到如下一个新线性规划模型：

目标函数　$\max \lambda$

约束条件，$AX - D\lambda \geqslant B - D - CX - d_0\lambda \geqslant -C_0, X \geqslant 0$

综上所述，模糊线性规划的求解程序可以表示如下：

开始→求原线性规划的解→确定约束条件的伸缩量→求引入伸缩条件后线性规划的最优解→构造模糊线性规划模型→调用线性规划法子程序→输出饲料配方。

第4节　多配方优化方法

原料的影子价格会随配方设计（约束条件）以及原料价格结构

的不同而变化,这一事实告诉我们,单一配方的影子价格在指导原料采购上的作用是有限的。原料影子价格的另一个局限性是它不表明原料的用量。原料采购总是要根据饲料企业不同产品(配方)的生产量来进行的。此外,饲料企业总是有一定数量的库存原料,其实际价格与当前的市场价格也往往不尽相同。如何解决不同配方、不同生产量、不同地区饲料企业(如果饲料配方、原料采购与管理由公司统一进行的话)的原料采购与管理的优化问题,这就是多配方程序及其应用所涉及的内容。

§4.1　多配方规划的数学原理

多配方程序的目标是:全公司(厂)生产的配合饲料原料的总体成本最低。运用该程序,除了不同配方的优化结果和相关的原料影子价格,原料的市场价格,以及库存原料的成本与数量信息以外,还需要输入各个产品在某一时间段内(如 1 周内)的生产(销售)量的计划。

当原料供应可以完全满足需要时,由多配方程序所计算的结果在原料采购方面与单一配方计算的总和是一样的。如果各配方所选中的原料供应量有限,如何在不同配方中合理使用该饲料原料,使有限资源发挥最大效益? 原则上讲,应当将有限原料首先用于影子价格最低的配方。如果只有一二种被选原料供应量不足,在单一配方基础上,直接通过技术管理人员优先安排还是可以做到的。但是,如果供应量不足的被选原料种类多,生产的配合饲料(配方)种类繁多,单靠人工分析解决就相当困难,特别是如何在一个饲料企业内优化利用现有库存原料。对此,用单一配方是很难回答的,而多配方软件则可以在瞬间运算中解决这些问题。库存原料一般应根据"先进先出"的原则优先使用,但库存原料往往不能满足某一时间段(如 1 周)内的生产(销售)量计划的需要,因此存在着如何在诸多产品(配方)中优化使用这部分库存原料的问题。由于市场价格变化,有的库存原料当初的"购进价"会超过现在的影子价格,这时只有通过约束条件才能迫使将其纳入配方。有些情况下,多配方程序运算得到的结论是:"将某库存原料在市场上出售"对公司的效益最大。总之,多配方软件是迄今为止全面指导原料采购与管理的最有效的工具,对于一个有一定规模的饲料企业,具有很高的价值。

多配方优化设计方法有两种。一种方法是仍然采用线性规划法,另一种方法是采用动态规划法。为说明简单,这里仍通过一个简单实例介绍多配方优化设计的方法思路。

假定某厂有饲料原料如玉米、豆粕、鱼粉、骨粉等共 N 种,第 i 种饲料原料的成本为 C_i 元/t,记各种饲料原料价格构成的向量为 $C=(C_1 \cdots C_N)^T$;本月计划生产 M 种饲料产品,即共有 M 种饲料配方;第 i 种饲料原料在第 j 种饲料配方中的用量(%)为 C_{ij}, $i=1,\cdots,N$;$j=1,\cdots,M$;记原料用量构成的矩阵为 $X=(X_1 \cdots X_N)^T$。

本月预计生产第 j 种饲料产品的量为 $W_j(t)$,记各种饲料产品量构成的向量为 $W=(W_1 \cdots W_M)^T$;则本月该厂生产总的原料成本函数为 $f(X)$ 为:

$$f(X) = \sum_{j=1}^{M} \sum_{i=1}^{N} C_i W_j X_{ij} = C^T X W, \quad j=1,\cdots,N;\ j=1,\cdots,M;$$

前已述及,如果能采购到足够原料,则采用单个配方优化设计就能达到最佳分配方案(这时采用动态规划法也能达到这个结果);在资源有限时,则必须考虑资源分配策略,在例子中,动态规划法分配资源即设计饲料配方能最大限度地降低生产成本。其实,用线性规划法也能合理分配资源。假定第 i 种饲料原料资源本月最大采购限量为 β_i,记 $\beta=(\beta_1 \cdots \beta_N)^T$,如果第种原料可以任意使用没有用量限制,则可以认为 $\beta_i = \infty$。所以设计饲料配方时的

约束条件之一是

$$XW \leqslant \beta$$

把第 j 个饲料配方的约束值中(即饲养标准或饲料标准中)第 k 个营养指标的约束值记为 b_{jk},用一个矩阵 B 记 M 个饲料配方的约束值;把 N 种饲料原料的 K 种营养成分用一个矩阵记为 A;那么,用线性规划法制订出 M 个最佳饲料配方(这里的最佳是相对于整个饲料厂本月生产的全部产品最佳,而不是单个饲料配方最佳)的数学模型可以表述为:

求变量(矩阵)X 的值,使之满足约束条件

$$\begin{cases} A^T X \geqslant B^T \\ XW \leqslant \beta \\ X \geqslant 0 \end{cases}$$

目标函数:$\min f(X) = C^T XW$。

可以看出,多配方优化设计方法仍可采用线性规划法,只是这里多了一项资源约束 $XW \leqslant \beta$。所以,仍可采用线性规划法解决多配方优化设计问题,因此本书前面介绍的计算方法步骤也可用来解决多配方优化设计问题。

解决多配方优化设计问题的另一方法是采用动态规划法。有兴趣的读者可参考有关运畴学书籍。

多配方优化问题也可以在 Excel 表上完成。在一张工作表上一次计算多个配方,可以显著降低工作量,且便于比较。建模过程是:

　　·分别建立多个配方模型;
　　·累加各模型的配方成本汇总为总成本,放入另一单元格中;
　　·在对话框中将总成本框设定为目标单元格;

可变单元格中分别列举各模型的原料实际用量;约束条件框中分别添加各模型的各项约束条件。

原料分配或分摊:在多配方表单中,解决库存量不足或剩余时的现有原料合理分配和分摊问题。

模型修改:累加各模型中该原料的实际用量,放入总用量单元格中;在对话框的约束条件中添加相应的约束条件。

§4.2　多配方设计实例

(说明:此例引自刘钧贻主编《资源配方师》必读丛书第六册。2002.10)。

【例5】某饲料厂,其原料价格和规格情况见表5.4,在某月需生产3种产品,产品情况见表5.5。

表5.4　配方研究原料资料

原料	价格/元	粗蛋白/%	钙/%	磷/%	盐/%	赖氨酸/%	蛋氨酸+胱氨酸/%	猪代谢能/(kJ/kg)
玉米	1 700	8.7	0.02	0.27		0.24	0.28	13 499
麸皮	1 500	14.4	0.18	0.78		0.47	0.48	10 332
大豆粕	2 200	43	0.32	0.61		2.45	1.06	11 550
国产鱼粉	3 900	52.5	5.74	3.21		3.41	1.91	11 189
进口鱼粉	4 600	62.8	3.87	2.76		4.90	2.21	10 424
棉籽粕	1 000	42.5	0.24	0.97		1.59	0.87	8 295
石粉	120		35.9	0.04				
磷酸氢钙	1 800		23.1	18.7				
盐	600				97.5	78.8		
赖氨酸	27 500	93.5						12 600
蛋氨酸	32 500	59					98	12 600
植物油	8 000							37 380
中(大)猪预混料	9 680							

表 5.5 多配方产品名称和营养规格

		营 养 需 要							
	生产吨位/t	蛋白质/%	钙/%	磷/%	盐/%	赖氨酸/%	蛋氨酸＋胱氨酸/%	猪代谢能/(kJ/kg)	棉籽粕/%
中猪	1 000	16	0.6	0.5	0.3	0.75	0.38	12 516	0～5
大猪Ⅰ	2 000	14	0.5	0.4	0.3	0.63	0.32	12 516	0～6
大猪Ⅱ	2 500	15	0.5	0.4	0.3	0.63	0.32	12 810	0～6

假设本月棉粕最大采购量 100 t,研究以下几种情况:(1)该工厂总体配方成本为多少? (2)何种棉籽粕分配方案是最佳的? 其总体生产成本计算公式为:

$$总生产成本 = T_1 \times C_1 + T_2 \times C_2 + T_3 \times C_3$$

式中:T_i 为各产品吨位;C_i 为各产品配方成本,$i=1,2,3$。

方案①:采用多配方设计,直接通过多配方 Excel 程序计算。

方案②:将 50 t 棉粕分配到中猪料,50 t 棉粕分配到大猪料Ⅰ;通过将中猪料配方棉粕限制条件仍为 5%,大猪料Ⅰ配方棉粕限制条件由 6% 改为 2.5%,大猪料Ⅱ配方棉粕原料取消,可实现此目的。

方案③:将 50 t 棉粕分配到中猪料,50 t 棉粕分配到大猪料Ⅱ;通过将中猪料配方棉粕限制条件仍为 5%,大猪料Ⅱ配方棉粕限制条件由 6% 改为 2%,中猪料配方棉粕原料取消,可实现此目的。

方案④:将 50 t 棉粕分配到大猪料Ⅰ,50 t 棉粕分配到大猪料Ⅱ;通过将大猪料Ⅰ配方棉粕限制条件由 6% 改为 2.5%,大猪料Ⅱ棉粕限制条件由 6% 改为 2%,中猪料配方棉粕原料取消,可实现此目的。

方案⑤:将 100 t 棉粕分配到大猪料Ⅰ,通过将大猪料Ⅰ棉粕限制条件由 6% 改为 5%,中猪料、大猪料Ⅱ棉粕原料取消,可实现此目的。

方案⑥：将 100 t 棉粕分配到大猪料 Ⅱ，通过将大猪料 Ⅱ 配方棉粕限制条件由 6% 改为 4%，中猪料、大猪料 Ⅱ 配方棉粕原料取消，可实现此目的。

规划结果如下：

(1)在不考虑棉粕采购量有限制的情况下，这些产品棉粕用量和配方成本见表 5.6。

表 5.6 单配方结果

	棉粕用量 /t	单配方成本 /(元/t)
中猪	50	1 829.511 2
大猪 Ⅰ	120	1 775.317 7
大猪 Ⅱ	150	1 859.437 6
合计	320	

(2)在棉粕采购最大限量为 100 t 时，各配方方案所产生的三个产品配方成本及总体生产成本见表 5.7。

表 5.7 棉粕分配方案所产生的配方成本及总体配方成本

设计方案	配方成本（元/t）				总配方成本与多配方设计方案总生产成本差异
	中猪料	大猪料 Ⅰ	大猪料 Ⅱ	总配方成本	
多配方	1 849.357 5	1 786.229 0	1 887.584	10 140 775.74	0
②	1 829.511 2	1 797.921 5	1 887.594	10 144 339.70	3 585.96
③	1 829.511 2	1 814.212 7	1 875.689	10 147 161.35	6 385.61
④	1 858.555 9	1 797.912 5	1 875.689	10 143 605.65	2 829.91
⑤	1 858.555 9	1 781.629 1	1 887.594	10 140 799.60	23.86
⑥	1 858.555 9	1 814.212 7	1 866.070	10 152 158.30	11 382.56

借助多配方设计技术,100 t棉粕分配方案为:中猪用14.116 t,大猪料Ⅰ用 85.884 t,大猪料Ⅱ不用,此时总配方成本为 10 140 775.74元,比其他任何单配方分配方案都要低。其中 100 t 棉粕分配到大猪料Ⅰ分配方案与多配方优化结果中的 85.884 t 分配到大猪料Ⅰ中是较为接近的,其差异为最少;差异最大的即最差分配方案是将 100 t 棉粕分配到大猪料Ⅱ。

总之,在原料采购有限制的情况下,多配方设计总配方成本比任何单配方设计的成本要低。

(3)饲料配方技术从某一种程度上说就是降低配方成本的技术。传统饲料配方设计降低配方成本主要是对单一产品来说,对于多产品而言,当原料采购有限制的情况下,单配方设计的理论基础就不适应了,此时优化的目标已从单一配方成本为最低转移到总体配方成本为最低。本文研究为方便起见,仅仅考虑到 3 个产品,实际生产过程中,饲料厂涉及的产品要比这复杂得多,配方优化的难度要加大许多,此时单配方设计无论是在求解的准确度和速度方面都显得力不从心。从单配方设计到多配方设计,这是从局部最优飞跃到系统最优,是饲料厂配方技术一大革新,多配方技术应用将为合理利用现有限制性资源、降低总体配方成本开拓新的道路。

(4)多配方技术原理也可从系统论理论去理解。一个系统由许多局部组成,由于资源是有限的,当系统许多局部都在竞争某一资源的时候,本着系统的利益最大原则,系统可以局部进行协调,即牺牲系统局部利益以求得系统总体利益为最大。

(5)多配方对单配方设计并不是简单的否定,而是一种更大范围的包含,当饲养厂只有一个产品或者是原料采购没有限制的情况下,此时多配方和单配方设计结果是一样的。

(6)在任何情况下,多配方设计总体配方成本都不会高于任何单配方设计总体配方成本。

参 考 文 献

[1] 靳波,毛华明,文际坤.在 Excel 上用非线性随机规划模型求解饲料配方.畜牧人,2011-11-10.

[2] 李鑫,王康宁.近红外快速预测饲料原料有效能值及其影响因素[J].饲料工业,2006,27(11):26-28.

[3] 刘钧贻.《资源配方师》必读丛书第六册.2002.10.

[4] 汝应俊.建豆动态饲料数据库的意义及方法[J].中国饲料,2006(8):18-21.

[5] 孙文志,张忠远.考虑养分变异性的最低成本饲料配方模型[J].动物营养学报,1996,8(3):31-37.

[6] 陶琳丽,安清聪,胡卫国,等.随机规划模型设计饲料配方及其结果的模糊综合评判[J].云南农业大学学报,2007,22(2):259-264.

[7] 陶琳丽,张曦.计算机饲料配方设计中数学方法的应用.农业网络信息,2004(6):34-42.

[8] 王继华,范聚芳,董瑞玲.制定饲料配方数学方法的发展[J].兽药与饲料添加剂,1999.

[9] 王继华,邢海军,张凤仪.饲料配方模糊规划和随机规划原理[J].邯郸农业高等专科学校学报,2003,20(2):1-4.

[10] 王继华,王茂曾,李连缺.家畜育种学导论[M].北京:中国农业科技出版社,1999.

[11] 王旭.优化配方氨基酸营养应对蛋白质原料涨价[PPT].赢创德固赛(中国)投资有限公司,2010.

[12] 熊易强.饲料配方基础和关键点[J].饲料工业,2007,28(7):2-7.

[13] 熊易强.饲料配方中影子价格的定义及其应用[J].饲料工业,2006,27(23):1-5.

[14] 张文生.考虑原料成分营养变异的最低成本家禽饲料配方:安全边际线性规划与随机规划模型的比较[J].饲料工业,1993,14(12):22-25.

[15] 张元跃.采用随机规划法进行饲料配方设计.湖南农业大学学报,1997,23(1):58-62

[16] William P. Weiss. Variation Exists in Composition of Concentrate Feeds. Feedstuffs,2004-5-10.

[17] 朱犁,孙玲.随机规划与线性规划在饲料配方中的应用比较[J].安徽农业科学,2006,34(9):1778-1779,1784.

第6章　饲料配方比较试验

在设计饲料配方时我们已经对产品质量做了统计学考虑,包括预期的日增重、料肉比,尤其是每千克增重的饲料成本等经济性能的平均数和置信区间。既然这样,我们为什么还要做饲养试验?这就是理论与实践的吻合性验证问题。再就是常要比较不同饲料或不同配方的饲养效果,比较不同品牌的饲料不仅是猪场常做的试验,饲料厂也常要比较自己的产品与竞争对手的产品。

研究饲养试验设计的目的是避免系统误差,控制、降低试验误差,以最低成本,无偏估计处理效应或这些效应之间的关系,从而对样本所在总体作出可靠、正确的推断。本章主要讲狭义试验设计。

一个周密而完善的试验设计,能合理安排各种试验因素,严格控制试验误差,从而用较少人力、物力和时间,最大限度地获得丰富而可靠的资料。反之,如果试验设计存在缺点,就可能造成浪费,且减损研究结果的价值。试验设计及其统计分析技术是科技人员必须掌握的基本功,怎么强调都不会过分。

第1节　饲养试验设计基础

关于动物饲养试验的设计,国内外有很多的专著可以参考,这里只讨论一些试验中常易出现问题的关键细节和宏观思路。

试验设计,广义理解是指试验课题设计,也就是拟定整个试验计划。主要包括课题名称、试验目的,研究依据、内容及预期效果,试验方案,包括试验单位的选取、重复数确定、试验单位的分组、处理的分配、试验的记录项目和要求、试验结果的分析方法和经济效益或社会效益估计,已具备的条件,需购置的仪器设备,参加研究人员的分工,试验时间、地点、进度安排和经费预算,学术论文撰写等内容。而狭义的理解仅仅是指试验方案。

§1.1　试验的要求

为保证试验质量,在试验中应尽可能控制和排除非试验因素的干扰,合理设计试验,从而提高试验可靠程度,使试验结果在生产实际中发挥作用。为此,对动物试验有以下几点要求:试验条件的代表性;试验的正确性——准确度(accuracy)和精确度(precision);试验结果的重演性。

(1)试验要有代表性。动物试验的代表性包括生物学和环境条件两个方面。①生物学的代表性,是指作为主要研究对象的动物品种、性别、生理状态、个体的代表性,并要有足够数量。例如,进行饲料比较,所选个体必须能代表饲料将要推广的猪群,不要选择特殊个体,并根据个体均匀程度,在保证试验结果可靠性的条件下,确定适当的动物数量。②环境条件的代表性,是指代表将来计划推广此项试验结果的自然和生产条件,如气候、饲料、饲养管理水平及设备等。代表性决定了试验结果的可用性,没有代表性的试验结果不能推广应用,没价值。

(2)试验要有正确性。试验的正确性包括试验的准确性和试验的精确性。在试验过程中,应严格执行各项试验要求,将干扰因素控制在最低水平,以避免系统误差,降低试验误差。

(3)试验要有重演性。重演性是指在相同条件下,重复进行同一试验,能够获得与原试验相类似的结果,即试验结果必须经受得起再试验的检验。由于试验受供试动物个体之间差异和复杂的环境条件等因素影响,不同地区或不同时间进行的相同试验,结果往往不同;即使在相同条件下的试验,结果也有一定出入。因此,为保证试验结果的重演性,必须认真选择供试动物,严格把握试验过程中的各个环节,在有条件的情况下,进行多年或多点试验,这样所获得的试验结果才具有较好的重演性。

§1.2　试验因素

试验因素(experimental factor):试验中,凡对试验结果可能产生影响的原因或要素,都称为因素。动物试验结果除营养外,还受品种、年龄、性别、生理状态、养殖密度、环境条件、管理措施、测量方法、保健措施诸方面影响,这些方面就是影响动物试验的因素。

试验因素依赖于研究目的,研究者希望着重研究考察其效应的某些因素,亦称处理因素,如不同饲料、不同添加剂、不同药物等。把除试验因素以外其他所有对试验指标有影响的因素称为非试验因素,或非处理条件,又称干扰因素或混杂因素。例如研究 3 种饲料的营养效果,猪的窝别、进食量等为非试验因素。干扰因素对试验结果的影响常造成试验误差——非试验因素的综合作用统称为试验误差。试验对象对试验因素产生的反应称为试验效应。试验效应是反映试验因素作用强弱的标志,它必须通过具体的指标来体现,例如日增重、料肉比、腹泻率等。

影响试验结果的全部因素,包括试验因素和非试验因素,一起构成一个系统,这就是我们的研究对象。理论上说,试验系统中的每个因素都可以用一个变量表示。由于系统的复杂性和统一性,试验系统内各个变量间常不相互独立,而是具有某种质的和量的关系。这种量的关系的具体数学形式,随试验系统而改变,特定试验系统中变量间的数学关系,与变量间的生物学关系和畜牧学关系一样,设计试验时都要给予足够的考虑。

§1.3 试验单元

试验单元(experimental unit)。试验所用的材料称为试验对象。用仔猪做试验,仔猪就是本次试验的试验对象,或称为受试对象。试验单元是指试验中安排一个处理的最基本试验单位,也叫试验单位,就是能施以不同处理的最小材料单元。如一头仔猪或同一小圈里的几只仔猪等。

畜牧试验中,尤其饲养试验中正确确定试验单元非常重要,这里强调不同试验单元要相互独立、互不干扰。群饲的仔猪应以单圈或单笼为一个试验单元,尽管每圈多头仔猪,却不能将群饲的每头作为一个试验单元,因为它们不相互独立。

在配对试验、非配对试验和多个处理比较试验中,同一处理的不同重复是指同一处理实施在不同试验单位上。若试验以个体为试验单位,则同一处理的不同重复是指同一处理实施在不同个体上;若以群体为一个试验单位,则同一处理的不同重复是指同一处理实施在不同群体上,这时如果每处理只实施在一个群体上,不管这群动物数量多大,实际相当于只实施在一个试验单位上,只能获得一个观测值(群体平均数),无法估计试验误差。

常见到饲养试验中把同一圈内的仔猪分为几个试验单元,它们并不相互独立,强悍的仔猪与弱小的仔猪是相互影响的。有将两窝仔猪分为对照与试验两组,而无重复,测定每头仔猪的增重进行统计检验。这样的错误结果无意义。

§1.4 变异系数

饲养试验中常用变异系数来度量偶然变异的相对量。生长性能的变异系数一般低于繁殖性能,可见表6.1。变异系数高导致难以检测到饲料间的差异,而变异系数低时则较易发现饲料间的差异。表6.1列出的许多性状的变异系数范围很大,这说明生产者最好首先确定自己猪场的变异系数,否则,在确定指定猪场的试验重复数时,可能出现较大的错误。

表 6.1 猪生产性状的变异系数的变化范围[a]

性状	试验数	CV 的范围/%
母猪		
断奶时窝仔数	3	5.3~39.1
断奶时窝重	6	11.7~32.7
哺乳母猪 ADFI[b]	9	13.4~29.7
断奶至发情间隔	8	12.1~153.0
保育猪		
ADG[b]	7	2.8~13.9
ADFI	7	3.9~14.5
G∶F[b]	7	1.6~22.1
生长育肥猪		
ADG	7	2.4~4.5
ADFI	7	1.9~4.1

注:[a] Johnston,L. J.,A. Renteria 和 M. R. Hannon. 提高场内研究的有效性. 养猪健康生产杂志,2003,11(5):240-246.

[b] ADFI,平均每天饲料采食量;ADG,平均每天增重;G∶F 为增重与饲料的比例。

表 6.2 给出了检验两种饲料差异要求的每种饲料的重复栏数(独立试验单元数),这是在置信度为 95% 时对两种饲料差异作出结论所要求的原则。例如,如果希望保育猪日增重有 15% 的提高(约每天 45.4 g),假定变异系数是 5%,则试验中每种饲料类型至少有 4 栏重复,见表 6.2。重复栏数不足会降低准确检测出两种饲料存在 15% 差异的能力。为保证准确评价两种饲料,就要求有足够重复。

表 6.2　保育猪与生长猪饲养试验时每种饲料需要的重复栏数

CV/%	检测出与对照料的差异/%					
	5	10	15	20	25	30
2	5	3	2			
5	23	7	4	3	3	3
10	85	23	11	7	5	4
16	216	55	25	15	10	8
20	337	85	39	23	15	11

注：Berndston 等. 选择或评价动物试验重复数量的简单、快捷和可信的方法.

动物科学杂志(Joumal of Animal Science). 1991,69:67～76. 假定 $P < 0.05$ 时有 90%的可信度.

§1.5　饲养试验分组规则

试验设计时，试验组与对照组的仔猪初始体重应相近，以对比两种饲料的试验为例，两组平均体重的差异应小于两组平均体重的 2%。例如处理组与试验组的体重分别为 6.311 kg 和 6.401 kg，全部参试猪的平均体重为 6.356 kg，那么，处理组与对照组初始体重的差异为 6.401-6.311＝0.09 kg，(0.09/6.356)×100＝1.4%。所以，分组合适，不需要重新分组。

有时候，在试验分组时，要全部消除初始体重、品种、性别或年龄等产生的变异是不可能的，这些因素严重影响试验结果，我们称之为"大效因素"。如果设计试验时只有一个非试验大效因素的影响不能消除，可以在分析试验结果时使用"协方差分析"的方法从统计上消除这个大效因素的影响，这就是所谓的"统计控制"。当设计试验时不方便消除的大效因素多于一个时，传统的协方差分析方法就不能处理这种试验结果了。这时可以使用"线性模型分析方法"处理试验结果，鉴于已有不少专著出版，所以这里不再赘述。

§1.6　处理间比较的"唯一差别"原则

设计动物试验的最根本原则是"唯一差别"原则,也就是除处理因素外,其他非试验因素要通过试验设计或统计处理来"控制"。动物表型性能受非试验因素影响很大,在设计动物试验时,一般都要考虑到这些因素。

我们强调,只有那些远远小于处理效应的因素才可以通过"随机化"归入试验误差,对于"大效因素",无论是否随机化,都会严重影响试验结果,所以,在做动物饲养试验时,必须考虑到全部有较大效应的因素。例如,在猪饲养试验中,同一品种内不同家系(窝)的仔猪,表型性能常差别很大,甚至大于处理效应,通过实验设计不一定能够消除不同家系(窝)间的遗传差异,例如,要研究不同饲料(配方)对猪生长性能的影响,一般应强调选择试验动物要求出生日期、体重、性别、健康状况和生理状况接近,并且把同一窝仔猪分配到不同区组(重复),而区组内个体间没有血缘关系,这在实践中常不能满足。这时分析试验结果,如果把窝效应归入试验误差,就会严重影响结论的正确性;即使在试验设计时"随机化"这个因素,它依然会严重加大误差方差,严重影响结论的精确性,所以要求考虑参试猪的遗传关系。

§1.7　适宜的试验规模

在设计动物饲养试验方案时,首先要根据不同试验设计决定统计分析方法。适宜的试验规模是针对不同的试验设计和统计分析方法而言的,这一点必须首先强调。

几乎所有试验研究方案,为探测假设的有效或无效,都需要预设试验规模,或称为样本大小,n。样本小了不能发现真实结果,样本大了造成浪费。影响样本含量 n 的因素主要有:

(1)试验设计和试验目的。

（2）犯Ⅰ类错误的概率 α 和犯Ⅱ类错误的概率 β。

（3）最小显著差数 d：试验设计时，首先要确定要检出的最小显著差数。最小显著差越小，表明试验越精细，精度越高；反之，则表明试验越粗放，精度越差。最小显著差数的大小，与试验动物的头（只）数、重复数、试验指标的变异程度有关。一般情况下，对体重（包括日增重）、体尺等以绝对数表示的指标，其最小显著差数可用相对相差（差数占平均数的百分比）表示，通常以不超过 5％ 为宜；像产蛋率、瘦肉率等，以百分数表示的指标，其最小显著差数可用绝对相差表示，通常以不超过 3％ 为宜。

（4）研究对象之间的变异性大小，即试验单位的标准差 σ 或方差 σ^2。α 和 β 由试验者根据研究目的事先给定，d 和 σ 则需通过专业知识、历史资料或预试验（pilot study）做出估计。α 定得越小，β 定得越小，差别 d 越小，标准差 σ 越大，所需样本含量就越大。

变异程度与最小显著差数有关。变异程度越大，表明试验误差越大，最小显著差数也越大。对体重、体尺等测定值，标准差的大小随平均数而变化，而变异系数则相对稳定。如一般家畜体重的变异系数为 12％ 左右，鸡为 14％ 左右。

（5）误差项自由度：误差自由度也与最小显著差数有关。自由度越大，显著水准的 $t(0.05)$ 值越小，最小显著差数也越小。所以，在试验设计条件允许时，应尽量加大误差项自由度，通常以 $dfe = 10 \sim 20$ 为宜。

根据方差分析中自由度的分解程序，可知试验重复次数和处理数与误差自由度的关系。试验设计方法不同，处理数不同时，要求的最低重复次数不同。实践中可依误差自由度加以粗略估计：由于 t 表（或 F 表）中的 0.05 临界值即 $t_{0.05}$（或 $F_{0.05}$）随误差自由度增大而减小，且随误差自由度增大，减小的幅度减小，当误差自由度达 20 以后，$t_{0.05}$（或 $F_{0.05}$）减小甚微，从这一意义上讲，误差自由度达 20 就足够。如进行两个处理的试验，每个组最多设 11 个重复。但实践中要达此规模常是困难的,可依实际情况使规模小些,但一般认为,最小误差自由度也要在 12 左右。若被检对象的差异大,规模可小些,反之应大些。例如在育肥猪的日粮中添加某元素可大幅度提高日增重,试验规模可相对小些;只有轻微的促生长作用,则需规模大些。

如果各组动物的变异大小和测量费用相同,设计试验时应注意尽量采用各处理重复数相等的设计,因为这时,同样试验规模,等数分组较不等数分组的精确度高。常有人误以为试验组比对照组重要,所以试验组动物多,对照组动物少。

实践中可按公式或查表求得样本大小的估计值。在有多个处理时,要注意处理数(包括对照)与最小重复次数间的关系。

§1.8　试验设计的主要类型

在动物饲养试验中,根据是否主动施加干预,可把试验设计分为两类:一是干预型试验设计(试验研究),是指研究者根据研究目的、通过对受试对象(仔猪)施加干预,严格控制各种影响因素,获得干预研究结果。例如研究 3 种饲料的营养效果。将 60 只仔猪随机分为三组,每组分组喂 3 种不同饲料。干预型研究设计是在严格控制条件下的干预试验,不仅可避免偏倚,而且可用最小消耗获取最大功效。二是调查研究,是指对特定对象群体进行调查,影响调查的因素是客观存在的,研究者只能被动了解和如实记录。调查时研究条件难以控制,只有通过合理分组、设置对照等手段尽可能减少干扰。

还可根据是否用试验动物真做试验分为真试验与模拟试验。

第 2 节　常见的饲养试验设计

§2.1　简单对比试验的样本含量设计

（1）两饲料对比试验。对于随机分为两组的试验，若 $n_1 = n_2$，可由非配对 t 检验公式导出：

$$n = 2t_{(\alpha, dfe)}^2 S^2 / LSD_\alpha^2$$

或　　　　　　　　　　$n = 2t_{(\alpha, dfe)}^2 CV^2 / LSD_\alpha^2$

式中：n 为"每一组"试验动物头数，即重复数；$t_{(\alpha, dfe)}^2$ 为 $dfe = 2(n-1)$、两尾概率为 α 的临界 t 值；S 为试验误差方差的平方根，据以往试验或经验估计；CV 是变异系数，等于 S 除以平均数；$LSD_\alpha = (\bar{x}_1 - \bar{x}_2)$，为预期达到差异显著的平均数差值的最小值；$1 - \alpha$ 为置信度。

首次计算时，以 $df = \infty$ 时的 t_α 值代入计算，若算出的 $n \leqslant 15$，则以 $df = 2(n-1)$ 的 t_α 值代入再计算，直到 n 稳定为止。

考虑两类错误时的公式为：

$$n = 2S^2 (t_\alpha + t_\beta)^2 / (\bar{x}_1 - \bar{x}_2)^2$$

式中：t_β 为 $df = 2(n-1)$、假设检验的第 Ⅱ 类错误的概率。

需要注意：①两样本及各试验单位要相互独立。②上述公式是两尾测验。如果是一尾测验，则公式改为

$$n = 2S^2 (t_{2\alpha} + t_\beta)^2 / (\bar{x}_1 - \bar{x}_2)^2$$

【例 1】比较两个饲料（配方）对仔猪增重的影响，采用非配对设计，根据以往经验 $S = 2$ kg，希望以 95% 的置信度在平均数差值达到 1.5 kg 时，测出差异显著性。问每组至少需要多少头独立参试仔猪才能满足要求？

将 $t_{(0.05, \infty)} = 1.96, S = 2, \bar{x}_1 - \bar{x}_2 = 1.5$ 代入公式 $n = 2t_{(\alpha, dfe)}^2$

S^2/LSD_{α}^2 得：

$$n=2\times1.96^2\times2^2/1.5^2=13.66\approx14\text{（头）}$$

以 $n=14$，$df=2(14-1)=26$ 的 $t_{(0.05)}=2.056$ 代入公式：

$$n=2\times2.056^2\times2^2/1.5^2=15.03\approx15\text{（头）}$$

再以 $n=15$，$df=2(15-1)=28$ 的 $t_{(0.05)}=2.048$ 代入公式：

$$n=2\times2.048^2\times2^2/1.5^2=14.91\approx15\text{（头）}$$

n 已稳定在15，说明本试验两组均至少需15头试验家畜才能满足要求。

【例2】两组样本均数检验的样品含量估计。某新促生长添加剂的临床试验，选取一常规添加剂为对照组，已知个体的标准差为1 kg。如果新添加剂的促长效果至少比常规添加剂平均高出0.8 kg 方可推广，试问需要多大样本含量？取 $\alpha=0.05$，$\beta=0.05$。

本例要同时考虑犯两类错误的概率，需要按照公式 $n=2S^2(t_a+t_{\beta})^2/(\bar{x}_1-\bar{x}_2)^2$ 计算。假定：第一类错误的概率 $\alpha=0.05$（单侧检验）；第二类错误的概率 $\beta=0.05$；两试验组均数差值 $d=0.8$；两试验组合并标准差 $\sigma=1$；采用单侧检验（因为新添加剂低于常规添加剂时就不再需要检验）；不考虑观测费用。

第1轮是以样本无穷大来计算：

$$
\begin{aligned}
n &=2S^2(t_{2a}+t_{\beta})^2/(\bar{x}_1-\bar{x}_2)^2 \\
&=2\times[(1.645+1.645)/0.8]^2=2\times4.612\ 5^2\approx43
\end{aligned}
$$

第2轮：把 $t_{(0.05,43)}=1.681$ 带入公式，

$$
\begin{aligned}
n &=2S^2(t_{2a}+t_{\beta})^2/(\bar{x}_1-\bar{x}_2)^2 \\
&=2\times[(1.681+1.681)/0.8]^2=2\times4.202\ 5^2\approx35
\end{aligned}
$$

第3轮：把第2轮的样本规模带入公式计算，这时 $t_{(0.05,35)}=$

1.69,所以

$$n = 2S^2 (t_{2\alpha} + t_\beta)^2 / (\overline{x}_1 - \overline{x}_2)^2$$
$$= 2 \times [(1.69 + 1.69) / 0.8]^2 = 2 \times 4.225^2 \approx 36$$

继续轮回计算,直到结果稳定,本例为36。

(2)饲料合格与否的试验。这实际上是比较样本均数与总体均数,用下公式估计样本规模:

$$n = S^2 (t_\alpha + t_\beta)^2 / (\overline{x}_1 - \mu)^2$$

式中:μ 为总体均数,$\overline{x}$ 为样本均数,其余各字符的含义同前。

【例3】单组样本均数检验的样品含量估计。一般 14 日龄体重的均数和标准差分别为 4.3 kg 和 1 kg。现试验一新饲料,预试验结果使 14 日龄体重平均提高 1 kg,问试验时至少需观察多少独立参试仔猪?

假定:第一类错误的概率 $\alpha = 0.05$(双侧检验);第二类错误的概率 $\beta = 0.1$;试验组与总体均数差值 $d = 1$;个体间标准差 $\sigma = 1$;第一轮还是以样本无穷大来计算:

$$n = S^2 (t_\alpha + t_\beta)^2 / d^2 = \left[\frac{(1.96 + 1.645)^2 \times 1}{1} \right]^2 = 3.605^2 \approx 13$$

第 2 轮:把 $t_{(0.05, 13)} = 2.16$ 和 $t_{(0.1, 13)} = 1.771$ 带入公式,

$$n = S^2 (t_\alpha + t_\beta)^2 / d^2 = \left[\frac{(2.16 + 1.771)^2 \times 1}{1} \right]^2 = 3.931^2 \approx 16$$

第 3 轮:把第 2 轮的样本规模带入公式计算:

这时 $t_{(0.05, 16)} = 2.12$ 和 $t_{(0.1, 16)} = 1.746$,所以

$$n = S^2 (t_\alpha + t_\beta)^2 / d^2 = \left[\frac{(2.12 + 1.746)^2 \times 1}{1} \right]^2 = 3.866^2 \approx 15$$

如此轮回计算,直到结果稳定,本例为15。

（3）新饲料腹泻率试验样本含量。按下式估计比较方便：

$$n = 2p \times (100 - p) \times f(\alpha, \beta)/d^2$$

式中：p 是预期的不腹泻比率，例如 50%，d 是新饲料与预期效果的差异（例如 5%），$f(\alpha, \beta)$ 是一常数，根据不同的 α，β 值，按表 6.3 查出。

表 6.3　一尾测验时的 $f(\alpha, \beta) = (t_{2\alpha} + t_{\beta})^2$ 值

错误类型		测验效力（1−β）（β 为 Ⅱ 型错误的概率）			
		0.05	0.1	0.2	0.5
一尾测验 α（Ⅰ 型错误）	0.1	10.8	8.6	6.2	2.7
	0.05	13.0	10.5	7.9	3.8
	0.02	15.8	13.0	10.0	5.4
	0.01	17.8	14.9	11.7	6.6

引自：时景璞. 中国临床康复. 2003. Vol. 7. NO.10。

【例 4】观察两种饲料的腹泻率，其中 A 饲料使腹泻 5%，B 饲料使腹泻率 5.6%。要求 $\alpha = 0.05$，$\beta = 0.1$，若要得出两饲料差别显著的结论，需要多少独立参试仔猪？查表得 $f(0.05, 0.10) = 10.8$，$p = (5 + 5.6)/2 = 5.3$，代入公式：

$$n = 2p \times (100 - p) \times f(\alpha, \beta)d^2$$
$$= 2 \times 5.3 \times (100 - 5.3) \times 10.8/0.6^2$$
$$= 30\ 115（只）$$

注意：这是每一组的重复数。两组比较则实际试验规模是 $2n = 30\ 115 \times 2 = 60\ 230$（只）

§2.2　配对设计中重复数的估计

（1）由配对设计 t 检验公式可以导出：

$$n = t_a^2 S_d^2 / \overline{d}^2$$

或
$$n = S_d^2(t_a + t_\beta)^2/\overline{d}^2$$

式中：n 为试验所需动物对子数，即重复数；S_d 为差数标准误差，根据以往试验或经验估计；t_a 为自由度 $n-1$、两尾概率为 a 的临界 t 值；$\overline{d}$ 为要求预期达到差异显著的平均数差值（$\overline{x}_1 - \overline{x}_2$）；$1-a$ 为置信度；β 为犯 II 类错误的概率。

这里强调指出：①这里的"对"为试验单位，不同对之间要相互独立；②如果是一尾测验，则上述公式改为

$$n = S_d^2(t_{2a} + t_\beta)^2/\overline{d}^2$$

首次计算时以 $df = \infty$ 的 t_a 值代入计算，若 $n \leqslant 15$，则以 $df = n-1$ 的 t_a 值代入再计算，直到 n 稳定为止。

【例 5】比较两个饲料配方对猪增重的影响，配对设计，希望以 95% 的置信度在平均数差值达 1.5 kg 时，测出差异显著性。据经验 $S_d = 2$ kg，问需多少对试验仔猪才能满足要求？

将 $t_{0.05}(\infty) = 1.96$，$S_d = 2$，$\overline{d} = 1.5$，代入式 $n = t_a^2 S_d^2/\overline{d}^2$，得：

$$n = 1.96^2 \times 2^2/1.5^2 \approx 7（对）$$

因为 $n < 15$，再以 $df = 7-1 = 6$ 时，$t_{0.05} = 2.477$ 代入公式：

$$n = 2.477\ 2^2 \times 2^2/1.5^2 \approx 11（对）$$

再以 $n = 11$，$df = 11-1 = 10$ 时，$t_{0.05} = 2.228$ 代入公式：

$$n = 2.228\ 2^2 \times 2^2/1.5^2 \approx 9（对）$$

再以 $n = 9$，$df = 8$ 时，$t_{0.05} = 2.306$ 代入公式：

$$n = 2.306\ 2^2 \times 2^2/1.5^2 \approx 9（对）$$

n 已稳定为 9，故该试验至少需 9 对独立仔猪才能满足试验要求。

§2.3　调查研究中样本含量的估计

目前对调查研究所需样本含量,还没有一个精确估计方法。根据以往研究,一般要求样本含量占抽样总体的 5% 为最小量,对变异较小的群体,则可低于 5%。实际上调查样本含量与调查要求的准确性高低及所研究对象的分布(包括平均数和方差)有关。正态总体中抽样的标准误差为:

$$S_E = \sqrt{S^2/n} \qquad \text{(有放回抽样)}$$

或 $\qquad S_E = \sqrt{S^2/n(1-n/N)} \qquad \text{(无放回抽样)}$

式中:S_E 为样本平均数的标准误差;S 为样本标准差;n 为样本大小;N 为总体大小。

(1)平均数抽样调查的样本含量估计。根据样本平均数与总体平均数差异显著性检验原理来确定。样本较小时用 t 检验,公式为 $t_a = \sqrt{d^2/S_E}$,由此推出的样本含量计算公式为:

$$n = t_a^2 S^2/d^2 \qquad \text{(有放回抽样)}$$

或 $\qquad n(1-n/N) = t_a^2 S^2/d^2 \qquad \text{(无放回抽样)}$

式中:n 为样本含量;t_a 为自由度 $n-1$、两尾概率为 a 的临界 t 值;S 为标准差,由经验或小型调查估得;d 为允许误差($\overline{X}-\mu$),可根据调查要求的准确性确定;$1-a$ 为置信度。

首次计算时可先用 $df = \infty$ 时(当置信度为 95% 时,$t_a = t_{0.05} = 1.96$;置信度为 99% 时,$t_a = t_{0.01} = 2.58$)值代入,若算得 $n < 30$,再用 $df = n-1$ 的 t_a 代入计算,直到 n 稳定为止。

【例6】调查本厂断奶仔猪饲料投放市场后的使用效果,已测得洋三元仔猪的 63 日龄体重的标准差 $S = 4.07$ kg,今欲以 95% 的置信度使调查所得的样本平均数与洋三元仔猪总体平均数的允许误差不超过 0.5 kg,问需要抽取多少头独立仔猪样本才合适?

已知:$S=4.07,\delta=0.5,t_\alpha=0.95$,先取 $t_{0.05}=1.96$,代入无放回抽样公式,得:$n=1.96^2\times4.07^2/0.5^2=254.54\approx255$(头)。即对洋三元仔猪体重进行调查,至少需要调查 255 头独立仔猪,才能以 95% 的置信度使调查所得样本平均数与总平均数相差不超过 0.5 kg。

(2)百分数抽样调查样本含量估计。如果调查目的是对服从二项分布的总体百分数作出估计,由样本百分数与总体百分数差异显著性检验的检验公式推出样本含量计算公式为:

$$n=u_\alpha^2pq/d^2$$

式中:n 为样本含量;p 为总体的百分数;$q=1-p$;u_α 为两尾概率为 α 的临界 μ 值:$\mu_{0.05}=1.96,\mu_{0.01}=2.58$;$d$ 为允许误差($\hat{p}-p$),$\hat{p}$ 为样本百分率,可由经验得出;$1-\alpha$ 为置信度。

总体百分数如果事先未知,可先从总体中调查一个样本估计。或令 $p=0.5$ 进行估算。

【例 7】欲了解本厂仔猪饲料投放市场后仔猪 63 日龄内腹泻率,已知道通常腹泻率约 60%,若规定允许误差为 3%,取置信度 $1-\alpha=0.95$,问至少需要调查多少只独立仔猪?

将 $\rho=0.6,q=1-p=1-0.6=0.4,d=0.03,\mu_{0.05}=1.96$,代入公式得:$n=1.96^2\times0.6\times0.4/0.03^3\approx1\ 025$(只),即至少需要调查 1 025 只独立仔猪,才能以 95% 的置信度使调查所得的样本百分数与总体百分数相差不超过 0.03。

此外,当样本百分数接近 0% 或 100% 时,分布呈偏态,应对 x 作转换。此时估算公式为:

$$n=[57.3u_\alpha/\sin^{-1}(d/p\ \sqrt{1-p})]^2$$

【例 8】抽样调查本厂断奶仔猪饲料投放市场后仔猪 63 日龄内的咬尾病发病率,已知通常发病率为 2%,若规定允许误差为

0.1%,取置信度 $1-a=0.95$,问至少需要调查多少只独立仔猪?

将 $p=0.02,d=0.001,\mu_{0.05}=1.96$,代入公式,得:

$$n=[57.3\times1.96/\sin^{-1}(0.001/0.02\sqrt{1-0.02})]^2=1\ 505$$

即至少需要调查 1 505 头独立仔猪,才能以 95% 的置信度使估计出的咬尾病发病率误差不超过 0.1%。

当研究对象不呈正态分布时,抽样规模的估计不可以用上述公式,有兴趣的读者可去读有关抽样方法的专著。

§2.4 估计相关系数所需要的样本大小

所用的计算公式为:

$$n=4\times\left[(u_a+u_\beta)/ln\left(\frac{1+r}{1-r}\right)\right]^2+3$$

式中:n 为所需样本含量;r 为总体相关系数的估计值;ln 为自然对数;其余字符的意义同前。

【例9】根据一些资料表明仔猪的采食量与日增重间直接相关系数为 0.85,设 $\alpha=0.05,1-\beta=0.90$,若想得到与本厂仔猪饲料有关的有统计学意义的结论,应调查多少例?

已知:$\alpha=0.05,1-\beta=0.90,u_{0.05/2}=1.96,u_{0.1}=1.282,r=0.85$,代入公式得:

$$n=4\times\left[(1.96+1.282)/ln\left(\frac{1+0.85}{1-0.85}\right)\right]^2+3=8.16\approx9$$

选择 9 只独立仔猪进行研究即可。

样本含量除用一定公式计算外,还可查表直接查出,而且与计算的结果非常接近,可参考有关统计学专著,也可用专门软件如 SPASS 进行样本含量估计,计算过程简单易行。网上有其他的免费软件也可以完成这个步骤,例如欧洲的 Winepiscope,可以到这里下载：

http://www.clive.ed.ac.uk/clive CatalogueItem.asp? id=
B6BC9009－C10F－4393－A22D－48F436516AC4

§2.5　饲养试验实例——日粮适口性比较试验

日粮的适口性非常重要，尤其是当饲料厂想采用一种新的饲料原料，或者调整日粮配方时，均应考虑到动物的适口性和采食量问题。所以，对饲料厂来说需要有一个可靠的方法，来测定动物对此新原料或新配方的喜爱程度，即测定饲料的适口性。

尽管乳猪和狗有很大不同，但是测定一种狗粮或一种乳猪料适口性的方法大致类似。只要适当调整，测定宠物日粮适口性的方法也能用于测定仔猪日粮的适口性。但最麻烦的是：食物（饲料）适口性的组成部分不明确，测定适口性的方法很多，并且测定技术也不断改进。这里介绍武书庚（2002）译自 Feed International 的方法，也就是被大家广泛接受的"两只碗"方法，这是宠物食物适口性研究的专业经典方法，对仔猪也可照此进行。

（1）测定前的准备工作。适口性测定法的出现早于实际的"品尝测定"法，后者需要一个由动物组成的"品尝团"来"品尝"日粮。测定前需要用不同食物或日粮来训练动物，以确保动物（尤其是即将用于组成"品尝团"的动物）对两种食槽或喂料器没有偏爱，如此才能更好地对日粮的适口性进行评分。每一碗日粮量应超过其食欲的 20%～30%，以便于动物能采食更多偏爱的日粮，满足其食欲，这样可以排除因定量而带来的偏见。

另外还需要一些特殊的训练，如训练狗采食碗里的食物不泄漏。还要训练动物每天定时采食，很多狗能在 1 h 内采食其 1 d 所需要的全部食物。

当然动物"品尝团"还必须能够分辨出日粮适口性的不同，这可以通过一系列的筛选试验来完成。首先是 A—A 试验，即两只碗里放入适口性相同的食物,本试验可以判断出实验动物是"左撇子",还是"右撇子",试验结果应无显著差异。

接着再做 A—B 试验,已知日粮 B 的适口性是 A 的 2 倍,采食比(CR)为 2.0,或者采食率(IR)为 67%。动物采食日粮 B 的量应该是 A 的 2 倍,这样才能表明其采食量与日粮适口性相关。在所有试验期间控制环境是很重要的,尽量使动物稳定、不间断、不分神地采食试验日粮。

选进"品尝团"的试验动物应该具有代表性,能够代表市面上常见的动物品种。"品尝团"的规模依赖于统计上可信度的设定。对狗来说,若想得到一个可靠的"品尝"结果,最少需要 20 只。

但是动物之间对适口性测定的差异较大,狗"品尝团"的规模可能就不适用猪。一般情况下,需要测定的两种日粮的适口性差异越小,所需要的"品尝团"规模越大。如果仅需要 IR=75%,可能需要的"品尝"动物就较少,有时候可能需要增加 IR,这应与增加动物头数的成本进行比较,最终决定是增加试验动物头数还是增加临界值。

(2)两碗试验。与对试验动物的"首选"偏好一样,"两只碗"可以判别动物对哪种日粮更偏好。每一碗的日粮均超过其需要量,两碗需要有标记。首选(FC)是记录动物最先采食的碗(A 或 B)。这可表示试验日粮的气味特性,但并非品尝的偏好,两碗试验程序如下:

第 1 步:称量并记录两碗的皮重(A 碗第 1 天试验日粮,第 2 天对照日粮;B 碗第 2 天试验日粮,第 1 天对照日粮);

第 2 步:将两碗分别装满已经称重的两种日粮,注意重量要适当;

第 3 步:将两碗食物喂给动物;

第 4 步:记录 FC,随后迅速离开,从而确保在动物采食期间没有人为干涉;

第 5 步：饲喂时间结束后，取出碗并分别称重；

第 6 步：计算 RC。

与其他比较试验一样，必须细心观察，准确记录试验数据，态度一致。所有的试验均应是"暗箱"操作，即饲养员不知道哪一碗是试验日粮。宠物食物适口性专业测定时还可考虑以下几方面：

使用同一测定标准和试验方案，不同"品尝团"对日粮进行 3~5 次的试验；每个试验至少 2 d，从而缓解动物对新日粮及其他正常的生理反应，减少因动物"左撇子"或"右撇子"和食物摆放位置对试验结果的影响；如果第 1 天和第 2 天的试验结果差异较大，又没有合适的理由，那么需要再做一次同样的试验，或者延长试验期；查看以前关于某一日粮适口性的测定结果，来设定"控制线"，以便于迅速测定适口性差的日粮；保留每一个试验动物的预试验室的采食量记录，如果某一动物的采食量与其日常采食量相差悬殊，则此动物的试验结果不能使用；如果需要测定诱食剂，则需要在目标基础日粮基础上进行。

最后一点非常重要，因为测出的适口性是由基础日粮的天然适口性和香味剂、香味剂前体以及其他改善适口性的添加剂的适口性的综合。使用目标基础日粮来测定其适口性，能确保测定结果是"复合的"适口性。

（3）试验结果的分析。适口性的指标主要有两个：即采食率（IR）和采食比（CR）。IR 是指采食的试验日粮量与总采食量的比率；CR 是指采食试验日粮的量与对照日粮的量的比值。IR 值表示了采食试验日粮占总采食量的情况，很多适口性测定专家认为这种方法测定的结果能较好地反映动物对日粮的偏爱程度。IR ＝0.5 表示动物"品尝团"对试验日粮和对照日粮的偏爱程度相同。应该计算每个动物每天的 IR，把每一个 IR 值的平均值作为"品尝团"的 IR 值。

　　CR 值则需要以不同的处理来计算,如果直接由试验结果计算,则 CR 值必须是一个"整体"值,不能考虑单个试验动物的变异。因为 CR 值的计算必须使用采食试验日粮和对照日粮的试验动物的采食总量计算,否则的话,如果试验动物没有采食对照日粮则此数据必须扔掉。但是又不能扔掉此数据,因为此动物对试验日粮偏好。以动物采食量的总和来计算 CR 值,可能因"品尝团"中的某一较大的动物采食量的增加而不准确。

　　使用方程 CR＝IR/(1－IR)来计算 CR 值可能更好,每头试验动物的 IR 值已经计算好,则总体的平均值 IR 也可计算出来,从而可以计算 CR 值。CR＝1.0 表示动物"品尝团"对试验日粮和对照日粮的偏爱程度相同。

　　两碗测定法在测定宠物对某一食物的偏好性上是最可靠的方法,作适当调整后,可用于仔猪。但是这种方法也有其不足之处,由 20 头或更多的动物组成的"品尝团",并非精准的分析工具。但测定的 IR＝0.67,并不意味着动物对日粮 A 的偏好程度加倍,甚至当 P 值或者临界值很小,置信区间较小也如此。对所有的动物而言,为确保适口性试验结果的正确性,均应有足够的重复数。

　　不过在现代化猪场,已经有自动测定装置,试验设计就相对简单多了。

第 3 节　最佳试验设计

§3.1　最佳样本大小

　　这里以比较多个仔猪饲料的试验为例说明。

　　(1)处理效应比较试验的数学模型。假设要比较 p 个饲料的质量,用 y_{ij} 表示第 i 个饲料第 j 个参试个体(这里假定每一个体是一个试验单元)的观测值,一般假定:

$$y_{ij} = \mu_i + e_{ij}, \quad \mu_i = \mu + G_i$$

$$y_{ij} \sim N(\mu_i, \sigma_i^2) \qquad i = 1, \cdots, p; \ j = 1, \cdots, n_i$$

式中：μ 为一般均数；G_i 为第 i 种饲料的总体均值；e_{ij} 为模型残差；n_i 为第 i 种饲料的参试独立个体数（试验单元数）。

模型中，模型残差既含随机观测误差，也含有非试验因素引起的随机误差。由数学模型可知，第 i 种饲料的观测方差等于其误差方差（即模型残差方差），所以二者统一记为 σ_i^2。

在试验中，参加比较的仔猪都属于同一总体。若把仔猪视为一个总体，则每一参试饲料组都是一个子总体。试验中观测值 y_{ij} 的平均数 X_i 的方差为 $\mathrm{var}(X_i) = \sigma_i^2 / n_i$，$P$ 个参试饲料组参加试验，则整个试验平均的误差方差为：

$$\sigma^2 = \frac{1}{P} \sum_{i=1}^{P} (\sigma_i^2 / n_i)$$

记整个试验总经费为 C，购置测定仪器等基本费用为 C_0，获取第 i 饲料组每一观测值必需的费用为 C_i，则不难发现

$$C = C_0 + \sum_{i}^{P} C_i n_i$$

（2）样本大小的最佳分配。在总试验经费 C 给定时，我们可寻求使整个试验的平均误差方差 σ^2 最小的 n_i 值，或在给定要检出的两个处理效应的差值（最小显著差数，LSD）时寻求使试验成本 C 最小的 n_i 值。根据条件极值原理可构造拉格朗日函数：

$$f(n_i) = \frac{1}{P} \sum_{i}^{P} \sigma_i^2 / n_i + \lambda \left(C_0 + \sum_{i=1}^{P} C_i n_i - C \right)$$

求 $f(n_i)$ 对 n_i 的偏导数：$\dfrac{\partial f(n_i)}{\partial n_i} = \lambda C_i - \dfrac{1}{P} \sigma_i^2 / n_i^2$，$i = 1, \cdots, p$，令式中的偏导数为零，得：$\lambda C_i - \dfrac{1}{P} \sigma_i^2 / \hat{n}_i^2 = 0$，由此导出：$\lambda = \dfrac{1}{P \hat{n}_i^2}$·

$\dfrac{\sigma_i^2}{C_i}$，$\hat{n}_i = \dfrac{1}{\sqrt{\lambda P}} \cdot \dfrac{\sigma_i}{\sqrt{C_i}}$，把这个结果代入式 $C = C_0 + \displaystyle\sum_i^P C_i n_i$ 可得：

$$\hat{n}_i = \frac{\sigma_i}{\sqrt{C_i}} \times \frac{(C - C_0)}{\displaystyle\sum_{k=1}^P (\sigma_k \sqrt{C_k})}, \quad i = 1, 2, \cdots, p$$

所以：
$$\frac{\hat{n}_i}{\hat{n}_k} = \frac{\sigma_i}{\sqrt{C_i}} : \frac{\sigma_k}{\sqrt{C_k}}, i \text{ 或 } k = 1, 2, \cdots, p$$

整个试验的费用估计为：$C = C_0 + \displaystyle\sum_{i=1}^P C_i \hat{n}_i$

【例 10】要比较 4 个仔猪饲料对仔猪 28 日龄仔猪体重大小的影响，这 4 个饲料的观测值分别用变量 X_1、X_2、X_3 和 X_4 表示。已知各饲料 28 日龄仔猪体重的方差分别为：$\sigma_1^2 = 2.25$，$\sigma_2^2 = 2.89$，$\sigma_3^2 = 3.61$，$\sigma_4^2 = 4.41$，获取一个独立个体的观测值所需经费分别为：$C_1 = 121$ 元，$C_2 = 100$ 元，$C_3 = 81$ 元，$C_4 = 64$ 元，总试验经费已给定为 1 万元，需购置设备等基础开支 $C_0 = 1\,000$ 元。

解：据公式 $\hat{n}_i = \dfrac{\sigma_i}{\sqrt{C_i}} \times \dfrac{(C - C_0)}{\displaystyle\sum_{k=1}^P (\sigma_k \sqrt{C_k})}$，第 1 种饲料应抽测的个体数为：

$$\hat{n}_1 = \frac{\sqrt{2.25}}{\sqrt{121}} \times$$

$$\frac{(10\,000 - 1\,000)}{\sqrt{2.25}\sqrt{121} + \sqrt{2.89}\sqrt{100} + \sqrt{3.61}\sqrt{81} + \sqrt{4.41}\sqrt{64}}$$
$$= 18（只）$$

同理可以求出：$n_2 = 23$（只），$n_3 = 20$（只），$n_4 = 35$（只），整个试验可以使用的仔猪数为 $18 + 23 + 20 + 35 = 96$ 只。

为考虑基因型×环境互作，可把同一试验在多个环境单元中同时进行。可分的单元数可以根据总参试动物个体数初步决定，根据小样本规则，每个单元内以 30 只为好，所以本例可以分三个试验单元。每一品种在每个环境单元中的参试个体数可以相等，所以本例为：$n_1' = n_1 \div 3 = 6$（只），$n_2' = n_2 \div 3 = 8$（只），$n_3' = n_3 \div 3 = 9$（只），$n_4' = n_4 \div 3 = 12$（只）。总的试验费用估计为：

$$C = C_0 + \sum_{i=1}^{P} C_i n_i = 10\ 069（元）$$

§3.2　给定最小显著差数时的最佳设计

下面仍然以比较多个处理效应的试验为例。

（1）数学原理。还是以比较不同饲料对于仔猪的体重的试验为例，在确定了参加比较的饲料后，设计试验时有时不是先给定总试验经费，而是先给定要检出的不同饲料效应间的最小显著差数（LSD），即要检出的任意两个参比饲料生产性能间的最小差值 D，问各饲料组需多大规模仔猪数才能发现这个差值 D 达统计显著水平？要求各饲料参试规模尽可能小，以节约经费。下面介绍王继华等（1998）提出的最佳设计方法。

当 LSD 给定时，可记为 $d = X_i - X_k$，这里

$$X_i（或\ X_k）= \sum_{i}^{P} y_{ij} / n_i$$

因 $\mathrm{Var}(y_{ij})$ 和 $\mathrm{Var}(y_{kt})$ 二者都是方差 σ^2 的无偏估计子，所以样本平均数的方差估计量为：$\mathrm{Var}(X_i) = \mathrm{Var}(y_{ij}) / n_i = \sigma^2 / n_i$，

$$\mathrm{Var}(X_k) = \mathrm{Var}(y_{kt}) / n_k = \sigma^2 / n_k,$$

所以差值 $d = (X_i - X_k)$ 的方差估计量为：

$$S_d^2 = \mathrm{Var}(d) = \mathrm{Var}(X_i) + \mathrm{Var}(X_k) = 2\sigma^2$$

即 $S_d = \sqrt{2\sigma^2}$，由方程 X_i（或 X_k）$= \sum\limits_{i}^{P} y_{ij}/n_i$ 可得：

$$S_d = \sqrt{\frac{2}{P} \sum_{i}^{P} \sigma_i^2/n_i}$$

因正态分布变量的线性函数一般也遵从正态分布，而 d 是正态变量 y_{ij} 和 y_{kr} 的线性函数，所以 d 也服从正态分布，把 d 标准化，

$$t_d = \frac{d-E(d)}{S_d}$$

而标准化正态变量的小样本数据服从自由度为 n 的 t 分布，即

$$t_d = \frac{d-E(d)}{S_d} \sim t(\alpha, n)$$

式中的 n 可按下式估计（曹胜炎等，遗传学报，1993）：

$$n = \frac{(\sum\limits_{i=1}^{P} \sigma_i^2/n_i)^2}{\sum\limits_{i=1}^{P} \sigma_i^4/[n_i^2(n_i^2-1)]}$$

所以可按下式确定试验规模

$$t_d = \frac{d}{S} \geqslant t(\alpha, n)$$

或

$$t_d = \frac{d}{S} \geqslant t(\alpha, n) + t(\beta, n)$$

式中：α 是犯第 I 类错误的概率，β 是犯 II 类错误的概率。

（2）方法步骤。实践中可以按下述方法步骤确定试验规模。

第一步：先按下式求出第一轮的 S 值：

$$S_d = \frac{d}{t(\alpha, \infty)} \qquad \text{或} \qquad S_d = \frac{d}{t(\alpha, \infty) + t(\beta, \infty)}$$

式中:$t(\alpha,\infty)$是自由度无穷大时置信度$(1-\alpha)$下的 t 分布值(无穷大的样本,就不再是 t 分布,而是正态分布了),而 $t(\beta,\infty)=0$。可按下式计算或查有关统计表求出 $t(\alpha,\infty)$:

$$t(0.01,n)=2.578+\frac{4.95}{n-1.66} \quad 或 \quad t(0.05,n)=1.960+\frac{2.375}{n-1.143},$$

然后按下式求出第一轮的 n_{ij} 值:

$$n_{ij}=\frac{2\sigma_{ij}}{PS^2\sqrt{C_{ij}}}\times\sum_{ij=1}^{P}(\sigma_{ij}\ \sqrt{C_{ij}})$$

把求出的 n_{ij} 代入

$$t(0.01,n)=2.578+\frac{4.95}{n-1.66}$$

或

$$t(0.05,n)=1.960+\frac{2.375}{n-1.143}$$

可求出 n 值。

第二步:按 $t(0.01,n)=2.578+\dfrac{4.95}{n-1.66}$ 或 $t(0.05,n)=$

$1.960+\dfrac{2.375}{n-1.143}$求出 $t(\alpha,\infty)$值然后按下式求出第二轮 S 值:

$$S_d=d/t(\alpha,n) \quad 或 \quad S_d=d/[t(\alpha,n)+t(\beta,n)]$$

把第二轮求出的 S 值代入式$n_{ij}=\dfrac{2\sigma_{ij}}{PS^2\sqrt{C_{ij}}}\times\sum_{ij=1}^{P}(\sigma_{ij}\sqrt{C_{ij}})$,便

可求出 P 个参试种群的最优化规模大小。实践中求出的 P 个参试种群的最优规模 n_{ij} 可能不是整数,这时可取最接近且大于 n_{ij} 的整数作为相应参试种群的最优规模。实践中考虑到疾病死亡等因素,可适当加大样本含量。

【例 11】如果在例 5 中不是先给定试验经费,而是要求能以

99% 的把握(置信概率)检测出任意两个品种平均数间差异的绝对值为 $d \geqslant 2$ kg 的差异。

第一轮计算:由于 $t(0.01, \infty) = 2.578$,则 $S_d = \dfrac{d}{t(\alpha, \infty)} = 2 \div$ $2.578 = 0.775\ 8$,由此求出 $n_1 = \dfrac{2\sigma_1}{PS^2 \sqrt{C_1}} \cdot \sum_{i=1}^{P} (\sigma_i \sqrt{C_i}) = 7.647$,

同样可以求出 $n_2 = 9.534$,$n_3 = 11.839$,$n_4 = 16.333$。

根据这些 n_i 值计算 $n = \dfrac{(\sum\limits_{i=1}^{P} \sigma_i^2 / n_i)^2}{\sum\limits_{i=1}^{P} \sigma_i^4 / [n_i^2 (n_i^2 - 1)]} = 37.123$,所以

$$t(0.01, n) = 2.578 + \frac{4.95}{n - 1.66} = t(0.01, 37.123) = 2.72,$$

第二轮计算:$S_d = d/t(\alpha, n) = 2 \div 2.72 = 0.736$,由此计算出各种群最佳规模为

$$n_1 = \frac{2\sigma_1}{PS^2 \sqrt{C_1}} \cdot \sum_{i=1}^{P} \sigma_i \sqrt{C_i} = 8.484\ 5 \approx 9(只)$$

同样可以求出:$n_2 = 10.578(只)$,$n_3 = 13.135(只)$,$n_4 = 16.333 \approx 17(只)$。

总试验经费估计为:$C = C_0 + \sum_{i=1}^{P} C_i \hat{n}_i = 5\ 411(元)$。

有关应用实例可进一步参考王继华等(1999)《家畜育种学导论》。实践中为了保险,预防疾病死亡等因素,在经费允许的情况下可以适当加大样本规模。

大部分试验都需要作出经济预算。我们希望取得什么样的试验结果,获得这种结果需要付出多少成本?成本常常很容易算出(例如,每千克的饲料成本,试验猪的成本,人工或用药成本及试验

设备折旧费等),但猪场的生产性能结果,需要统计分析的那部分,要难得多。不是所有的研究都能得出统计学显著的结论,试验产品可能不具有显著的效果,或者也可能试验进行得不够灵敏,无法测出细微的性能差别。假如结果不清晰,或者还需要其他的信息才能做出结论,那么可能是因为试验的设计不够合理,无法就你的问题给出答案。

例如"用'丈量工具'来测量毫米的问题。决定实施某种措施所要求的经济效益提高的水平常常非常小,远远小于实际设计的统计试验所能检测到的水平"(Deen,2009)。有时群体本身固有的变异非常大,要想度量出这种措施的效果,就需要大量的数据点(很多栏的猪只)。

还要注意相信毫无价值的试验结果的风险。在统计学上,单项研究得出阴性结果并不能被解读为支持负面的结论。这只不过是意味着我们无法"毫无疑问"地确信产品的性能符合期望。

第 4 节　成对反转试验(交叉设计)

§4.1　问题的提出

反转实验有两个或更多的处理在不同时期分配到同一试验单元(试验动物),每个试验单元有多于一次的观测值,每个观测值与不同的处理相对应。分配处理的次序是随机的。每个动物实际上相当于一个区组。由于不同处理作用于同一动物,所以这种试验又叫反转试验或交叉试验。只有两个处理时最简单。把试验单元随机分配到两个不同的组,第一组给予第一个处理,第二组给予第二个处理。在经过一个特定时期的处理之后,交换处理,第一组给予第二个处理,第二组给予第一个处理。这个试验设计的关键在于,相邻的两个试验期之间必须有过渡期。给试验动物设置一个休息期并且休息期不观测,这可能有利于避免处理效应的延迟或后效。处理数可以大于试验期数,所以不同动物得到不同的处理组。H. L. Lucas（1956）的方法可用于分析试验数据（WANG Ji-hua, JIA Qing, 2002）。

很多研究者好评过反转试验（交叉设计）对于平行设计（例如完全随机设计）的优点,在平行设计中每个试验动物只接受一个处理。平行设计的主要问题是试验动物的同质性,试验动物之间的变异对试验结果产生实质性影响,干扰我们对于显著效应的探测。在同一动物内设置不同处理,就可以完全或大部分地消弭试验动物的变异。尤其是,在比较反转设计与平行设计时,Garcia et al.（2004）发现,要达到相同的试验效率,"平行设计需要的试验动物是交叉设计的4～10倍","就试验动物数而言,交叉设计的效率可能比平行设计高10倍"（Louis, Lavori, Bailar, and Polansky, 1984）。

使用交叉设计的主要动机在于它比平行设计经济有效,平行设计把试验动物随机分配到不同处理,而交叉设计能够消除试验动物间的变异,以更高的效率探讨处理之间的差异,而所用的试验动物数远少于平行设计,这在试验动物数有限时尤其重要,在人类或昂贵的试验动物时常常遇到。所以,很多教科书都讨论了交叉设计,例如 Thomas P. Ryan（2007）, Miroslav Kaps et al.（2004）,等。

反转设计并非没有缺点。在不同试验阶段,动物受到多个处理,自一个处理转化为下一个处理时就有可能存在处理的后效。再者,如果处理时间很长以消弭处理的后效,整个试验就需要很长时间。关于正确分析交叉设计试验数据的文献有些混乱。在很多传统的教科书里,反转设计方案并不详细解释设计原理,所以在使用时常出现错误。为此,WANG Jihua et al.（2002）提出了成对和不成对交叉设计的思想。

本节讨论反转试验(交叉设计)的数学模型和基本假定,探讨改进和发展反转试验设计的思路和方法,根据成对 t-测验思想,给出了成对和不成对的反转试验(交叉设计)试验设计的数学模型、设计原理和统计分析方法。我们先看一个有使用价值的反转设计的例子。

§4.2　试验模型与基本假定

设计两种配合饲料,对照饲料 A_0 和试验饲料 A_1。整个试验分预试期 1 周,三个正试期 C_0、C_2 和 C_3,每期 2 周,各正试期间的过渡期为 1 周。$2N$ 只仔猪分为两组,每组 N 只,单饲,保证试验单元的独立性和分组的随机性。为便于理解,这里以实例说明。从三个遗传型(或品种)选取参试仔猪,每个遗传型选 2 窝,每窝选择性别、体重相近的仔猪 2 只,随机分配到试验 1 组或试验 2 组,则每组有试验猪 6 只,共 12 只。第一组的 6 只仔猪分别记为 B_{111}、B_{112}、B_{121}、B_{122}、B_{131}、B_{132},第二组的 6 只仔猪分别记为 B_{211}、B_{212}、B_{221}、B_{222}、B_{231}、B_{232}。

第一组在前后三个试验期 C_1、C_2 和 C_3 分别按 $A_0 - A_1 - A_0$ 顺序给予饲料;第二组在前后三个试验期 C_1、C_2 和 C_3 分别按 $A_1 - A_0 - A_1$ 顺序给予饲料。试验结果列于表 6.4。

表 6.4　仔猪饲料对比试验的观测值

时期	C_1	C_2	C_3	$C_1 - 2C_2 + C_3$	
饲料	A_0	A_1	A_0	d_1	d_2
B_{111}	x_{1111}	x_{2112}	x_{1113}	d_{111}	
B_{112}	x_{1121}	x_{2122}	x_{1123}	d_{112}	
B_{121}	x_{1211}	x_{2212}	x_{1213}	d_{121}	
B_{122}	x_{1221}	x_{2222}	x_{1223}	d_{122}	
B_{131}	x_{1311}	x_{2312}	x_{1313}	d_{131}	
B_{132}	x_{1321}	x_{2322}	x_{1323}	d_{132}	

续表 6.4

时期	C_1	C_2	C_3	$C_1-2C_2+C_3$
饲料	A_1	A_0	A_1	
B_{211}	x_{2111}	x_{1112}	x_{2113}	d_{211}
B_{212}	x_{2121}	x_{1122}	x_{2123}	d_{212}
B_{221}	x_{2211}	x_{1212}	x_{2213}	d_{221}
B_{222}	x_{2221}	x_{1222}	x_{2223}	d_{222}
B_{231}	x_{2311}	x_{1312}	x_{2313}	d_{231}
B_{232}	x_{2321}	x_{1322}	x_{2323}	d_{232}
求和				

假定①观测值的数学模型可以表示为：

$$x_{ijkl} = \mu + a_i + b_j + c_l + g_{jk} + e_{ijkl}, \quad i=1,2,\cdots,m$$
$$j=1,2,\cdots,n \quad k=1,2,\cdots,p \quad l=1,2,\cdots,q$$

式中：x_{ijkl} 为第 i 种饲料第 j 个遗传型第 k 个个体在第 l 个时期的观测值（日增重）；μ 为总体均数；a_i 为第 i 种饲料的效应；b_j 为第 j 个遗传型的效应；c_l 为第 l 个时期的效应；g_{jk} 为第 j 个遗传型第 k 个个体的效应；e_{ijkl} 为第 i 种饲料第 j 个遗传型第 k 个个体在第 l 时期观测值的模型残差。

由于猪的日增重属于数量性状，一般服从正态分布，所以这里可以假定②模型残差也服从正态分布，记为 $e_{ijk} \sim N(0, \sigma^2)$。

只有在上述线性模型与模型残差的假定"同时"成立时，才能按 H. L. Lucas(1956)的方法对试验结果进行统计分析。就是说，试验设计必须满足如下基本假定：①全部观测数据必须都服从线性模型；在有交互作用时，可把它归入误差项中；②不同饲料、不同遗传型、不同时期的模型残差必须服从独立正态分布。所以，在轮流更换饲料时，必须设计适当的过渡期，以消除前一处理的残效。

§4.3　对传统分析方法的分析

按 Lucas(1956)的方法分析试验结果时,需先计算每一个体的"差值"d_{ijk}。

第一组个体的差值为:

$$
\begin{aligned}
d_{111} = {}& \mu + a_1 + b_1 + c_1 + g_{11} + e_{1111} - \\
& 2(\mu + a_2 + b_1 + c_2 + g_{11} + e_{1112}) + \\
& \mu + a_1 + b_1 + c_3 + g_{11} + e_{1113} \\
= {}& 2(a_1 - a_2) + (c_1 - 2c_2 + c_3) + e_{111}
\end{aligned}
$$

这里 $e_{111} = e_{1111} - 2e_{1112} + e_{1113}$。

对第一组全部个体求和:

$$
d_1 = \sum_{j=1}^{n} \sum_{k=1}^{p} d_{1jk} = 2np(a_1 - a_2) + \sum_{j=1}^{n} \sum_{k=1}^{p} (c_1 - 2c_2 + c_3) + e_1
$$

这里 $e_1 = \sum\limits_{j=1}^{n} \sum\limits_{k=1}^{p} e_{1jk}$ 是第一组试验动物观测数据的模型残差之和。

第二组个体的差值为:

$$
\begin{aligned}
d_{211} = {}& \mu + a_2 + b_1 + c_1 + g_{11} + e_{2111} - \\
& 2(\mu + a_1 + b_1 + c_2 + g_{11} + e_{2112}) + \\
& \mu + a_2 + b_1 + c_3 + g_{11} + e_{2113} \\
= {}& -2(a_1 - a_2) + (c_1 - 2c_2 + c_3) + e_{211}
\end{aligned}
$$

这里 $e_{211} = e_{2111} - 2e_{2112} + e_{2113}$。

对第二组全部个体求和:

$$
d_2 = \sum_{j=1}^{n} \sum_{k=1}^{p} d_{2jk} = -2np(a_1 - a_2) + \sum_{j=1}^{n} \sum_{k=1}^{p} (c_1 - 2c_2 + c_3) + e_2
$$

这里 $e_2 = \sum\limits_{j=1}^{n} \sum\limits_{k=1}^{p} e_{2jk}$ 是第一组试验动物观测数据的模型残差之和。

按 Lucas 法(1956)对试验结果统计分析时,处理间平方和 ST 是由 d_1 与 d_2 的差计算的,这个差值为:

$$d_1 - d_2 = \left[2np(a_1 - a_2) + \sum_{j=1}^{n} \sum_{k=1}^{p} (c_1 - 2c_2 + c_3) + e_1 \right] -$$

$$\left[-2np(a_1 - a_2) + \sum_{j=1}^{n} \sum_{k=1}^{p} (c_1 - 2c_2 + c_3) + e_2 \right]$$

$$= 4np(a_1 - a_2) + e$$

这里 $e = e_1 - e_2$。

得到这个结果的前提是,第一组的 $\sum\limits_{j=1}^{n} \sum\limits_{k=1}^{p} (c_1 - 2c_2 + c_3)$ 要恰好等于第二组的 $\sum\limits_{j=1}^{n} \sum\limits_{k=1}^{p} (c_1 - 2c_2 + c_3)$,就是说,要按 Lucas 法对试验结果统计分析,设计反转(交叉)试验时,只有满足如下两个假定,才能使两组试验动物的总的时期(生长阶段)效应相互抵消:③两组试验动物头数相同,这个显而易见。④猪的生长模型为 S 状曲线而非直线,所以两组试验动物要——对应,才能消除年龄的效应。所以本文假定的试验设计是每窝选择两只体重、性别生理状况相同的两个个体分别分配到两个试验组;这其实是按成对 t-测验原则设计交叉试验。

上述分析表明,要按照 Lucas 的方差分析法分析试验结果,就要求满足上述①、②、③、④四条基本假定,而满足这些假定时,我们就可以按照成对或不成对的 t-测验进行设计和分析反转试验。

下面分别给出按分组 t-测验和成对 t-测验进行分析的统计原理和方法。

§4.4　不成对的反转设计

首先我们用 $4np$ 除方程式 $d_1 - d_2 = 4np(a_1 - a_2) + e$ 的两边，可得：

$$d = (d_1 - d_2)/4np$$
$$= (a_1 - a_2) + e/4np$$

则新的变量 d 有数学期望：

$$E(d) = E(a_1 - a_2) + E(e/4np)$$
$$= (a_1 - a_2)$$

而其方差为：

$$\text{var}(d) = \text{var}(a_1 - a_2) + \text{var}(e/4np)$$
$$= \text{var}(e/4np)$$
$$= \text{var}(e)/(16n^2 p^2)$$

其中

$$\text{var}(e) = \text{var}(e_1 - e_2)$$
$$= \text{var}(e_1) + \text{var}(e_2)$$
$$= \text{var}\left(\sum_{j=1}^{n}\sum_{k=1}^{p} e_{1jk}\right) + \text{var}\left(\sum_{j=1}^{n}\sum_{k=1}^{p} e_{2jk}\right)$$
$$= np\,\text{var}(e_{1jk}) + np\,\text{var}(e_{2jk})$$
$$= np\sigma^2 + np\sigma^2 = 2np\sigma^2$$

所以，变量 d 的方差为：

$$\text{var}(d) = 2np\sigma^2/16n^2 p^2 = \sigma^2/8np$$

记变量 d 的方差的平方根（标准差）为 S，则有

$$S = \sigma/\sqrt{8np}$$

由于 $d = (a_1 - a_2) + e/4np = (a_1 - a_2) + \Big[\sum\limits_{j=1}^{n} \sum\limits_{k=1}^{p} e_{1jk} - $

$\sum\limits_{j=1}^{n} \sum\limits_{k=1}^{p} e_{2jk} \Big]/4np$，是正态变量 $e_{ijk} \sim N(0, \sigma^2)$ 的线性组合，所以变量 d 也服从正态分布，前已导出其数学期望与方差，这里一并写出，为：

$$d \sim N(a_1 - a_2, \sigma^2/8np)$$

如果记第一组的样本方差为 S_1^2，第二组的样本方差为 S_2^2，那么，根据王继华等（2009），试验方差 S^2 的估计值应该是

$$S^2 = \frac{(n_1 - 1)S_1^2 + (n_2 - 1)S_2^2}{n_1 + n_2 - 2} \left(\frac{1}{n_1} + \frac{1}{n_2} \right)$$

而这里的试验设计是 $n_1 = n_2 = np$，所以有

$$S^2 = \frac{(np - 1)S_1^2 + (np - 1)S_2^2}{np + np - 2} \left(\frac{1}{np} + \frac{1}{np} \right)$$

$$= \frac{(np - 1)(S_1^2 + S_2^2)}{2(np - 1)} \left(\frac{2}{np} \right)$$

$$= \frac{S_1^2 + S_2^2}{np}$$

因此有

$$S = \sqrt{(S_1^2 + S_2^2)/np}$$

对于正态分布的随机变量 d，在小样本时，如果无效假设 H_0：$a_1 - a_2 = 0$ 成立，那么，统计量 $t = \dfrac{\overline{d}}{S}$ 服从自由度为 $df = 2(np - 1)$ 的 t 分布，可以记为：

$$H_0 : a_1 - a_2 = 0$$

$$t = \frac{\overline{d}_1 - \overline{d}_2}{S} \sim t_\alpha(2np - 2)$$

这里 α 为统计显著水准，$1-\alpha$ 即为置信限。

根据上述结果就可以对试验数据进行统计分析。

§4.5　成对的反转设计

如果，试验设计满足前述的①～④条要求，则完全可以设计为成对 t-测验，试验结果可以按表 6.4 规则整理，用成对 t-测验法分析，下面予以详细论证。

如果按照成对设计，把同窝的两个仔猪设计为一个对子，分别分配到第一组和第二组接受不同的处理，那么，对于成对的观测数据，就可以定义 $d_{11}=d_{111}-d_{211}$，或对于任意一个数据对，$d_{jk}=d_{1jk}-d_{2jk}$，把前面的结果代入此式可得：

$$d_{jk}=d_{1jk}-d_{2jk}$$
$$=2(a_1-a_2)+(c_1-2c_2+c_3)+e_{1jk}-[-2(a_1-a_2)+$$
$$(c_1-2c_2+c_3)+e_{2jk}]$$

在满足成对设计要求时，$(c_1-2c_2+c_3)-(c_1-2c_2+c_3)=0$，所以

$$d_{jk}=4(a_1-a_2)+(e_{1jk}-e_{2jk})$$
$$=4(a_1-a_2)+e_{jk}$$

这个新变量 d_{jk} 是两个正态变量 e_{1jk} 与 e_{2jk} 的线性函数，所以 d_{jk} 也是个正态变量，它的期望值为

$$E(d_{jk})=4(a_1-a_2)$$

方差为

$$\text{var}(d_{jk})=\text{var}(e_{1jk}-e_{2jk})$$
$$=2\sigma^2$$

所以

$$d_{jk} \sim N(4(a_1-a_2), 2\sigma^2)$$

现在我们构造一个统计量 $t = \dfrac{\overline{d}_{jk} - 4(a_1-a_2)}{S_d}$，则根据王继华等（2009），这个统计量服从 t-分布，记为

$$t = \frac{\overline{d}_{jk} - 4(a_1-a_2)}{S_d} \sim t_\alpha(df)$$

式中：$\overline{d}_{jk} = \sum\limits_{j=1}^{n}\sum\limits_{k=1}^{p} d_{jk}/np$；$\alpha$ 为统计显著水准，$(1-\alpha)$ 即为置信限；$df = np - 1$ 为自由度；

$$S_{\overline{d}} = \sqrt{\frac{\sum\limits_{j=1}^{n}\sum\limits_{k=1}^{p} d_{jk}^2 - (\sum\limits_{j=1}^{n}\sum\limits_{k=1}^{p} d_{jk})^2/np}{np(np-1)}}$$

根据上述结果就可以对试验数据进行统计分析。

§4.6　结论

用反转试验（交叉设计）法进行饲养试验，可消除动物个体间的系统误差，以较少试验动物达到较高试验精度。本节从理论上分析了反转试验（交叉设计）的统计分析方法，讨论了这个方法成立的条件和试验设计应注意的问题。

本节根据反转试验（交叉设计）的数学模型和试验结果的统计分析原理，提出了成对或不成对反转试验的设计和统计分析方法。在设计反转试验时，两组试验动物应尽量符合成对比较法的要求，尽量消除对内试验动物在遗传、性别、日龄、体重等方面的系统误差，以突出试验因素的效应；而不同对动物之间根据试验要求可以有大的差异，例如像成对 t-测验试验设计，可以尽量拓宽试验动物之间的遗传差异，这样可以拓宽试验结论的适用范围；当然，如果要研究某一遗传型动物时，则应仅仅选择这种动物而不需要拓宽

试验动物间的遗传差异,不过本节介绍的成对设计方法仍然适用。

很多作者指出过交叉设计的问题,那就是处理因素的后效的破坏性作用。在成对交叉设计中如何消弭后效,需要进一步研究。

第5节　动物饲养试验分析

在动物科学研究或生产实践中,常要做动物试验。动物试验方法一般有活体或离体的饲养试验、消化试验、代谢试验、屠宰试验、化学分析等。使用最多的试验是动物饲养试验,比较不同处理对动物性能的影响,一般就是比较不同处理,测定动物生产性能、产品质量、耗料、组织及血液生化指标和健康状况等,例如,评定饲料营养、确定动物营养需要、比较不同饲养水平、比较不同厂家的饲料产品等。消化试验一般就是要测定动物对营养物质或能量的消化率;在消化实验的基础上,增加测定尿中排泄的养分和能量,就是所谓的代谢实验;屠宰试验和化学分析试验只是观测方法的区别,比较不同动物体成分的变化,或比较不同营养水平对体成分的影响,或比较不同动物品种或品系沉积养分的能力。

设计动物试验时,常考虑的非试验因素有品种、年龄、性别、生理状态、养殖密度、环境条件、管理措施、测量方法、保健措施等,一般都强调通过试验设计消除全部非试验因素的影响,或者在分析试验结果时给予考虑或处理,即所谓统计控制。但是要消除那么多的非试验因素的效应常是做不到的。例如现代的家畜品种,品种内的变异很大,不同家系间遗传效应的差异常大于试验因素的效应,比如猪的生长速度,对于不同研究人员设计的配合饲料,饲料营养水平引起的生长速度的差异常小于不同家系遗传性能引起的差异,而营养界好像还没注意这个问题。

§5.1　饲养试验设计

试验一般包括三个组成部分,即设计、试验和分析,其中试验设计是基础。在动物科学上常用的试验设计,从设计目的上看有简单对比试验、析因试验等;从形式上看有完全随机分组设计、随机区组设计、拉丁方设计、反转设计(交叉设计)、套设计(或系统分组设计、分级设计)和抽样调查设计等;从内容上看有单因素试验(一元配置法)、多因素试验(多元配置法)等。这些内容有专门的著作,这里不详细讨论。

设计动物试验的最根本原则是"唯一差别"原则,也就是除处理因素外,其他非试验因素要通过试验设计或统计处理来"控制"。对于"大效因素",无论是否随机化,都会严重影响试验结果,所以在做动物试验时,必须考虑到全部有较大效应的因素。下面通过示例解释这种思想和方法。

【例 12】为比较不同饲料(配方)的饲养效果,进行一个 2 因素试验,试验设计及仔猪增重(kg)见表 6.5,仔猪初始体重见表 6.6。

表 6.5　不同饲料配方的仔猪增重比较试验　　　　　　kg

	饲料 1	饲料 2
区组 1	$y_{111}=12, y_{112}=14$	$y_{121}=12, y_{122}=12$
区组 2	$y_{211}=12, y_{212}=14$	$y_{221}=15, y_{222}=15$

表 6.6　不同仔猪的初始体重　　　　　　kg

	饲料 1	饲料 2
区组 1	$x_{111}=8, x_{112}=9$	$x_{121}=9, x_{122}=8$
区组 2	$x_{211}=9, x_{212}=10$	$x_{221}=9, x_{222}=9$

8 个试验动物的血缘相关:y_{111}、y_{121}、y_{211} 为一窝,y_{112}、y_{122}、

y_{212}、y_{222} 为一窝，y_{221} 为一窝，假设窝间没血缘关系。所以其血缘相关矩阵为(其中没写出的元素都是零)：

$$A=\begin{bmatrix} 1 & & 0.5 & & 0.5 & & & \\ & 1 & & 0.5 & & 0.5 & & 0.5 \\ 0.5 & & 1 & & 0.5 & & & \\ & 0.5 & & 1 & & 0.5 & & 0.5 \\ 0.5 & & 0.5 & & 1 & & & \\ & 0.5 & & 0.5 & & 1 & & 0.5 \\ & & & & & & 1 & \\ & 0.5 & & 0.5 & & 0.5 & & 1 \end{bmatrix}\begin{matrix} y_{111} \\ y_{112} \\ y_{121} \\ y_{122} \\ y_{211} \\ y_{212} \\ y_{221} \\ y_{222} \end{matrix}$$

§5.2　数学模型与假定

示例为二元配置法。假定没有互作效应，这时观测值可表示为 y_{ijk}，这是第 i 个区组第 j 种饲料的第 k 个体的增重(kg)：

$$\begin{cases} y_{ijk}=\mu+\alpha_i+\beta_j+\gamma x_{ijk}+g_{ijk}+e_{ijk}, \\ i=1,2, \quad j=1,2, \quad k=1,2 \end{cases}$$

式中：μ 为总体平均数；α_i 为第 i 区组的固定效应；β_j 为第 j 种饲料的固定效应；x_{ijk} 表示第 i 区组第 j 种饲料的第 k 个体的初始体重；γ 表示观测值 y_{ijk} 对初始体重的回归系数；g_{ijk} 表示第 i 区组第 j 种饲料第 k 个体的遗传效应。假设 $\sigma_e^2/\sigma_g^2=4$。

这其实是在经典的协方差分析模型上添加了个体遗传效应 g_{ijk}，或者说，这个模型仅仅是经典协方差分析模型的扩展，多考虑了一个随机效应，所以，在分析试验数据时，可把本实验的数据写为如下矩阵方程：

$$
\begin{bmatrix} y_{111} \\ y_{112} \\ y_{121} \\ y_{122} \\ y_{211} \\ y_{212} \\ y_{221} \\ y_{222} \end{bmatrix} = \begin{bmatrix} 1 & 1 & & 1 & & x_{111} \\ 1 & 1 & & 1 & & x_{112} \\ 1 & 1 & & & 1 & x_{121} \\ 1 & 1 & & & 1 & x_{122} \\ 1 & & 1 & 1 & & x_{211} \\ 1 & & 1 & 1 & & x_{212} \\ 1 & & 1 & & 1 & x_{221} \\ 1 & & 1 & & 1 & x_{222} \end{bmatrix} \begin{bmatrix} \mu \\ \alpha_1 \\ \alpha_2 \\ \beta_1 \\ \beta_2 \\ \gamma \end{bmatrix} + \begin{bmatrix} g_{111} \\ g_{112} \\ g_{121} \\ g_{122} \\ g_{211} \\ g_{212} \\ g_{221} \\ g_{222} \end{bmatrix} + \begin{bmatrix} e_{111} \\ e_{112} \\ e_{121} \\ e_{122} \\ e_{211} \\ e_{212} \\ e_{221} \\ e_{222} \end{bmatrix}
$$

或简记为 $y = Xb + Zg + e$，$g_{ijk} \sim N(0, \sigma_g^2)$，$e_{ijk} \sim N(0, \sigma_e^2)$。

这个模型可看作是典型的混合模型，暗含了以下几个假定：①r 是固定效应；②g_{ijk} 是随机效应；③$Cov(g_{ijk}, e_{ijk}) = 0$。

§5.3　观测数据分析——考虑参试个体间的血缘关系

据线性混合模型原理，本试验的模型正规方程（MME）是：

$$
\begin{bmatrix} X^T X & X^T Z \\ Z^T X & Z^T Z + \sigma_e^2 G^{-1} \end{bmatrix} \begin{bmatrix} \hat{b} \\ \hat{g} \end{bmatrix} = \begin{bmatrix} X^T y \\ Z^T y \end{bmatrix},
$$

各分块子矩阵如下：

$$
X^T X = \begin{bmatrix} 8 & 4 & 4 & 4 & 4 & \sum_{ijk} x_{ijk} \\ 4 & 4 & & 2 & 2 & \sum_{j,k} x_{1jk} \\ 4 & & 4 & 2 & 2 & \sum_{j,k} x_{2jk} \\ 4 & 2 & 2 & 4 & & \sum_{i,k} x_{i1k} \\ 4 & 2 & 2 & & 4 & \sum_{i,k} x_{i2k} \\ \sum_{ijk} x_{ijk} & \sum_{j,k} x_{1jk} & \sum_{j,k} x_{2jk} & \sum_{j,k} x_{i1k} & \sum_{j,k} x_{i2k} & \sum_{ijk} x_{ijk}^2 \end{bmatrix}
$$

$$= \begin{bmatrix} 8 & 4 & 4 & 4 & 4 & 71 \\ 4 & 4 & 0 & 2 & 2 & 34 \\ 4 & 0 & 4 & 2 & 2 & 37 \\ 4 & 2 & 2 & 4 & 0 & 36 \\ 4 & 2 & 2 & 0 & 4 & 35 \\ 71 & 34 & 37 & 36 & 35 & 633 \end{bmatrix}$$

$$Z^T X = X = \begin{bmatrix} 1 & 1 & & 1 & & x_{111} \\ 1 & 1 & & 1 & & x_{112} \\ 1 & 1 & & & 1 & x_{121} \\ 1 & 1 & & & 1 & x_{122} \\ 1 & & 1 & 1 & & x_{211} \\ 1 & & 1 & 1 & & x_{212} \\ 1 & & 1 & & 1 & x_{221} \\ 1 & & 1 & & 1 & x_{222} \end{bmatrix} = \begin{bmatrix} 1 & 1 & 0 & 1 & 0 & 8 \\ 1 & 1 & 0 & 1 & 0 & 9 \\ 1 & 1 & 0 & 0 & 1 & 9 \\ 1 & 1 & 0 & 0 & 1 & 8 \\ 1 & 0 & 1 & 1 & 0 & 9 \\ 1 & 0 & 1 & 1 & 0 & 10 \\ 1 & 0 & 1 & 0 & 1 & 9 \\ 1 & 0 & 1 & 0 & 1 & 9 \end{bmatrix}$$

$$X^T Z = X^T$$

$$X^T y = \begin{bmatrix} 1 & 1 & & 1 & & x_{111} \\ 1 & 1 & & 1 & & x_{112} \\ 1 & 1 & & & 1 & x_{121} \\ 1 & 1 & & & 1 & x_{122} \\ 1 & & 1 & 1 & & x_{211} \\ 1 & & 1 & 1 & & x_{212} \\ 1 & & 1 & & 1 & x_{221} \\ 1 & & 1 & & 1 & x_{222} \end{bmatrix}^T \begin{bmatrix} y_{111} \\ y_{112} \\ y_{121} \\ y_{122} \\ y_{211} \\ y_{212} \\ y_{221} \\ y_{222} \end{bmatrix} = \begin{bmatrix} 106 \\ 50 \\ 56 \\ 52 \\ 54 \\ 944 \end{bmatrix},$$

$$Z^T y = y = \begin{bmatrix} y_{111} \\ y_{112} \\ y_{121} \\ y_{122} \\ y_{211} \\ y_{212} \\ y_{221} \\ y_{222} \end{bmatrix} = \begin{bmatrix} 12 \\ 14 \\ 12 \\ 12 \\ 12 \\ 14 \\ 15 \\ 15 \end{bmatrix}$$

$$Z^T Z + \sigma_e^2 G^{-1} = I + A^{-1} \sigma_e^2 / \sigma_g^2 =$$

$$\begin{bmatrix} 7 & 0 & -2 & 0 & -2 & 0 & 0 & 0 \\ 0 & 7.4 & 0 & -1.6 & 0 & -1.6 & 0 & -1.6 \\ -2 & 0 & 7 & 0 & -2 & 0 & 0 & 0 \\ 0 & -1.6 & 0 & 7.4 & 0 & -1.6 & 0 & -1.6 \\ -2 & 0 & -2 & 0 & 7 & 0 & 0 & 0 \\ 0 & -1.6 & 0 & -1.6 & 0 & 7.4 & 0 & -1.6 \\ 0 & 0 & 0 & 0 & 0 & 0 & 5 & 0 \\ 0 & -1.6 & 0 & -1.6 & 0 & -1.6 & 0 & 7.4 \end{bmatrix}$$

系数矩阵 X 列不满秩,所以需要添加约束条件。添加约束条件的方法,可以按照王继华(1991,1993,2010)的办法,在固定效应对应的子矩阵添加 $H^T H \hat{b} = 0$,本例中

$$H = \begin{bmatrix} 0 & 1 & 1 & 0 & 0 & 0 \\ 0 & 0 & 0 & 1 & 1 & 0 \end{bmatrix}, \quad \hat{b} = \begin{bmatrix} \hat{\mu} & \hat{\alpha}_1 & \hat{\alpha}_2 & \hat{\beta}_1 & \hat{\beta}_2 & \hat{\gamma} \end{bmatrix}^T$$

也就是

$$H^T H \hat{b} = \begin{bmatrix} 0 & 0 & 0 & 0 & 0 & 0 \\ 0 & 1 & 1 & 0 & 0 & 0 \\ 0 & 1 & 1 & 0 & 0 & 0 \\ 0 & 0 & 0 & 1 & 1 & 0 \\ 0 & 0 & 0 & 1 & 1 & 0 \\ 0 & 0 & 0 & 0 & 0 & 0 \end{bmatrix} \begin{bmatrix} \hat{\mu} \\ \hat{\alpha}_1 \\ \hat{\alpha}_2 \\ \hat{\beta}_1 \\ \hat{\beta}_2 \\ \hat{\gamma} \end{bmatrix}$$

添加约束条件后模型正规方程(王继华等,1991,1993,2010)是

$$\begin{bmatrix} X^T X + H^T H & X^T Z \\ Z^T X & Z^T Z + \sigma_e^2 G^{-1} \end{bmatrix} \begin{bmatrix} \hat{b} \\ \hat{g} \end{bmatrix} = \begin{bmatrix} X^T y \\ Z^T y \end{bmatrix}$$

$$A^{-1} = \begin{bmatrix} 1.5 & 0 & -0.5 & 0 & 0.5 & 0 & 0 & 0 \\ 0 & 1.6 & 0 & -0.4 & 0 & -0.4 & 0 & -0.4 \\ -0.5 & 0 & 1.5 & 0 & -0.5 & 0 & 0 & 0 \\ 0 & -0.4 & 0 & 1.6 & 0 & -0.4 & 0 & -0.4 \\ -0.5 & 0 & -0.5 & 0 & 1.5 & 0 & 0 & 0 \\ 0 & -0.4 & 0 & -0.4 & 0 & 1.6 & 0 & -0.4 \\ 0 & 0 & 0 & 0 & 0 & 0 & 1 & 0 \\ 0 & -0.4 & 0 & -0.4 & 0 & -0.4 & 0 & 1.6 \end{bmatrix}$$

把已知数据代入便可解出有关的估计量。

$$
\begin{bmatrix}
\hat{\mu} \\
\hat{\alpha}_1 \\
\hat{\alpha}_2 \\
\hat{\beta}_1 \\
\hat{\beta}_1 \\
\hat{\gamma} \\
\hat{g}_{111} \\
\hat{g}_{112} \\
\hat{g}_{121} \\
\hat{g}_{122} \\
\hat{g}_{211} \\
\hat{g}_{212} \\
\hat{g}_{221} \\
\hat{g}_{222}
\end{bmatrix}
=
\begin{bmatrix}
7.152\ 2 \\
0.453\ 8 \\
-0.453\ 8 \\
-0.297\ 7 \\
0.297\ 7 \\
0.687\ 9 \\
-0.181\ 1 \\
0.267\ 8 \\
-0.323\ 7 \\
0.055\ 9 \\
-0.358\ 4 \\
0.090\ 6 \\
0.181\ 1 \\
0.211\ 9
\end{bmatrix}
$$

这里 $\hat{\alpha}_1 = 0.453\ 8 > \hat{\alpha}_2 = -0.453\ 8$

§5.4　观测数据分析——不考虑血缘关系

如果不考虑血缘关系,其混合模型简化为固定模型:

$$
\begin{cases}
y_{ijk} = \mu + \alpha_i + \beta_j + \gamma x_{ijk} + e_{ijk}, \\
i = 1,2, \quad j = 1,2, \quad k = 1,2
\end{cases}
$$

添加约束条件后的正规方程为(王继华等,1991,1993,2010):

$$
[X^T X + H^T H]\hat{b} = [X^T y]
$$

代入数据后便可解出有关的估计量为

$$
\begin{bmatrix}
\hat{\mu} \\
\hat{a}_1 \\
\hat{a}_2 \\
\hat{\beta}_1 \\
\hat{\beta}_1 \\
\hat{\gamma}_1
\end{bmatrix}
=
\begin{bmatrix}
12.846\ 2 \\
-0.923\ 1 \\
0.923\ 1 \\
-0.692\ 3 \\
0.692\ 3 \\
1.538\ 5
\end{bmatrix}
$$

这里 $\hat{a}_1 = -0.923\ 1 < \hat{a}_2 = 0.923\ 1$。

§5.5　结果与讨论

示例数据分析结果,考虑参试动物个体间的血缘关系时,$\hat{a}_1 = 0.453\ 8 > \hat{a}_2 = -0.453\ 8$;不考虑参试个体间的血缘关系时,$\hat{a}_1 = -0.923\ 1 < \hat{a}_2 = 0.923\ 1$。这个例子说明,在做饲养试验时有必要考虑参试个体间的血缘关系。

其实在其他很多动物试验中,都需要考虑参试个体间的血缘关系,例如消化试验、代谢试验、屠宰试验等。因为现代家畜,品种内变异常常很大,不同家系间的差异甚至常常超过我们要比较的处理效应,所以进行动物饲养试验时,一般应当考虑这个因素。这一点好像还没有引起动物营养界的注意。

本节的示例只是比较了考虑与不考虑参试个体间的亲缘关系对试验结果的影响,只说明了分析试验结果时,如果把家系(窝)效应归入试验误差,就会严重影响结论的正确性;即使在试验设计时"随机化"这个因素,如果把它归入试验误差,它会严重加大误差方差,所以它依然会严重影响结论的精确性。因此我们强调,在动物试验研究中,只有那些远远小于处理效应的因素才可以通过"随机化"归入试验误差;对于"大效因素",无论是否随机化,都会严重影响试验结果,所以在动物试验中,必须考虑到全部有较大效应的因素,例如参试个体间的遗传关系。

再者,本节只是解释了试验中只观测单个性状的情况,实践中做动物试验时考虑的性状数常不止一个,而对于多性状的统计分析方法与本节介绍的方法是有差别的。

这个例子还说明:饲料营养界的同行们应该学习线性模型知识。国内已有不少这类专著出版,可以参考。

参 考 文 献

[1] 吉田富.畜牧试验设计[M].北京:农业出版社,1984.

[2] 王继华.品种比较(随机区组)试验的优化设计[J].邯郸农业高等专科学校学报,1998,15(1):5-8.

[3] 王继华,安永福,张伟峰,等.动物科学研究方法[M].北京:中国农业大学出版社,2009.

[4] 王继华,崔国强.动物饲养试验应考虑参试动物间血缘关系[J].饲料工业,2010,31(15):24-27.

[5] 王继华,贾青.成对或不成对反转试验设计[J].Journal of Yellow Cattle Science,2002,28(3):1-5.

[6] 武书庚,安晓平.如何测定日粮适口性.饲料广角,2002,19:27-28.

[7] Garcia, R. , M. Benet, C. Arnau, and E. Cobo Efficiency of the cross-over design: An empirical investigation. Statistics in Medicine,2004,23(24):3773-3780.

[8] 22 Giesbrecht, F. G. and M. L. Gumpertz Planning, Construction, and Statistical Analysis of Comparative Experiments. Hoboken, NJ: Wiley. 2004:261.

[9] Louis, T. A. , P. W. Lavori, J. C. Bailar, III, and M. Polansky. Crossover and self controlled designs in clinical research. New England Journal of Medicine,1984:310(1), 24-31.

[10] Miroslav Kaps and William R. Lamberson. Biostatistics for Animal Science[M]. CABI Publishing,2004:294-312.

[11] THOMAS P. RYAN. Modern Experimental Design [M]. John Wiley & Sons, Inc,2007:429-432.

附　录

附录 1　实用仔猪饲料配方

哺乳仔猪的配合饲料有两种,一种是人工乳,另一种是仔猪开食料,也就是教槽料。

人工乳是在母猪死亡或泌乳量不足或国外的超早期断奶时供仔猪使用的,开食料是在母猪正常的情况下,给仔猪 5~7 日龄时开始诱食使用。也有人称人工乳为乳猪一期料或乳猪一号料,称仔猪开食料为乳猪二期料或乳猪二号料。

报道猪补偿生长的资料极少,所以除非猪场设备和人工等成本折旧极低,也就是农户散养或简陋的小型猪场,一般猪场不要使用劣质仔猪饲料。

附表 1.1　仔猪人工乳配方

项目	1	2	3	其中含有:	1	2	3
牛乳/mL	1 000	1 000	1 000	干物质/%	19.6	23.4	24.65
全脂奶粉/g	50	100	200	总能/MJ	4.48	5.65	5.23
葡萄糖/g	20	20	20	消化能/MJ	4.017	4.77	5.19
鸡蛋(枚)	1	1	1	粗蛋白/(g/L)	56.0	62.6	62.3
矿物质溶液/mL	5	5	5	广谱抗菌素	+	+	+
维生素溶液/mL	5	5	5				

注:①适用于初生至 10 日龄的仔猪。配方中除鸡蛋、矿物质、维生素溶液外,用蒸汽高温煮沸消毒,冷凉后加入前述营养物质。

②饲料博览,2004(7):56。

设计人工乳主要考虑仔猪消化和免疫力。人工乳要求的营养浓度和消化率高,适口性好,维生素和微量元素充足,尤其添加抗生素、酸化剂和促消化剂,防止下痢、减少死亡、促进弱猪生长。仔猪在 3 日龄后易缺铁,应特殊注意。人工乳一般采用牛奶、糖类、乳制品、高消化率的原料配制。

附表 1.2　代乳料配方

项目 Items	含量 Content
原料 Ingredients	
全脂奶粉 Whole milk power	53.00
乳清浓缩蛋白 Whey protein concentrate	22.00
乳清粉 Whey powder	4.50
血浆蛋白质粉 Plasma protein powder	5.00
乳糖 Lactose	7.00
椰子油 Coconut oil	5.00
L-谷氨酰胺 L-Glu	—
L-丙氨酸 L-Ala	1.24
DL-蛋氨酸 DL-Met	0.08
L-色氨酸 L-Trp	0.02
L-苏氨酸 L-Thr	0.16
预混料 Premix	2.00
合计 Total	100.00
营养水平 Nutrient levels	
消化能 DE(MJ/kg)	18.91
粗蛋白质 CP	26.94
消化能/赖氨酸 DE(/Lys MJ/kg)	0.22
乳糖 Lactose	40.45

续附表 1.2

项目 Items	含量 Content
钙 Ca	1.11
有效磷 AP	0.63
赖氨酸 Lys	2.10
蛋氨酸 Met	0.55
苏氨酸 Thr	1.44
色氨酸 Trp	0.39
精氨酸 Arg	0.83
Na^+	0.60
Cl^-	1.20
K^+	1.15

注:①摘自蒋宗勇等(2010)动物营养学报,2010,22(1):125-131。

②预混料水平,每千克日粮含:维生素 A 6 600 IU,维生素 D_3 660 IU,维生素 E 48 mg,维生素 K_3 1.5 mg,维生素 B_1 4.5 mg,维生素 B_2 12 mg,维生素 B_6 6 mg,维生素 B_{12} 60 mg,烟酸 60 mg,泛酸 36 mg,叶酸 0.9 mg,生物素 0.24 mg,氯化胆碱 840 mg,Fe 105 mg,Cu 10 mg,Zn 110 mg,Mn 5 mg,Co 1.2 mg,I 0.5 mg,Se 0.3 mg。载体乳清粉 1.2 g。消化能为计算值,其余为实测值。

附表 1.3　仔猪人工乳配方

原料	含量	原料	含量
牛乳	1 000 mL	硫酸镁	300 mg
鸡蛋	2 枚	硫酸锰	8 mg
葡萄糖	15 g	碘化钾	0.12 mg
磷酸氢钙	3.5 g	亚硒酸钠	0.16 mg
硫酸亚铁	110 mg	硫酸钴	1 mg
硫酸铜	10 mg	琼脂	5 g
硫酸锌	45 mg	食盐	1.6 g

续附表 1.3

原料	含量	原料	含量
维生素 A	130 IU	烟酸	5 mg
维生素 K	2.2 mg	维生素 B_6	128 μg
维生素 E	120 μg	叶酸	4 μg
维生素 D	3.2 IU	维生素 B_{12}	1.8 μg
维生素 B_1	280 μg	对氨基苯甲酸	250 μg
维生素 B_2	350 μg	青霉素	10 mg
泛酸钙	2 mg	肌醇	25 mg

注:杨玉芬,等,2005。

附表 1.4　仔猪代乳料配方

原料/%	日粮配方			
	I	II	III	IV
玉米粉(8.9%粗蛋白质)	44.1	32.6	27.55	26.5
大豆粕(48.5%粗蛋白质)	22.7	25.0	30.0	25.0
燕麦仁(15%粗蛋白质)	—	—	—	10.0
脱脂奶粉(33%粗蛋白质)	10.0	20.0	10.0	10.0
乳清粉(12%粗蛋白质)	10.0	10.0	20.0	20.0

注:资料来源于 Iowa 州工作站。

　　人工乳饲喂方法:10 日龄以内小猪,白天每隔 1~2 h 喂 1 次,每头每次喂 40 mL;11 日龄后,每隔 2~3 h 喂 1 次,每头每次喂 200~300 mL。注意现用现配,久置易坏,引起仔猪胃肠炎。

附表 1.5　仔猪开食料配方

饲料原料	配方/%	养分	含量	饲养效果		
玉米	62.0	DE	13.54 MJ/kg		体重/kg	标准差
麦麸	4.5	CP	19.0%	出生	1.19	0.13
豆粕	22.0	Ga	0.85%	21 日龄	4.89	0.40
植物油	1.0	P	0.70%	42 日龄	9.18	0.81
乳清粉	2.5	lys	0.92%		日增重/(g/d)	标准差
玉米蛋白粉	1.5			0～21 日龄	177.89	32.76
酒糟	1.0			22～42 日龄	205.46	91.32
磷酸氢钙	0.8			0～42 日龄	191.83	89.34
石粉	0.4			料：重比(没考虑哺乳)		
鱼粉	3.0			0.86		
食盐	0.3					
预混料	1.0					

注:《饲料博览》,1998(3):1-3。

说明:附表 1.5 是云南农业大学田允波(1998)报道的仔猪开食料实验配方,0～21 日龄的仔猪另添加乳香酸或德卡肥 2.0 g/kg;22～42 日龄的仔猪另添加乳香酸或德卡肥 1.5 g/kg;出生时接种疫苗,7 日龄开始补饲,42 日龄断奶,做成颗粒饲料,自由采食。这个配方成本极低,原料都是常规原料,容易买到,适合农村散养户使用。

附表 1.6　教槽料配方

原料	用量/%	原料	用量/%	营养指标	
玉米(40%膨化)	49	苏氨酸	0.15	消化能/(Mcal/kg)	3.43
膨化大豆	8	色氨酸	0.05	粗蛋白质/%	20.8
肠膜蛋白	1.5	氯化胆碱	0.1	钙/%	0.95
进口鱼粉 CP 65%	5.52	酸化剂	0.2	总磷/%	0.8

续附表 1.6

原料	用量/%	原料	用量/%	营养指标	
血浆蛋白粉	3.8	蔗糖	2.5	有效磷/%	0.6
脂肪粉	3	蛋白酶制剂	0.1	粗纤维/%	2
膨化去皮豆粕	12.25	复合维生素	0.07	赖氨酸/%	1.5
乳清粉	10	硫酸抗敌素10%	0.03	蛋氨酸/%	0.45
石粉	0.5	乐达香1086Z	0.03	苏氨酸/%	1
磷酸氢钙	1.4	乐达甜2000Z	0.02	色氨酸/%	0.3
食盐	0.3	吉他霉素50%	0.01	成本/(元/t)	6 130
矿物质添加剂	1	阿肿酸98%	0.004		
赖氨酸盐酸盐(98%)	0.35	抗氧化剂	0.02		
蛋氨酸	0.1	氯化胆碱	0.1		

仔猪初生重(1.657±0.045) kg,4 d体重(2.290±0.31) kg,1~4 d平均日增重(158±60) g

4~21 d日采食量/g	1.181±0.73	4~28 d平均日增重/g	183
4~21 d平均日增重/g	224±47	1~28 d平均日增重/g	180
21~28 d日采食量/g	187.748±32.826	断奶体重/g	6 118
21~28 d日增重/g	114±28	料重比	1.674

注:詹黎明,2009。

附表 1.7　教槽料配方

原料	原配方/%	优化配方/%	备注(相关理论依据)
膨化玉米	46.3	33.2	
玉米	—	15.0	
去皮豆粕	8.0	9.5	
白鱼粉	5.0	3.0	
植物油	1.5	1.8	

续附表 1.7

原料	原配方/%	优化配方/%	备注（相关理论依据）
膨化大豆	12.0	—	
乳清粉（3%）	8.0	10.0	
乳糖	8.0	—	
葡萄糖	—	4	
白糖	—	2	
血浆蛋白	4	3	
饲特灵		2.5	
动物源营养肽（如肠膜蛋白）	3	—	
优补健	—	12	
维他快（喂大快）	—	0.8	
石粉	0.7	0.8	
磷酸氢钙	1.5	1.4	
复合预混料（2%）	2.0	2.0	
合计/%	100.00	100.00	
价格/（元/t）	5 543.24	5 105.36	
营养指标	原配方	优化配方	
粗蛋白质/%	20.1	20.0	
猪消化能/（Mcal/kg）	3.40	3.38	
钙/%	0.89	0.85	与矿物质结合特性的肽可与钙螯合吸收，明显提高钙的利用率
有效磷/%	0.56	0.50	
赖氨酸/%	1.55	1.45	小肽可提高氨基酸的利用率特别是赖氨酸的利用率
蛋氨酸/%	0.45	0.42	

注：美国华达中国市场技术部周围，2010。

附表1.8 教槽料配方

原料	原配方/%	优化配方/%	备注(相关理论依据)
膨化玉米	46.3	35.0	
玉米	—	16.0	
去皮豆粕	8.0	7.0	
白鱼粉	5.0	3.0	
植物油	1.5	1.7	
膨化大豆	12.0	—	
乳清粉(3%)	8.0	6	
金乃酪	—	5.0	
乳糖	8.0	—	
葡萄糖	—	4	
蔗糖	—	2	
血浆蛋白	4	—	
动物源性营养肽(如肠膜蛋白)	3	—	
优补健	—	10	
饲特灵	—	5.0	
石粉	0.7	0.7	
磷酸氢钙	1.5	1.6	
复合预混料(2%)	2.0	2.0	
合计(%)	100.00	100.00	
价格(元/t)	5 543.24	5 150.54	
营养指标	原配方	优化配方	
粗蛋白质/%	20.1	20.0	
猪消化能/(Mcal/kg)	3.40	3.41	

续附表 1.8

原料	原配方/%	优化配方/%	备注（相关理论依据）
钙/%	0.89	0.85	与矿物质结合特性的肽可与钙螯合吸收，明显提高钙利用率
有效磷/%	0.56	0.52	
赖氨酸/%	1.55	1.35	小肽可提高氨基酸利用率特别是赖氨酸利用率
蛋氨酸/%	0.45	0.43	

注：美国华达中国市场技术部周围，2010。

附表 1.9　乳猪饲料配方　　　　　kg

原料	用量	原料	用量
玉米	498.5	营养酶	0.5
膨化大豆	130	抗氧	0.05
脱壳豆粕 CP 46%	198	甜味剂	0.4
进口鱼粉 CP 65%	40	酸化剂	2
高蛋白乳清粉	45	氧化锌	1
葡萄糖	25.6	五水硫酸铜	0.1
石粉	8.6	一水硫酸锌	0.765
磷酸氢钙	11.4	一水硫酸亚铁	0.735
食盐	1	一水硫酸锰	0.21
次粉	29	1% 亚硒酸钠	0.055
赖氨酸（98%）	1.8	1% 碘化钾	0.09
蛋氨酸	0.6	仔猪多维	0.38
氯化胆碱 50%	0.9	10% 硫酸黏杆菌素	0.15
沸石粉	2.515	10% 杆菌肽锌	0.5
		血宝	0.15

附表 1.10　乳猪饲料配方　　　　　　　　　　　%

原料	配方 1	配方 2	原料	配方 1	配方 2
玉米 CP 8.5	55	34.8	复合维生素		0.03
膨化玉米		25	复合微量元素		0.4
豆粕	4	24	酸化剂	0.5	0.15
发酵豆粕	4.6	5	酶制剂		0.1
膨化大豆	10		氯化胆碱	0.12	0.08
乳清粉		5	防霉剂	0.06	0.05
秘鲁鱼粉		3	甜味剂		0.03
磷酸氢钙	2.2	1.31	15%杆菌肽锌		0.01
石粉	0.3	0.56	8%黄霉素		0.01
食盐	0.4	0.25	10%硫酸抗敌素		0.03
赖氨酸	0.57	0.18	乙氧基喹啉		0.01
小麦胚芽粕	7		蔗糖	4	
次粉 CP 13.5	3		大米蛋白粉	3	
油脂	2.5		葡萄糖	2	
添加剂	1		金维康-酵母多糖	0.15	
营养指标/%			营养指标/%		
粗蛋白		20.7	苏氨酸	0.2	0.868
钙		0.8	色氨酸		0.268
总磷		0.65	猪消化能		3 252 kcal/kg
有效磷		0.47	表观可消化 lys		0.92
盐		0.66	表观可消化蛋氨酸+胱氨酸		0.514
赖氨酸		1.2	表观可消化苏氨酸		0.592
蛋氨酸+胱氨酸		0.697	表观可消化色氨酸		0.19

附表 1.11　3 种乳猪开食料之配方及养分含量

日粮组分	第一组	第二组	第三组
玉米	61.25	58.35	52.15
大豆粕	21.00	36.20	17.40
全脂黄豆粉	—	—	25.00
柠檬酸	—	2.00	2.00
秘鲁鱼粉	5.00	—	—
奶粉	10.00	—	—
碳酸钙	1.00	1.00	1.00
磷酸二钙	0.40	1.10	1.10
预混料	1.00	1.00	1.00
盐	0.35	0.35	0.46
饲料成本/(元/kg)	2.01	1.26	1.36
营养成分			
消化能/(cal/kg)	3 320	3 049	3 158
粗蛋白质/%	20.0	20.1	21.2
粗脂肪/%	6.40	3.79	6.21
粗纤维/%	2.14	2.71	3.21
钙/%	1.02	0.92	0.88
总磷/%	0.66	0.65	0.67

注:John Goihl. 环境营养效应影响断奶仔猪的生产性能.2010。

附表 1.12　无鱼粉教槽料配方

原　料	配方一	配方二
大麦	43	40.5
小麦	20	20
玉米	8	8
豆粕	3	4.5
鱼粉	10	0
发酵豆粕(HP300)	0	10
白蛋白粉(Lyprot SG-9)	2	3
乳清粉	7	7
油	3	3

续附表 1.12

原　料	配方一	配方二
M & V	4	4
开始体重	9.49	9.51
结束体重	19.62	19.87
采食量	563	600
日增重	358.6	378.6
料重比	1.60	1.59

注:Šiugždaitė et al,2008。

附表 1.13　诱食料　　　　　　　　　%

原料/%	日粮配方			
	Ⅰ	Ⅱ	Ⅲ	Ⅳ
玉米粉	26.6	28.0	16.4	17.8
脱脂奶粉	40.0	40.0	20.0	20.0
大豆粕(50%蛋白质)	14.1	15.1	24.2	25.2
鱼膏(鱼浆)	2.5	2.5	2.5	2.5
乳清粉(高乳糖)	—	—	20.0	20.0
糖(甘蔗或甜菜)	10.0	10.0	10.0	10.0
干蒸馏酒糟液	2.4	—	2.4	—
固化脂肪	2.5	2.5	2.5	2.5
碳酸钙	0.4	0.4	0.5	0.5
磷酸氢钙	0.15	0.15	0.15	0.15
碘化食盐	0.25	0.25	0.25	0.25
微量元素预混料	0.1	0.1	0.1	0.1
维生素预混料	1.0	1.0	1.0	1.0
抗生素	+	+	+	+
营养成分				
粗蛋白质	24.0	24.0	24.0	23.9
钙	0.69	0.71	0.70	0.72
磷	0.60	0.60	0.60	0.60

注:①供 3 周龄以前的仔猪使用;21 日龄前,使用 1 周后换开食料。
②抗生素添加剂包括抗菌素、酶制剂、诱食剂等,添加量 250 mg/kg。
③资料来源,kentucky 大学。

附表 1.14　开食料配方

原料/%	日粮配方				
	I	II	III	IV	V
玉米(8.9%粗蛋白质)	53.8	58.0	59.4	46.9	43.0
大豆粕(48.5%粗蛋白质)	22.0	22.5	22.5	22.5	—
煮熟大豆(37%粗蛋白质)	—	—	—	—	37.5
脱脂奶粉(33%粗蛋白质)	—	—	2.5	2.5	—
乳清粉(12%粗蛋白质)	20.0	15.0	10.0	15.0	15.0
鱼浆(31%粗蛋白质)	—	—	—	2.5	—
糖	—	—	—	5.0	—
固化动物油脂	—	—	1.0	1.0	—
碳酸钙(28%钙)	0.60	0.5	0.5	0.5	0.5
磷酸氢钙(26%钙,18.5%磷)	1.0	1.25	1.25	1.25	1.25
碘化食盐	0.25	0.25	0.25	0.25	0.25
微量元素预混料	1.0	1.5	1.5	1.5	1.5
维生素预混料	1.25	1.0	1.0	1.0	1.0
DL-蛋氨酸	0.1	—	0.1	0.1	—
添加剂(mg/kg)	100～300	100～300	100～300	100～300	100～300
营养成分/%					
粗蛋白质	18.1	18.62	18.28	18.66	19.51
钙	0.70	0.72	0.69	0.73	0.75
磷	0.60	0.63	0.62	0.64	0.66
赖氨酸	1.06	1.11	1.06	1.12	1.16
蛋氨酸	0.38	0.30	0.35	0.36	0.30
胱氨酸	0.30	0.30	0.31	0.30	0.31
色氨酸	0.22	0.23	0.22	0.22	0.26
代谢能/(MJ/kg)	12.4	12.0	12.6	12.5	13.1

注：①开食料于诱食料后使用,或在 28 日龄断奶前使用,用至断乳后 18 kg 体重,以后用生长料。

②蛋氨酸给量是低限值,若再增加蛋氨酸 454 mg/kg,仔猪生长性能会更好,饲料转化率也可提高。

③添加剂包括抗生素、酶制剂、诱食剂等,可包括在维生素预混料内,如单独添加,则用玉米粉稀释后取代等量玉米。

④资料来源于 Iowa 州工作站。

附表 1.15　开食料配方

原料/%	日粮配方			
	I	II	III	IV
玉米粉	44.2	47.1	49.4	51.9
大豆粉(50%蛋白质)	25.3	24.8	27.5	25.0
脱脂奶粉	—	5.0	—	5.0
鱼浆	2.5	2.5	—	—
干蒸馏酒糟液	2.5	—	—	—
乳清粉(高乳糖)	15.0	10.0	15.0	10.0
固化脂肪	2.5	2.5	—	—
糖(甘蔗或甜菜)	5.0	5.0	5.0	5.0
碘酸钙	0.7	0.7	0.70	0.7
磷酸氢钙	0.95	1.05	1.05	1.05
碘化食盐	0.25	0.25	0.25	0.25
微量元素预混料	0.1	0.1	0.1	0.1
维生素预混料	1.0	1.0	1.0	1.0
抗生素	+	+	+	+
营养成分/%				
粗蛋白质	20.0	20.0	20.0	20.0
钙	0.70	0.70	0.71	0.60
磷	0.60	0.60	0.60	0.60

注:①断乳前仔猪开食料和早期断乳 5.45～13.64 kg 体重仔猪的饲料。

②抗生素添加量为 250 mg/kg,包括抗生素、酶制剂、诱食剂等。

③资料来源,kentucky 大学。

附表 1.16　保育期仔猪饲料配方

原料/%	日粮配方			
	诱食料	开食料	开食-生长料 1	开食-生长料 2
粗蛋白质含量/%	22.0	18.0	18.0	16.0
蔗糖	15.0	10.0	—	—
玉米粉	19.5	36.7	62.7	70.3
燕麦粉	5.0	10.0	—	—
小麦粉	5.0	—	—	—
大豆饼(44%粗蛋白质)	4.0	24.2	23.0	18.7
脱脂奶粉	40	—	—	—
乳清粉	—	10.0	5.0	2.5
鱼浆	5.0	2.5	2.5	2.5
干啤酒酵母	1.0	1.0	1.0	—
固化油脂	2.5	2.5	2.5	2.5
磷酸氢钙	1.0	1.1	1.2	1.5
石粉	0.6	0.6	0.7	0.6
微量元素预混料	0.15	0.15	0.15	0.15
碘化食盐	0.25	0.25	0.25	0.25
维生素-抗生素预混料	1.0	1.0	1.0	1.0

注:①4 个配方均含钙 0.75%,含磷 0.61%。

②此饲料为保育后期、育成前期 1~2 周过渡料。

③资料来源于 Nebraska 大学。

附表 1.17　粉料配方

原料名称	价格/元	教槽料/%	保育料/%
玉米 2(G83)	1.5	394.7	593.35
膨化玉米/次粉/米粉/面粉	1.8	142.7	
蔗糖-晶体	3.6	50	50
乳清粉	5.4	40	
大豆粕 2(GB2)43%	3	130	140
全脂大豆(GB2)	4.48	80	50
花生粕(GB2)46%	2.5	41.7	44.57
秘鲁鱼粉-蒸汽鱼粉 65%	6.8	30	20
玉米蛋白粉(55%CP)	4.2	35	50
磷酸氢钙	2	13.8	13.63
石粉	0.12	3.3	3.78
食盐	0.8	3.26	4.35
大豆-色拉油	8.5	15	9.13
赖氨酸盐酸盐 78%Lys	11	6.34	6.27
苏氨酸 98%	20	1.43	1.91
蛋氨酸 99%	50	1.82	1.53
乳猪 1% 预混料	36	10	10
氯化胆碱(VB$_4$,50%)-特明科	6.8	1.5	1.5
合计		1 000	1 000
营养水平			
干物质含量/%		89.534 7	88.736 6
猪消化能/(kcal/kg)		3 399.949 4	3 350
猪代谢能/(kcal/kg)		3 131.511 8	3 085.688 4
粗蛋白/%		19	18.5

续附表 1.17

原料名称	价格/元	教槽料/%	保育料/%
营养水平			
钙/%		0.650 5	0.6
总磷/%		0.664 3	0.612 3
可利用磷/%		0.479 9	0.413 7
粗灰分/%		5.570 5	5.209 6
粗纤维/%		2.509 4	2.580 4
粗脂肪/%		5.867	5.052 9
胆碱/(mg/kg)		750	750
盐/%		0.500 1	0.5
赖氨酸/%		1.48	1.18
蛋氨酸+胱氨酸/%		0.78	0.67
苏氨酸/%		0.89	
色氨酸/%		0.24	0.19
Na/%		0.16	0.18
K/%		0.75	0.73
系酸力(B₄)		32	40

　　配方说明:①预混料配方及成分,配合料中,微量元素:Cu 为 15 mg/kg;Fe 为 172 mg/kg;Mn 为 48 mg/kg;Zn 为 135 mg/kg;Se 为 0.15 mg/kg;I 为 0.15 mg/kg;维生素:维生素 A 为 12 000 IU;维生素 D_3 为 2 400 IU;维生素 E 为 24 mg;维生素 K_3 为 2.4 mg;维生素 B_1 为 3.2 mg;维生素 B_2 为 12 mg;维生素 B_6 为 4.8 mg;维生素 B_{12} 为 0.048 mg;泛酸为 16 mg;烟酰胺为 48 mg;维生素 H 为 0.24 mg/kg;叶酸为 2.4 mg。

　　②抗生素及添加剂:盐霉素为 55 mg/kg;抗敌素为 45 mg/kg;喹乙醇为 100 mg/kg;添加剂:以配合饲料中添加量计;饲料级氧化锌为 2.2 kg/t;包被磷酸型酸化剂为 3.0 kg/t;氯化钾为 1.0 kg/t 配合料中。

　　③该配方使用盐霉素,不得与支原净配伍使用,适用北方市场;也可使用杆菌肽锌 100 mg/kg 替换盐霉素。

　　④配方说明:多能量、蛋白来源结构配方,具有较低的抗原水平,适口性好,仔猪生长旺盛,皮毛状况良好,腹泻少。

　　⑤资料来源:浙江维尔新-山东客服配方,卢亮,2008。

附表 1.18　断奶仔猪饲料配方

饲料原料	饲料配方/%	营养指标	营养水平
玉米	52.45	消化能/(MJ/kg)	14.23
豆粕	31.5	粗蛋白/%	20.9
进口鱼粉	4.00	钙/%	0.7
乳清粉	5.00	总磷/%	0.55
大豆油	4.44	有效磷/%	0.32
赖氨酸盐酸盐	0.05	赖氨酸/%	1.15
碳酸钙	0.69	蛋氨酸/%	0.32
磷酸氢钙	0.52	胱氨酸/%	0.33
食盐	0.25	苏氨酸/%	0.89
预混料	1.00	色氨酸/%	0.28
小苏打	0.1		

注：①预混料水平，每千克日粮含维生素 A 1.75 万 IU，维生素 D_3 0.245 万 IU，维生素 E 51.25 mg，维生素 K_3 4.37 mg，维生素 B_1 2.62 mg，维生素 B_2 8.25 mg，维生素 B_6 7 mg，维生素 B_{12} 0.035 mg，烟酸 35 mg，泛酸钙 12 mg，叶酸 0.875 mg，生物素 0.47 mg，氯化胆碱 650 mg，维生素 C 294 mg，Fe 88 mg，Cu 16 mg，Zn 96 mg，Mn 64 mg，I 10.56 mg，Se 0.24 mg。另加酸化剂，抗生素和诱食剂。

②资料来源：林映才，等，2009。

附表 1.19　按体重划分的三阶段仔猪饲料配方　　　　　%

饲料原料	第一阶段 (小于 7 kg)	第二阶段 (7~12 kg)	第三阶段 (12~23 kg)
玉米	47.30	62.06	70.79
膨化大豆	27.00	15.00	—
豆粕	—	13.50	14.00
血浆蛋白粉	5.00	—	—
鱼粉	5.00	3.00	2.00
乳清粉	20.00	3.00	

续附表 1.19

饲料原料	第一阶段 （小于 7 kg）	第二阶段 （7～12 kg）	第三阶段 （12～23 kg）
玉米酒槽	—	—	10.00
赖氨酸	—	0.14	0.26
蛋氨酸	0.03	—	—
碳酸钙	0.50	0.50	0.66
磷酸氢钙	0.85	1.48	0.76
食盐	0.30	0.30	0.30
预混料	1.00	1.00	1.00
复合多维	0.02	0.02	0.02

注：引自段诚中主编的《规模化养猪新技术》，2000。

附表 1.20　美国堪萨斯大学(1994)推荐的仔猪日粮配方

日粮原料/%	仔猪重量/kg		
	2.5～5.0	5.0～7.5	7.5～10.0
玉米	31.0	41.0	57.0
乳清粉	25.0	20.0	10.0
乳糖	5.0	0.0	0.0
大豆粕	14.0	24.0	23.0
脂肪粉	6.0	5.0	3.0
血浆蛋白粉	7.5	2.5	0.0
血粉	2.0	2.5	2.5
鱼粉	6.0	0.0	0.0
预混料	3.5	5.0	4.5
营养成分/%			
乳糖	22.5	14.0	7.0
赖氨酸	1.7	1.5	1.3
钙	0.9	0.9	0.9
磷	0.8	0.8	0.8

附表 1.21　国外的教槽料配方　　　　　　　　　　%

断奶时间	2 周			3～4 周		
饲喂持续时间	2～4 周龄			3～6 周龄		
日粮	1	2	3	4	5	6
饲料组成						
小麦	390	—	—	592	—	—
去壳燕麦	—	464	—	—	616	—
膨化玉米	—	—	352	—	—	579
豆粕	30	—	35	80	80	80
糖	30	30	30	20	20	20
全脂大豆	60	40	119	45	45	79
肉骨粉	30	25	30	55	50	42
鱼粉	50	50	60	70	60	50
血粉	15	20		20	20	20
脱脂奶粉	200	200	200	—	—	—
乳清粉	150	150	150	100	100	100
植物油	38	15	20	10	—	—
磷酸氢钙	2	2	—	—	—	—
石粉	—	—	—	—	2	5
赖氨酸盐酸	0.5	0.6	0.2	2.6	2	1.9
DL-蛋氨酸	1.0	0.6	1.0	0.8	0.6	1.0
苏氨酸	0.7	0.8	0.4	1.0	0.9	0.4
色氨酸	0.2	0.2	0.2	0.2	0.1	0.1
矿物质/维生素预混料	2.0	2.0	2.0	2.0	2.0	2.0
食盐	—	—	—	1.0	1.0	2.0
养分含量						
消化能(MJ/kg)	16.0	16.1	16.1	15.3	15.6	15.6

续附表 1.21

| 断奶时间 | 2 周 | | | 3~4 周 | | |
| 饲喂持续时间 | 2~4 周龄 | | | 3~6 周龄 | | |
日粮	1	2	3	4	5	6
粗蛋白	233	225	236	229	228	230
赖氨酸	15.9	16.1	16.2	15.0	15.3	15.3
蛋氨酸	5.5	5.1	5.8	4.8	4.6	4.9
苏氨酸	10.1	10.2	10.2	9.5	9.7	9.7
钙	9.4	9.1	9.1	9.2	9.4	9.1
磷	7.9	7.8	7.6	7.7	7.6	7.3

注:①使用熟化的谷物和膨化的饲料可以提高消化率。另外,添加有机酸、酶和香味剂也可提高消化率、采食量和(或)发送仔猪健康。

①引自《断奶仔猪》中译本 25 页。

参 考 文 献

[1]陈昌明,袁绍庆,程宗佳.去皮膨化豆粕取代进口鱼粉对仔猪生长的影响[J].中国种猪信息网,2010-12-28.

[2]霍启光.制作早期断奶仔猪饲料配方的基本原理[PPT],2005-12-8.

[3]詹黎明,吴德,李勇.4 种教槽料对乳猪生长性能,腹泻和皮毛的影响[J].饲料广角,2009(9):43-46.

[4]林映才,蒋宗勇,余德谦,等.三种营养需要模式对断奶仔猪生产性能、胴体品质和瘦肉生长的影响[J].养猪,2009(5):3-5.

[5]王启军,唐明红,欧阳燕.不可溶性和可溶性日粮纤维对早期断奶仔猪肠道食糜的理化性质及微生物区系的影响[J].饲料广角,2010(5):26-29.

[6]杨玉芬,乔建国,王文元,等.新生仔猪免疫人工乳配方的研制及其生产效果的研究[J].养猪大视野,2005(4):37-39.

附录 2 仔猪的营养需要量

随着饲养技术的不断提高和饲养环境和管理条件的不断改善,在养猪生产中,越来越多的采用早期断奶,因而针对早期断奶方案制定适宜的仔猪日粮营养结构至关重要。目前国内外公布的营养标准,宜做参考。配方师应根据各地气候、环境、管理条件和饲养习惯制定合适的营养结构和相应产品品位。

附录 2.1 美国 NSNG 推荐的饲养标准(2010)

附表 2.1.1 仔猪的氨基酸、钙、磷推荐量[ab]

美国 NSNG 标准 2010 日粮类型	阶段的划分			
	阶段 1	阶段 2	阶段 3	阶段 4
体重/kg	4～5	5～7	7～11	11～20
日采食量/kg	0.16	0.25	0.50	1.00
日增重/g	145	204	363	567
日粮消化能/(Mcal/kg)	3.66	3.63	3.45	3.45
日粮 ME/(Mcal/kg)	3.505	3.483	3.307	3.307
日粮净能/Mcal/kg	2.6	2.58	2.45	2.45
真蛋白[d]/%	24.79	24.00	20.80	19.91
占日粮的%				
赖氨酸总量/%	1.7	1.65	1.44	1.38
标准化理想可消化的 SID				
赖氨酸/%	1.56	1.51	1.31	1.25
苏氨酸/%	0.97	0.94	0.81	0.78
蛋氨酸/%	0.44	0.42	0.37	0.35
蛋氨酸＋胱氨酸/%	0.9	0.88	0.76	0.73

续附表 2.1.1

美国 NSNG 标准 2010 日粮类型	阶段的划分			
	阶段 1	阶段 2	阶段 3	阶段 4
色氨酸/%	0.27	0.26	0.22	0.21
异亮氨酸/%	0.86	0.83	0.72	0.69
缬氨酸/%	1.01	0.98	0.85	0.81
精氨酸/%	0.65	0.63	0.55	0.53
组氨酸/%	0.50	0.48	0.42	0.40
亮氨酸/%	1.56	1.51	1.31	1.25
苯丙氨酸/%	0.94	0.91	0.78	0.75
苯丙氨酸＋酪氨酸/%	1.47	1.42	1.23	1.18
钙/%	0.9	0.85	0.85	0.75
总磷/%	0.75	0.70	0.70	0.65
有效磷(可利用磷)/%	0.6	0.55	0.45	0.37
可消化磷/%	0.57	0.53	0.40	0.33
g/Mcal ME				
总赖氨酸	4.85	4.74	4.35	4.17
标准化理想可消化的 SID				
赖氨酸	4.45	4.34	3.96	3.78
苏氨酸	2.77	2.7	2.45	2.36
蛋氨酸	1.26	1.21	1.12	1.06
蛋氨酸＋胱氨酸	2.57	2.53	2.3	2.21
色氨酸	0.77	0.75	0.67	0.64
异亮氨酸	2.45	2.38	2.18	2.09
缬氨酸	2.88	2.81	2.57	2.45
精氨酸	1.85	1.81	1.66	1.60
组氨酸	1.43	1.38	1.27	1.21
亮氨酸	4.45	4.34	3.96	3.78

续附表 2.1.1

美国 NSNG 标准 2010 \ 日粮类型	阶段划分			
	阶段 1	阶段 2	阶段 3	阶段 4
苯丙氨酸	2.68	2.61	2.36	2.27
苯丙氨酸＋酪氨酸	4.19	4.08	3.72	3.57
钙	2.57	2.44	2.57	2.27
总磷[c]	2.14	2.01	2.12	1.97
有效磷	1.71	1.58	1.36	1.12
可消化磷	1.63	1.52	1.21	1.00

注：a. 在温度适中区全饲；b. 推荐量是相对于日粮可代谢能（ME）密度；计算中使用的原料能值来自 PIG Factsheet #07-07-09（Composition and Usage Rate of Feed Ingredients for Swine Diets）；c. 在日粮中添加植酸酶时总磷值应该降低，但是在使用高锌促生长时，来自植酸酶释放的磷减少 30%；d. NSNG（2010 版）没有给出蛋白质需要量，这里的数据是王继华根据第四章所讲的原理而推断的数值，假定了原料中氨基酸的平均消化率为 90%，实践中原料的消化率有变化时，可以根据第四章给出的公式计算。

附表 2.1.2　仔猪日粮乳糖、食盐、微量元素和维生素的推荐添加量[ab]

日粮类型	阶段 1	阶段 2	阶段 3	阶段 4
体重/kg	4～5	5～7	7～11	11～20
日采食量/kg	0.16	0.25	0.50	1.00
日增重/g	145	204	363	567
ME/(Mcal/kg)	3.50	3.48	3.30	3.30
乳糖/%	20～25	15～20	5～10	0
矿物质[b]				
食盐/%	0.15～0.40	0.15～0.40	0.25～0.40	0.30～0.40
钠/%	0.25～0.45	0.20～0.45	0.20～0.45	0.15～0.45
氯/%	0.25～0.45	0.20～0.45	0.20～0.45	0.15～0.45
铜/(mg/kg)[c]	6～20	6～20	6～20	5～20
碘/(mg/kg)	0.14～0.35	0.14～0.35	0.14～0.35	0.14～0.35
铁/(mg/kg)	100～180	100～180	100～180	80～180

续附表 2.1.2

日粮类型	阶段 1	阶段 2	阶段 3	阶段 4
锰/(mg/kg)	4～30	4～30	4～30	3～30
硒/(mg/kg)[d]	0.30～0.30	0.30～0.30	0.30～0.30	0.25～0.30
锌/(mg/kg)[e]	100～180	100～180	100～180	80～180
维生素[b]				
维生素 A/(IU/kg)	1 000～5 500	1 000～5 500	1 000～5 500	800～5 500
维生素 D_3/(IU/kg)	100～500	100～500	100～500	90～500
维生素 E(IU/kg)	7～35	7～35	7～35	5～35
维生素 K/(mg/kg)	0.23～4	0.23～4	0.23～4	0.23～4
核黄素/(mg/kg)	2～8	2～8	2～8	1～8
烟酸/(mg/kg)	9～30	7～30	7～30	6～30
泛酸/(mg/kg)	6～20	5～20	5～20	4～20
胆碱/(mg/kg)	0～200	0～200	0～200	0～200
生物素/(mg/kg)	0～0.1	0～0.1	0～0.1	0～0.1
维生素 B_{12}/(mg/kg)	0.009～0.03	0.008～0.03	0.008～0.03	0.007～0.03
叶酸/(mg/kg)	0～0.06	0～0.06	0～0.06	0～0.06
维生素 B_6/(mg/kg)	0～2	0～2	0～2	0～2

说明：a.表中列出的维生素和微量元素的最大值与最小值为参考值，超量添加无效，实践中最好是取中间值；b.在温度适中区，不限饲；c.最小值一般表示 NRC(1998) 推荐量，增加的部分是根据五个大学的推荐数据（一是 Kansas State University Swine Nutrition Guide. Starter Pig Recommendations. MF-2300.2007；数据下载于 2008 年 2 月 4 日。网址 http://www.oznet.ksu.edu/library/lvstk2/MF2300.pdf。二是 Nebraska and South Dakota Nutrition Guide. Nebraska Cooperative Extension EC 95-273. 2000；http://www.ianr.unl.edu/PUBS/swine/ec273.pdf。数据下载于 2007 年 10 月 29 日。三是 Tri-State Nutrition Guide. Bulletin 869-898. 1998；http://ohioline.osu.edu/6869/index.html，下载于 2007 年 10 月 29 日。四是 Iowa State University. Life Cycle Swine Nutrition. 下载于 2008 年 2 月 4 日。http://www.ipic.iastate.edu/LCSN/LCSNutrition.pdf。五是 University of Missouri. 2007. Sho-Me Group, Inc. Nutritional Recommendations)。上限值并不表示安全量或耐量，而是一个参考值，超过此量不可能再改进猪的新能。就实用来说，我们不必推荐最大值或最小值，表中给出的是实用值。d.可以添加 125～250 mg/kg 的硫酸铜或碱式氯化铜做生长促进剂。e.硒的最大添加量是 0.3 mg/kg。f.在阶段 1,2,3 和 4 都可以用氧化锌做生长促进剂，添加量是 2 000～3 000 Zn mg/kg（或其他锌源）。g.甲萘醌(K_3)的活性。

附录2.2　中国瘦肉型猪饲养标准(2004)

表2.2.1　瘦肉型生长肥育猪每千克饲粮养分含量(自由采食,88%干物质)ᵃ

体重 BW/kg	3～8	8～20	20～35	35～60	60～90
平均体重 Average BW/kg	5.5	14.0	27.5	47.5	75.0
日增重 ADG/(kg/d)	0.24	0.44	0.61	0.69	0.80
采食量 ADFI/(kg/d)	0.30	0.74	1.43	1.90	2.50
饲料/重增 F/G	1.25	1.59	2.34	2.75	3.13
饲粮消化能含量 DE /(MJ/kg)(kcal/kg)	14.02 (3 350)	13.60 (3 250)	13.39 (3 200)	13.39 (3 200)	13.39 (3 200)
饲粮代谢能含量 ME /(MJ/kg)(kcal/kg)ᵇ	13.46 (3 215)	13.06 (3 120)	12.86 (3 070)	12.86 (3 070)	12.86 (3 070)
粗蛋白质 CP/%	21.0	19.0	17.8	16.4	14.5
能量蛋白比 DE/CP /(kJ/%)(kcal/%)	668 (160)	716 (170)	752 (180)	817 (195)	923 (220)
氨基酸(amino acids)ᶜ/%					
赖氨酸 Lys	1.42	1.16	0.90	0.82	0.70
蛋氨酸 Met	0.40	0.30	0.24	0.22	0.19
蛋氨酸＋胱氨酸(Met＋Cys)	0.81	0.66	0.51	0.48	0.40
苏氨酸 Thr	0.94	0.75	0.58	0.56	0.48
色氨酸 Trp	0.27	0.21	0.16	0.15	0.13
异亮氨酸 Ile	0.79	0.64	0.48	0.46	0.39
亮氨酸 Leu	1.42	1.13	0.85	0.78	0.63
精氨酸 Arg	0.56	0.46	0.35	0.30	0.21
缬氨酸 Val	0.98	0.80	0.61	0.57	0.47
组氨酸 His	0.45	0.36	0.28	0.26	0.21
苯丙氨酸 Phe	0.85	0.69	0.52	0.48	0.40

续附表 2.2.1

体重 BW/kg	3～8	8～20	20～35	35～60	60～90
苯丙氨酸＋酪氨酸（Phe ＋Tyr)	1.33	1.07	0.82	0.77	0.64
矿物元素 minerals[d],％或每千克饲粮含量					
钙 Ca/％	0.88	0.74	0.62	0.55	0.49
总磷 Total P/％	0.74	0.58	0.53	0.48	0.43
非植酸磷 Nonphytate P/％	0.54	0.36	0.25	0.20	0.17
钠 Na/％	0.25	0.15	0.12	0.10	0.10
氯 Cl/％	0.25	0.15	0.10	0.09	0.08
镁 Mg/％	0.04	0.04	0.04	0.04	0.04
钾 K/％	0.30	0.26	0.24	0.21	0.18
铜 Cu/mg	6.00	6.00	4.50	4.00	3.50
碘 I/mg	0.14	0.14	0.14	0.14	0.14
铁 Fe/mg	105	105	70	60	50
锰 Mn/mg	4.00	4.00	3.00	2.00	2.00
硒 Se/mg	0.30	0.30	0.30	0.25	0.25
锌 Zn/mg	110	110	70	60	50
维生素和脂肪酸 vitamins and fatty acid[c],％或每千克饲粮含量					
维生素 A Vitamin A/IU[f]	2 200	1 800	1 500	1 400	1 300
维生素 D₃ Vitamin D$_3$/IU[g]	220	200	170	160	150
维生素 E Vitamin E/IU[h]	16	11	11	11	11
维生素 K Vitamin K/mg	0.50	0.50	0.50	0.50	0.50
硫胺素 Thiamin/mg	1.50	1.00	1.00	1.00	1.00
核黄素 Riboflavin/mg	4.00	3.50	2.50	2.00	2.00
泛酸 Pantothenic acjd/mg	12.00	10.00	8.00	7.50	7.00
烟酸 Niacin/mg	20.00	15.00	10.00	8.50	7.50
吡哆醇 Pyridoxine/mg	2.00	1.50	1.00	1.00	1.00

续附表 2.2.1

体重 BW/kg	3～8	8～20	20～35	35～60	60～90
生物素 Biotin/mg	0.08	0.05	0.05	0.05	0.05
叶酸 Folic acid/mg	0.03	0.03	0.03	0.03	0.03
维生素 B_{12} Vitamin B_{12}/μg	20.00	17.50	11.00	8.00	6.00
胆碱 Choline/g	0.60	0.50	0.35	0.30	0.30
亚油酸 Linoleic acid/%	0.10	0.10	0.10	0.10	0.10

注:a. 瘦肉率高于 56% 的公、母混养猪群(阉公猪和青年母猪各一半)。

b. 假定代谢能为消化能的 96%。

c. 3～20 kg 猪的赖氨酸百分比是根据试验和经验数据的估测值,其他氨基酸需要量是根据其与赖氨酸的比例(理想蛋白质)的估测值;20～90 kg 猪的赖氨酸需要量是结合生长模型、试验数据和经验数据的估测值,其他氨基酸需要量是根据其与赖氨酸的比例(理想蛋白质)的估测值。

d. 矿物质需要量包括饲料原料中提供的矿物质量;对于发育公猪和后备母猪,钙、总磷和有效磷的需要量应提高 0.05～0.1 个百分点。

e. 维生素需要量包括饲料原料中提供的维生素量。

f. 1 IU 维生素 A=0.344 μg 维生素 A 醋酸酯。

g. 1 IU 维生素 D_3=0.025 μg 胆钙化醇。

h. 1 IU 维生素 E=0.67 mg D-α-生育酚或 1 mg DL-α-生育酚醋酸酯。

附表 2.2.2　瘦肉型生长肥育猪每千克饲粮可消化氨基酸含量 (自由采食,88% 干物质)[a]

体重 BW/kg	3～8	8～20	20～35	35～60	60～90
平均体重 Average BW/kg	5.5	14.0	27.5	47.5	75.0
日增重 ADG/(kg/d)	0.24	0.44	0.62	0.69	0.81
采食量 ADFI/(kg/d)	0.30	0.75	1.45	1.90	2.55
饲料/重增 F/G	1.25	1.70	2.35	2.75	3.15
饲粮消化能含量 DE /(MJ/kg)(kcal/kg)	14.00 (3 350)	13.60 (3 250)	13.40 (3 200)	13.40 (3 200)	13.40 (3 200)
饲粮代谢能含量 ME[b] /(MJ/kg)(kcal/kg)	13.45 (3 215)	13.05 (3 120)	12.85 (3 070)	12.85 (3 070)	12.85 (3 070)
粗蛋白质 CP/%	21.0	19.0	17.8	16.4	14.5

续附表 2.2.2

体重 BW/kg	3～8	8～20	20～35	35～60	60～90
回肠真可消化氨基酸[c] ileal true digestibe amino acids/%					
赖氨酸 Lys	1.29	1.04	0.79	0.72	0.61
蛋氨酸 Met	0.36	0.27	0.21	0.19	0.17
蛋氨酸＋胱氨酸（Met＋Cys）	0.73	0.60	0.45	0.41	0.36
苏氨酸 Thr	0.81	0.65	0.50	0.45	0.40
色氨酸 Try	0.24	0.18	0.14	0.13	0.11
异亮氨酸 Ile	0.70	0.57	0.43	0.39	0.34
亮氨酸 Leu	1.30	1.05	0.79	0.72	0.62
精氨酸 Arg	0.52	0.43	0.32	0.29	0.22
缬氨酸 Val	0.88	0.71	0.53	0.49	0.42
组氨酸 His	0.41	0.33	0.25	0.23	0.19
苯丙氨酸 Phe	0.77	0.63	0.47	0.42	0.37
苯丙氨酸＋酪氨酸（Phe＋Tyr）	1.21	0.98	0.74	0.68	0.58
回肠表观可消化氨基酸[d] ileal apparent digestibe amino acids/%					
赖氨酸 Lys	1.23	0.98	0.74	0.66	0.55
蛋氨酸 Met	0.33	0.25	0.20	0.18	0.16
蛋氨酸＋胱氨酸（Met＋Cys）	0.69	0.55	0.41	0.38	0.33
苏氨酸 Thr	0.74	0.58	0.44	0.39	0.35
色氨酸 Try	0.22	0.16	0.12	0.11	0.09
异亮氨酸 Ile	0.67	0.54	0.40	0.36	0.31
亮氨酸 Leu	1.26	1.02	0.76	0.69	0.60
精氨酸 Arg	0.50	0.41	0.30	0.26	0.20
缬氨酸 Val	0.82	0.66	0.49	0.45	0.37

续附表 2.2.2

体重 BW/kg	3～8	8～20	20～35	35～60	60～90
组氨酸 His	0.39	0.31	0.24	0.22	0.18
苯丙氨酸 Phe	0.73	0.58	0.43	0.39	0.34
苯丙氨酸＋酪氨酸（Phe＋Tyr)	1.15	0.93	0.68	0.63	0.53

注：a. 瘦肉率高于 55% 的阉公猪和青年母猪混养猪群。

b. 假定代谢能为消化能的 96%。

c. 回肠真可消化氨基酸(TDAA)指饲料氨基酸已被吸收，从猪小肠消失并经内源性矫正的部分，是通过回肠末端收集食糜技术测定的，其计算公式为(A.1)：

$$TDAA(\%)=\frac{食入氨基酸-(回肠食糜氨基酸-内源氨基酸)}{食入氨基酸}\times100 \quad\cdots\cdots (A.1)$$

3～20 kg 猪的赖氨酸回肠真可消化和表观可消化需要量是根据试验和经验数据估测的，其他氨基酸需要量是根据其与赖氨酸的比例（理想蛋白质模式）估测的；20～90 kg 猪的赖氨酸回肠表观可消化和真可消化需要量是结合生长模型、试验数据和经验数据估测的，其他氨基酸需要量是根据理想蛋白质模式估测的。

d. 指饲料氨基酸已被吸收，从猪小肠消失但未经内源性矫正的部分，是通过回肠末端收集食糜技术测定的，其计算公式为(A.2)：

$$ADAA(\%)=\frac{食入氨基酸-回肠食糜氨基酸}{食入氨基酸}\times100 \quad\cdots\cdots\cdots\cdots\cdots\cdots\cdots (A.2)$$

附录 2.3　瘦肉型仔猪的营养需要量(2005)

假定 88% 干物质，自由采食

体重阶段	3～8 kg	8～20 kg
平均体重/kg	5.5	14
饲粮消化能含量/(kcal/kg)	3 350	3 250
饲粮代谢能含量/(kcal/kg)	3 216	3 120
消化能摄入量估测值/(kcal/d)	1 070	2 510
代谢能摄入量估测值/(kcal/d)	1 027	2 410
采食量估测值/(g/d)	320	772
日增重估测值/(g/d)	260	456
粗蛋白质/%	20.0 *	18.0

续表

体重阶段	3～8 kg	8～20 kg
氨基酸需要量(以总氨基酸为基础%)		
精氨酸	0.56	0.46
组氨酸	0.45	0.36
异亮氨酸	0.78	0.64
亮氨酸	1.40	1.13
赖氨酸	1.42	1.16
蛋氨酸	0.44	0.27
蛋氨酸＋胱氨酸	0.81	0.65
苯丙氨酸	0.85	0.69
苯丙氨酸＋酪氨酸	1.33	1.07
苏氨酸	0.95	0.69
色氨酸	0.27	0.21
缬氨酸	0.98	0.80

	以表观回肠可消化氨基酸为基础/%		以真回肠可消化氨基酸为基础/%	
	3～8 kg	8～20 kg	3～8 kg	8～20 kg
精氨酸	0.52	0.42	0.55	0.45
组氨酸	0.41	0.33	0.43	0.34
异亮氨酸	0.70	0.55	0.74	0.59
亮氨酸	1.32	1.04	1.36	1.09
赖氨酸	1.28	1.00	1.35	1.08
蛋氨酸	0.40	0.24	0.41	0.25
蛋氨酸＋胱氨酸	0.73	0.56	0.77	0.62
苯丙氨酸	0.76	0.59	0.81	0.65
苯丙氨酸＋酪氨酸	1.20	0.92	1.27	1.02
苏氨酸	0.80	0.56	0.86	0.69

续表

体重阶段	3~8 kg		8~20 kg	
色氨酸	0.22	0.18	0.24	0.19
缬氨酸	0.86	0.69	0.92	0.74
矿物质元素需要量(%或每千克饲粮中含量)				
钙/%	0.88		0.74	
总磷/%	0.74		0.58	
有效磷/%	0.54		0.36	
钠/%	0.25		0.15	
氯/%	0.25		0.15	
镁/%	0.04		0.04	
钾/%	0.30		0.26	
电解质平衡值/(meq/kg)	225		300	
铜/(mg/kg)	6.00		6.00	
碘/(mg/kg)	0.14		0.14	
铁/(mg/kg)	105		105	
锰/(mg/kg)	4.00		4.00	
硒/(mg/kg)	0.30		0.30	
锌/(mg/kg)	110		110	
维生素 A/(IU/kg)	2 200		1 750	
维生素 D_3/(IU/kg)	220		200	
维生素 E/(IU/kg)	16		11	
维生素 K/(mg/kg)	0.50		0.50	
维生素 B_1/(mg/kg)	1.50		1.00	
维生素 B_2/(mg/kg)	4.00		3.00	
维生素 B_6/(mg/kg)	2.00		1.50	
维生素 B_{12}/(μg/kg)	20.00		15.00	
烟酸/(mg/kg)	20.00		12.50	

续表

体重阶段	3～8 kg	8～20 kg
泛酸/(mg/kg)	12.00	9.00
叶酸/(mg/kg)	0.30	0.30
生物素/(mg/kg)	0.08	0.05
胆碱/(g/kg)	0.60	0.40
亚油酸/%	0.10	0.10

注：* 粗蛋白质需求参数试验的基础饲粮为玉米—豆粕—鱼粉—血浆蛋白粉—乳清粉—乳糖型。

②引自广东省农科院畜牧所,2005。

附录 2.4　罗氏多维标准(每千克饲料中的维生素含量)

饲养阶段	乳猪 (＜10 kg)	小猪 (10～20 kg)	中猪 (20～50 kg)	大猪 (50 kg 至上市)
添加量/(g/t)	罗维素 536 400～450	罗维素 536 300～350	罗维素 536 200～250	罗维素 536 150～200
维生素 A/IU	18 000～20 250	13 500～15 750	9 000～11 250	6 750～9 000
维生素 D/IU	4 000～4 500	3 000～3 500	2 000～2 500	1 500～2 000
维生素 E/mg	80.0～90.0	60.0～70.0	40.0～50.0	30.0～40.0
维生素 K_3/mg	4.0～4.5	3.0～3.5	2.0～2.5	1.5～2.0
维生素 B_1/mg	4.0～4.5	3.0～3.5	2.0～2.5	1.5～2.0
维生素 B_2/mg	10.0～11.3	7.5～8.8	5.0～6.3	3.8～5.0
维生素 B_6/mg	6.0～6.8	4.5～5.5	3.0～3.8	2.3～3.0
维生素 B_{12}/mg	46.0～51.8	34.5～40.3	23.0～28.8	17.3～23.0
烟酸/mg	40.0～45.0	30.0～35.0	20.0～25.0	15.0～20.0
泛酸/mg	20.0～22.5	15.0～17.5	10.0～12.5	7.5～10.0
叶酸/mg	2.0～2.3	1.5～1.8	1.0～1.3	0.8～1.0
生物素/mg	300.0～337.5	225.0～262.5	150.0～187.5	112.5～150.0

附录 2.5　仔猪的 SID 氨基酸模型

养分	文献报道汇总	王继华(2011)	
使用阶段	仔猪料	教槽料	保育料
体重/kg	3～20	3～8	8～25
日采食量/g	160～1 000	160～350	500～1 000
日增重/g	145～565	200～300	360～560
代谢能/(Mcal/kg)	3.2～3.56	3.475	3.20
真蛋白质/%	20～26	20.85	18.0
真蛋白代谢能比	58～68	60	56
SID 赖氨酸/%	1.15～1.56	1.425	1.15
SID 赖氨酸代谢能比	3.68～4.5	4.10	3.6
钙/%	0.6～1.05	0.875	0.80
总磷/%		0.72	0.67
有效磷/%	0.34～0.55	0.55	0.37
赖氨酸	100	100	100
精氨酸	41～55	56	55
组氨酸	31～33	32	32
异亮氨酸	55～60	56	55
亮氨酸	100～110	100	100
蛋氨酸	26～30	30	29
蛋氨酸＋胱氨酸	55～60	59	58
苯丙氨酸	55～60	60	60
苯丙氨酸＋酪氨酸	93～118	100	95
苏氨酸	62～68	66	68
色氨酸	17～22	18	18
缬氨酸	65～72	68	66
谷氨酰胺		65	79

　　说明:模型假定仔猪5～7日龄开始教槽,25～28日龄断奶,教槽料使用到35日龄才完全换成保育猪料。保育料用到63日龄,至70日龄完全过渡到小猪料。

参 考 文 献

[1] 蒋宗勇,孙丽华,林映才.断奶仔猪营养与教槽料配置技术研究进展[J].养猪,2005(4):1-5.

[2] 蒋宗勇,郑春田,林映才.乳仔猪营养需要与乳猪教槽料配制技术.中国畜牧杂志,2006,42(8):54-60.

[3] 肖玉梅.谷氨酰胺在养猪生产中的应用研究.湖南饲料,2010(4):17-19.

[4] 中华人民共和国农业行业标准(NY/T 65—2004),猪饲养标准.

[5] J. M. DeRouchey, R. D. Goodband, M. D. Tokach. Nursery swine nutrient recommendations and feeding management[A]. IN: National Swine Nutrition Guide[M]. 2010. US Pork Center of Excellence;http://www.usporkcenter.org/home/projects/national-swine · nutrition'guide.aspx.2011.

附录 3　中国饲料数据库

中国饲料数据库每年更新,所以读者可以上网去下载,这里不再转载。最新完整数据库可以从如下网站获得

http://www.chinafeeddata.org.cn/

或 http://animal.agridata.cn

附录4　猪饲料有效成分估测模型
(INRA,2004)

§4.1　介绍

本节内容摘自《国内外畜禽饲养标准与饲料成分汇编》。

§4.1.1　饲料总能的估测

对某种饲料而言,计算其能值的第一步就是估测其总能(GE)含量,要么通过直接测定饲料完全燃烧的能量卡值,或者是通过饲料的化学成分按预测方程估测。法国农业科学院(INRA)和法国农业生产者协会(AFZ)按饲料类,总结了某饲料类的基本化学成分与饲料总能之间的预测方程(附表4.2),当饲料的基本成分发生变化后,可以用推荐的方程估测饲料的能值。

§4.1.2　能量和养分消化率的估测

第二步包括总能量消化率(dE,%)和主要养分(含氮物质、脂肪、有机物质)消化率的预测。dE 的计算显然是按 GE×dE/100 计算的。dE 值受控于其他几种因素而不是化学成分,特别是技术处理和猪的活重。由于可获得数据的缺乏,加工对 dE 的影响不可能量化,以至于有些加工产品的 dE 值与其所有原料的 dE 值一致。

猪的活重对 dE 的影响可以简单地划分为 2 个生理阶段:50~70 kg 的生长猪,代表小猪和直到 150 kg 的肥育猪;和成年母猪,代表空怀,妊娠或泌乳母猪。

§4.1.3　应用预测公式的说明

下述预测模型中的参数值均以干物质为基础,有一些方程是 2~3 个单个方程经权重平均处理后的结果,而单个也可以分别使用。例如,对于预测大麦总能消化率(dE)的方程,可以使用受多个常规成分影响的完整的方程,也可以选用只与粗纤维有关的预测方程,还可以使用只与酸性洗涤纤维有关的预测方程。

附表4.1列出了预测中的缩写符号和含义,能量的单位均为 MJ/kg DM,消化率的单位为%。模型中自变量的单位均为占干物质(DM)的%。

附表4.3和附表4.4总结了猪饲料能量消化率和蛋白质消化率的预测方程。

附表 4.1　预测模型中的缩写符号与含义

符号	含义
CP	Crude protein 粗蛋白
CF	Crude fibre 粗纤维
EE	Ether extract(crude fat)粗脂肪
EEH	Ether extract with prior hydrolysis 无氮浸出物
NDF	Neutral Detergent Fibre 中性洗涤纤维
ADF	Acid Detergent Fibre 酸性洗涤纤维
Ash	Ash 粗灰分
GE	Gross Energy 总能
ME	Metabolisable Energy 代谢能
DE	Digestible Energy 消化能
NE	Net Energy 净能
dE	Digestibility of energy 能量消化率
dN	Digestibility of nitrogen 蛋白质消化率

§4.2　猪饲料总能、总能消化率和含氮物质消化率预测方程

附表 4.2　猪用饲料总能 GE 的预测方程①

饲料名称	预测饲料总能(GE,MJ/kg DM 的方程)
Oats 燕麦	$17.64+0.061\ 7\times CF+0.038\ 7\times CP+0.219\ 3\times EE-0.186\ 7\times Ash$
Oat groats 去壳燕麦	$17.64+0.061\ 7\times CF+0.038\ 7\times CP+0.219\ 3\times EE-0.186\ 7\times Ash$
Wheat,durum 硬质小麦	$17.33+0.061\ 7\times CF+0.038\ 7\times CP+0.219\ 3\times EE-0.186\ 7\times Ash$
Wheat,soft 软小麦	$17.33+0.061\ 7\times CF+0.038\ 7\times CP+0.219\ 3\times EE-0.186\ 7\times Ash$
Maize 玉米	$17.33+0.061\ 7\times CF+0.038\ 7\times CP+0.219\ 3\times EE-0.186\ 7\times Ash$
Barley 大麦	$17.48+0.061\ 7\times CF+0.038\ 7\times CP+0.219\ 3\times EE-0.186\ 7\times Ash$
Rice,brown 糙米	$17.33+0.061\ 7\times CF+0.038\ 7\times CP+0.219\ 3\times EE-0.186\ 7\times Ash$
Rye 黑麦	$17.33+0.061\ 7\times CF+0.038\ 7\times CP+0.219\ 3\times EE-0.186\ 7\times Ash$
Sorghum 高粱	$17.64+0.061\ 7\times CF+0.038\ 7\times CP+0.219\ 3\times EE-0.186\ 7\times Ash$
Triticale 黑小麦	$17.33+0.061\ 7\times CF+0.038\ 7\times CP+0.219\ 3\times EE-0.186\ 7\times Ash$
Wheat midings,durum 硬硬质小麦数	$17.64+0.061\ 7\times CF+0.038\ 7\times CP+0.219\ 3\times EE-0.186\ 7\times Ash$
Wheat bran,durum 硬质小麦麦麸	$17.64+0.061\ 7\times CF+0.038\ 7\times CP+0.219\ 3\times EE-0.186\ 7\times Ash$
Wheat feed flour 饲用小麦粉	$17.64+0.061\ 7\times CF+0.038\ 7\times CP+0.219\ 3\times EE-0.186\ 7\times Ash$
Wheat shorts 次粉	$17.64+0.061\ 7\times CF+0.038\ 7\times CP+0.219\ 3\times EE-0.186\ 7\times Ash$
Wheat middings 细小麦麸	$17.64+0.061\ 7\times CF+0.038\ 7\times CP+0.219\ 3\times EE-0.186\ 7\times Ash$
Wheat bran 小麦麸	$17.64+0.061\ 7\times CF+0.038\ 7\times CP+0.219\ 3\times EE-0.186\ 7\times Ash$

续附表 4.2

饲料名称	预测饲料总能（GE,MJ/kg DM）的方程
Wheat distillers' grains, starch <7% 麦酒糟,淀粉<7%	$17.91+0.061\ 7\times CP+0.038\ 7\times CF+0.219\ 3\times EE-0.186\ 7\times Ash$
Wheat distillers' grains, starch >7% 麦酒糟,淀粉<7%	$17.91+0.061\ 7\times CP+0.038\ 7\times CF+0.219\ 3\times EE-0.186\ 7\times Ash$
Wheat gluten feed, starch 25% 小麦面筋饲料,淀粉25%	$17.91+0.061\ 7\times CP+0.038\ 7\times CF+0.219\ 3\times EE-0.186\ 7\times Ash$
Wheat gluten feed, starch 25% 小麦面筋饲料,淀粉28%	$17.91+0.061\ 7\times CP+0.038\ 7\times CF+0.219\ 3\times EE-0.186\ 7\times Ash$
Corn gluten feed 玉米蛋白饲料	$17.64+0.061\ 7\times CP+0.038\ 7\times CF+0.219\ 3\times EE-0.186\ 7\times Ash$
Corn gluten meal 玉米蛋白粉	$18.62+0.061\ 7\times CP+0.038\ 7\times CF+0.219\ 3\times EE-0.186\ 7\times Ash$
Corn distillers 玉米酒糟	$17.33+0.061\ 7\times CP+0.038\ 7\times CF+0.219\ 3\times EE-0.186\ 7\times Ash$
Maize feed flour 饲料用玉米粉	$17.64+0.061\ 7\times CP+0.038\ 7\times CF+0.219\ 3\times EE-0.186\ 7\times Ash$
Maize bran 玉米麸	$17.91+0.061\ 7\times CP+0.038\ 7\times CF+0.219\ 3\times EE-0.186\ 7\times Ash$
Maize germ meal, solvent extracted 玉米胚芽粕	$17.33+0.061\ 7\times CP+0.038\ 7\times CF+0.219\ 3\times EE-0.186\ 7\times Ash$
Maize germ meal, expeller 玉米胚芽饼	$17.33+0.061\ 7\times CP+0.038\ 7\times CF+0.219\ 3\times EE-0.186\ 7\times Ash$
Hominy feed 玉米麸	$17.33+0.061\ 7\times CP+0.038\ 7\times CF+0.219\ 3\times EE-0.186\ 7\times Ash$
Brewer's dried grains 干啤酒糟	$0.230\times CP+0.389\times EE+0.174\times Starch+0.166\times Sugars+0.188\times NDF+0.177\times(100-Ash-CP-EE-Starch-Sugars-NDF)$

续附表 4.2

饲料名称	预测饲料总能（GE，MJ/kg DM）的方程
Barley rootlets，dried 干大麦根	17.15+0.061 7×CP+0.038 7×CF+0.219 3×EE−0.186 7×Ash
Rice，broken 碎米	17.33+0.061 7×CP+0.038 7×CF+0.219 3×EE−0.186 7×Ash
Rice bran，extracted 浸提米糠	17.91+0.061 7×CP+0.038 7×CF+0.219 3×EE−0.186 7×Ash
Rice bran，full fat 全脂米糠	17.91+0.061 7×CP+0.038 7×CF+0.219 3×EE−0.186 7×Ash
Rapeseed，full fat 全脂油菜籽	17.81+0.061 7×CP+0.038 7×CF+0.219 3×EE−0.186 7×Ash
Cottonseed，full fat 全脂棉籽	17.81+0.061 7×CP+0.038 7×CF+0.219 3×EE−0.186 7×Ash
Faba bean，white flowers 白花蚕豆	16.96+0.061 7×CP+0.038 7×CF+0.219 3×EE−0.186 7×Ash
Faba bean，coloured flowers 采花蚕豆	16.96+0.061 7×CP+0.038 7×CF+0.219 3×EE−0.186 7×Ash
Linseed，full fat 全脂亚麻籽	17.81+0.061 7×CP+0.038 7×CF+0.219 3×EE−0.186 7×Ash
Lupin，white 白羽扇豆	16.96+0.061 7×CP+0.038 7×CF+0.219 3×EE−0.186 7×Ash
Lupin，blue 蓝羽扇豆	16.96+0.061 7×CP+0.038 7×CF+0.219 3×EE−0.186 7×Ash
Pea 豌豆	16.96+0.061 7×CP+0.038 7×CF+0.219 3×EE−0.186 7×Ash
Chickpea 鹰嘴豆	17.33+0.061 7×CP+0.038 7×CF+0.219 3×EE−0.186 7×Ash
Soybean，full fat，extruded 压榨全脂大豆	17.14+0.061 7×CP+0.038 7×CF+0.219 3×EE−0.186 7×Ash
Soybean，full fat，toasted 烘烤全脂大豆	17.14+0.061 7×CP+0.038 7×CF+0.219 3×EE−0.186 7×Ash
Sunflower seed，full fat 全脂向日葵籽	17.14+0.061 7×CP+0.038 7×CF+0.219 3×EE−0.186 7×Ash

续附表 4.2

饲料名称	预测饲料总能(GE,MJ/kg DM)的方程
Groundnut meal, detoxified, crude fibre <9% 脱毒花生粕,含粗纤维<9%	$17.33+0.0617\times CP+0.0387\times CF+0.2193\times EE-0.1867\times Ash$
Groundnut meal, detoxified, crude fibre >9% 脱毒花生粕,含粗纤维>9%	$17.33+0.0617\times CP+0.0387\times CF+0.2193\times EE-0.1867\times Ash$
Cocoe meal, extracted 浸提可可粉	$17.33+0.0617\times CP+0.0387\times CF+0.2193\times EE-0.1867\times Ash$
Rapeseed meal 亚麻籽粕	$17.33+0.0617\times CP+0.0387\times CF+0.2193\times EE-0.1867\times Ash$
Copre meal, expeller 压榨可可粉	$17.33+0.0617\times CP+0.0387\times CF+0.2193\times EE-0.1867\times Ash$
Cottonseed meal, crude fibre 7%~14% 棉籽粕,CF 7%~14%	$17.81+0.0617\times CP+0.0387\times CF+0.2193\times EE-0.1867\times Ash$
Cottonseed meal, crude fibre 14%~20% 棉籽粕,CF 14%~20%	$17.81+0.0617\times CP+0.0387\times CF+0.2193\times EE-0.1867\times Ash$
Linseed meal, solvent extracted 溶剂浸提亚麻籽粕	$17.14+0.0617\times CP+0.0387\times CF+0.2193\times EE-0.1867\times Ash$
Linseed meal, expeller 压榨亚麻籽饼	$17.14+0.0617\times CP+0.0387\times CF+0.2193\times EE-0.1867\times Ash$
Palm kernel meal, expeller 压榨棕榈核仁粉	$17.14+0.0617\times CP+0.0387\times CF+0.2193\times EE-0.1867\times Ash$
Grapeseed oil meal, solvent extracted 溶剂浸提核仁粕	$17.33+0.0617\times CP+0.0387\times CF+0.2193\times EE-0.1867\times Ash$

续附表 4.2

饲料名称	预测饲料总能(GE,MJ/kg DM)的方程
Sesame meal,expeller 压榨芝麻粕	$17.33+0.061\ 7\times CP+0.038\ 7\times CF+0.219\ 3\times EE-0.186\ 7\times Ash$
Soybean meal,46 大豆粕,CP+Fat≈46	$17.14+0.061\ 7\times CP+0.038\ 7\times CF+0.219\ 3\times EE-0.186\ 7\times Ash$
Soybean meal,48 大豆粕,CP+Fat≈47	$17.14+0.061\ 7\times CP+0.038\ 7\times CF+0.219\ 3\times EE-0.186\ 7\times Ash$
Soybean meal,50 大豆粕,CP+Fat≈50	$17.14+0.061\ 7\times CP+0.038\ 7\times CF+0.219\ 3\times EE-0.186\ 7\times Ash$
Sunflower meal,ndecorticated 未脱壳葵花粕	$17.14+0.061\ 7\times CP+0.038\ 7\times CF+0.219\ 3\times EE-0.186\ 7\times Ash$
Sunflower meal,parially decorticated 部分脱壳葵花粕	$17.14+0.061\ 7\times CP+0.038\ 7\times CF+0.219\ 3\times EE-0.186\ 7\times Ash$
Maize starch 玉米淀粉	$0.230\times CP+0.389\times EE+0.174\times Starch+0.166\times Sugars+0.188\times NDF+0.177\times(100-Ash-CP-EE-Starch-Sugars-NDF)$
Cassava,starch 67% 木薯,含淀粉 67%	$17.10+0.061\ 7\times CP+0.038\ 7\times CF+0.219\ 3\times EE-0.186\ 7\times Ash$
Cassava,starch 72% 木薯,含淀粉 72%	$17.10+0.061\ 7\times CP+0.038\ 7\times CF+0.219\ 3\times EE-0.186\ 7\times Ash$
Sweet potato,dried 甘薯干	$17.33+0.061\ 7\times CP+0.038\ 7\times CF+0.219\ 3\times EE-0.186\ 7\times Ash$
Potato tuber,dried 干马铃薯块茎	$17.33+0.061\ 7\times CP+0.038\ 7\times CF+0.219\ 3\times EE-0.186\ 7\times Ash$
Alfalfa protein concentrate 苜蓿蛋白浓缩物	$18.37+0.061\ 7\times CP+0.038\ 7\times CF+0.219\ 3\times EE-0.186\ 7\times Ash$
Cocoa hulls 可可豆皮	$17.33+0.061\ 7\times CP+0.038\ 7\times CF+0.219\ 3\times EE-0.186\ 7\times Ash$

续附表 4.2

饲料名称	预测饲料总能（GE,MJ/kg DMD）的方程
Soybean hulls 大豆皮	16.36+0.061 7×CP+0.038 7×CF+0.219 3×EE−0.186 7×Ash
Buckwheat hulls 荞麦皮	17.33+0.061 7×CP+0.038 7×CF+0.219 3×EE−0.186 7×Ash
Carob pod meal 稻子豆夹饼粉	17.33+0.061 7×CP+0.038 7×CF+0.219 3×EE−0.186 7×Ash
Brewers' yeast,dried 干啤酒酵母	17.33+0.061 7×CP+0.038 7×CF+0.219 3×EE−0.186 7×Ash
Molasses,beet 甜菜糖蜜	16.90+0.061 7×CP+0.219 3×EE−0.186 7×Ash
Molasses,sugarcane 甘蔗糖蜜	16.90+0.061 7×CP+0.219 3×EE−0.186 7×Ash
Grape seeds 葡萄种子	17.33+0.061 7×CP+0.038 7×CF+0.219 3×EE−0.186 7×Ash
Citrus pulp,dried 干柑橘渣	17.10+0.061 7×CP+0.038 7×CF+0.219 3×EE−0.186 7×Ash
Beet pulp,dried 干甜菜渣	16.90+0.061 7×CP+0.038 7×CF+0.219 3×EE−0.186 7×Ash
Beet pulp,dried,molasses added 加糖蜜的干甜菜渣	16.90+0.061 7×CP+0.038 7×CF+0.219 3×EE−0.186 7×Ash
Beet pulp,presses 压榨甜菜渣	16.90+0.061 7×CP+0.038 7×CF+0.219 3×EE+0.166×Starch+0.174×Sugars+0.188×NDF+0.177×(100−Ash−CP−EE−Starch−Sugars−NDF)
Potato pulp,dried 干土豆渣	0.230×CP+0.389×EE+0.188×NDF+0.177×(100−Ash−CP−EE−Starch−Sugars−NDF)
Liquid potato feed 液体土豆饲料	16.90+0.061 7×CP+0.038 7×CF+0.219 3×EE−0.186 7×Ash
Vinasse,from the production of glutamic acid 谷氨酸生产中的酒糟	16.90+0.061 7×CP+0.219 3×EE−0.186 7×Ash

续附表 4.2

饲料名称	预测饲料总能（GE, MJ/kg DM）的方程
Vinasse, from yeast production 来自酵母生产的酒糟	$16.90+0.061\ 7\times CP+0.219\ 3\times EE-0.186\ 7\times Ash$
Vinasse, different origins 不同来源的酒糟	$16.90+0.061\ 7\times CP+0.219\ 3\times EE-0.186\ 7\times Ash$
Grass, dehydrated 干草	$17.52+0.061\ 7\times CP+0.038\ 7\times CF+0.219\ 3\times EE-0.186\ 7\times Ash$
Alfalfa, dehydrated, protein < 16% dry matter 脱水苜蓿, CP(%DM)<16%	$17.33+0.061\ 7\times CP+0.038\ 7\times CF+0.219\ 3\times EE-0.186\ 7\times Ash$
Alfalfa, dehydrated, protein 17%～18% dry matter 脱水苜蓿, CP(%DM)= 17%～18%	$17.33+0.061\ 7\times CP+0.038\ 7\times CF+0.219\ 3\times EE-0.186\ 7\times Ash$
Alfalfa, dehydrated, protein 18%～19% dry matter 脱水苜蓿, CP(%DM)= 18%～19%	$17.33+0.061\ 7\times CP+0.038\ 7\times CF+0.219\ 3\times EE-0.186\ 7\times Ash$
Alfalfa, dehydrated, protein 22%～25% dry matter 脱水苜蓿, CP(%DM)= 22%～25%	$17.33+0.061\ 7\times CP+0.038\ 7\times CF+0.219\ 3\times EE-0.186\ 7\times Ash$
Wheat straw 小麦秸秆	$17.52+0.061\ 7\times CP+0.038\ 7\times CF+0.219\ 3\times EE-0.186\ 7\times Ash$
Whey powder, acid 酸乳清粉	$16.59+0.061\ 7\times CP+0.219\ 3\times EEH-0.186\ 7\times Ash$

续附表 4.2

饲料名称	预测饲料总能(GE,MJ/kg DM)的方程
Whey powder,sweet 甜乳清粉	$16.59+0.061\ 7\times CP+0.219\ 3\times EEH-0.186\ 7\times Ash$
Milk powder,skimmed 脱脂奶粉	$17.33+0.061\ 7\times CP+0.219\ 3\times EEH-0.186\ 7\times Ash$
Milk powder,whole 全奶粉	$17.33+0.061\ 7\times CP+0.219\ 3\times EEH-0.186\ 7\times Ash$
Fish solubles,condensed,fat 全脂浓缩鱼汁	$17.33+0.061\ 7\times CP+0.219\ 3\times EEH-0.186\ 7\times Ash$
Fish solubles,condensed,defatted 脱脂浓缩鱼汁	$17.33+0.061\ 7\times CP+0.219\ 3\times EEH-0.186\ 7\times Ash$
Fish meal,protein 62%鱼粉,CP 62%	$17.33+0.061\ 7\times CP+0.219\ 3\times EEH-0.186\ 7\times Ash$
Fish meal,protein 65%鱼粉,CP 65%	$17.33+0.061\ 7\times CP+0.219\ 3\times EEH-0.186\ 7\times Ash$
Fish meal,protein 70%鱼粉,CP 70%	$17.33+0.061\ 7\times CP+0.219\ 3\times EEH-0.186\ 7\times Ash$
Meat and bone meal,fat<7.5%肉骨粉,脂肪<7.5%	$17.33+0.061\ 7\times CP+0.219\ 3\times EEH-0.186\ 7\times Ash$
Meat and bone meal,fat>7.5%肉骨粉,脂肪>7.5%	$17.33+0.061\ 7\times CP+0.219\ 3\times EEH-0.186\ 7\times Ash$
Blood meal 血粉	$18.45+0.061\ 7\times CP+0.219\ 3\times EEH-0.186\ 7\times Ash$
Feather meal 羽毛粉	$17.33+0.061\ 7\times CP+0.219\ 3\times EEH-0.186\ 7\times Ash$

注:①模型来自 www.inapg.fr/dsa/afz/tables/energie_porc.htm。

附表 4.3 猪饲料总能消化率预测方程

饲料名称	猪饲料总能消化率（dE,%）预测的方程
燕麦	$93.6-2.13\times CF$
去壳燕麦粒	$93.6-2.13\times CF$
硬质小麦粒	$97.7-3.94\times CF$
软质小麦	$97.7-3.94\times CF$
玉米	$([97.3-3.82\times CF]+[97.4-3.11\times ADF]+88.0)/3$
大麦	$(2\times[94.2-2.53\times CF]+[90.9-1.72\times ADF])/3$
糙米	$100\times(0.225\times CP+0.317\times EE+0.172\times Starch+0.032\times NDF+0.163\times (100(CP+Ash+Starch+NDF+EE)))/GE$
黑小麦	$(2\times[94.7-3.33\times CF]+87.3)/3$
细硬质小麦麸	$(2\times[97.5-3.9\times CF]+[99.4-0.92\times NDF])/3$
硬质小麦麸	$(2\times[97.5-3.9\times CF]+[99.4-0.92\times NDF])/3$
饲用小麦粉	$(2\times[97.5-3.9\times CF]+[99.4-0.92\times NDF])/3$
次粉	$(2\times[97.5-3.9\times CF]+[99.4-0.92\times NDF])/3$
细小麦麸	$(2\times[97.5-3.9\times CF]+[99.4-0.92\times NDF])/3$
小麦麸	$(2\times[97.5-3.9\times CF]+[99.4-0.92\times NDF])/3$
小麦酒糟，淀粉<7%	$(2\times[97.5-3.9\times CF]+[99.4-0.92\times NDF])/3$

续附表 4.3

饲料名称	猪饲料总能消化率(dE,%)预测的方程
小麦酒糟,淀粉>7%	$(2\times[97.5-3.9\times CF]+[99.4-0.92\times NDF])/3$
小麦面筋饲料,淀粉25%	$(2\times[97.5-3.9\times CF]+[99.4-0.92\times NDF])/3$
小麦面筋饲料,淀粉28%	$(2\times[97.5-3.9\times CF]+[99.4-0.92\times NDF])/3$
玉米面筋饲料	$(2\times[98.7-3.94\times CF]+[97.4-3.11\times ADF])/3$
玉米蛋白粉	$(2\times[98.7-3.94\times CF]+[97.4-3.11\times ADF])/3$
玉米酒糟	$(2\times[98.7-3.94\times CF]+[97.4-3.11\times ADF])/3$
饲用玉米粉	$(2\times[98.7-3.94\times CF]+[97.4-3.11\times ADF])/3$
玉米麸	$(97.3-3.83\times CF+97.4-3.11\times ADF+100\times(225\times CP+317\times EE+172\times Starch+32\times NDF+16,3\times(100-(CP+Ash+Starch+NDF+EE))\times10)//(GE\times1\,000)/3$
玉米麸	$(2\times[98.7-3.94\times CF]+[97.4-3.11\times ADF])/3$
干啤酒糟	$([94.2-2.53\times CF]+[90.9-1.72\times ADF])/2$
干大麦根	$([94.2-2.53\times CF]+[90.9-1.72\times ADF])/2$
碎米	$100\times(0.225\times CP+0.317\times EE+0.172\times Starch+0.032\times NDF+0.163\times(100-(CP+Ash+Starch+NDF+EE))/GE$
全脂棉籽	$100\times(0.225\times CP+0.317\times EE+0.172\times Starch+0.032\times NDF+0.163\times(100-(CP+Ash+Starch+NDF+EE))/GE$

续附表 4.3

饲料名称	猪饲料总能消化率(dE,%)预测的方程
全脂亚麻籽	$100 \times (0.225 \times CP + 0.317 \times EE + 0.172 \times Starch + 0.032 \times NDF + 0.163 \times (100 - (CP + Ash + Starch + NDF + EE)))/GE$
脱毒花生粕,含粗纤维<9%	$100 \times (0.225 \times CP + 0.317 \times EE + 0.172 \times Starch + 0.032 \times NDF + 0.163 \times (100 - (CP + Ash + Starch + NDF + EE)))/GE$
脱毒花生粕,含粗纤维>9%	$100 \times (0.225 \times CP + 0.317 \times EE + 0.172 \times Starch + 0.032 \times NDF + 0.163 \times (100 - (CP + Ash + Starch + NDF + EE)))/GE$
苯取可口粉	$100 \times (0.225 \times CP + 0.317 \times EE + 0.172 \times Starch + 0.032 \times NDF + 0.163 \times (100 - (CP + Ash + Starch + NDF + EE)))/GE$
亚麻籽粕	$([97.2 - 1.34 \times ADF] + [106.0 - 1.21 \times NDF])/2$
压榨可口粉	$100 \times (0.225 \times CP + 0.317 \times EE + 0.172 \times Starch + 0.032 \times NDF + 0.163 \times (100 - (CP + Ash + Starch + NDF + EE)))/GE$
棉籽粕,CF 7%~14%	$100 \times (0.225 \times CP + 0.317 \times EE + 0.172 \times Starch + 0.032 \times NDF + 0.163 \times (100 - (CP + Ash + Starch + NDF + EE)))/GE$
棉籽粕,CF 14%~20%	$100 \times (0.225 \times CP + 0.317 \times EE + 0.172 \times Starch + 0.032 \times NDF + 0.163 \times (100 - (CP + Ash + Starch + NDF + EE)))/GE$
溶剂浸提示符亚麻籽粕	$100 \times (0.225 \times CP + 0.317 \times EE + 0.172 \times Starch + 0.032 \times NDF + 0.163 \times (100 - (CP + Ash + Starch + NDF + EE)))/GE$
压榨亚麻籽饼	$100 \times (0.225 \times CP + 0.317 \times EE + 0.172 \times Starch + 0.032 \times NDF + 0.163 \times (100 - (CP + Ash + Starch + NDF + EE)))/GE$

续附表 4.3

饲料名称	猪（饲料总能消化率〈dE,%〉预测的方程
压榨棕榈核仁粉	$100 \times (0.225 \times CP + 0.317 \times EE + 0.172 \times Starch + 0.032 \times NDF + 0.163 \times (100 - (CP + Ash + Starch + NDF + EE))/GE$
部分脱壳葵花粕	$([90.8 - 1.27 \times CF] + [94.9 - 1.32 \times ADF] + [98.9 - 1.04 \times NDF])/3$
木薯,含淀粉 67%	$101 - 1.66 \times CF - 0.99 \times Ash$
木薯,含淀粉 72%	$101 - 1.66 \times CF - 0.99 \times Ash$
甘薯干	$100 \times (0.225 \times CP + 0.317 \times EE + 0.172 \times Starch + 0.032 \times NDF + 0.163 \times (100 - (CP + Ash + Starch + NDF + EE))/GE$
干马铃薯块茎	$100 \times (0.225 \times CP + 0.317 \times EE + 0.172 \times Starch + 0.032 \times NDF + 0.163 \times (100 - (CP + Ash + Starch + NDF + EE))/GE$
苜蓿蛋白浓缩物	$102.6 - 1.06 \times Ash - 0.79 \times NDF$
土豆蛋白浓缩物	$102.6 - 1.06 \times Ash - 0.79 \times NDF$
大豆皮	$([92.2 - 1.01 \times CF] + 2 \times [94.9 - 0.71 \times NDF])/3$
荞麦皮	$100 \times (0.225 \times CP + 0.317 \times EE + 0.172 \times Starch + 0.032 \times NDF + 0.163 \times (100 - (CP + Ash + Starch + NDF + EE))/GE$
稻子豆夹饼粉	$100.5 - 0.79 \times Ash - 0.88 \times NDF - 0.18 \times Lignin$
稻子豆豆种子	$100 \times (0.225 \times CP + 0.317 \times EE + 0.172 \times Starch + 0.032 \times NDF + 0.163 \times (100 - (CP + Ash + Starch + NDF + EE))/GE$

续附表 4.3

饲料名称	猪饲料总能消化率(dE, %)预测的方程
干土豆渣	$100 \times (0.225 \times CP + 0.317 \times EE + 0.172 \times Starch + 0.032 \times NDF + 0.163 \times (100 - (CP + Ash + Starch + NDF + EE)))/GE$
液体土豆饲料	$100 \times (0.225 \times CP + 0.317 \times EE + 0.172 \times Starch + 0.032 \times NDF + 0.163 \times (100 - (CP + Ash + Starch + NDF + EE)))/GE$
脱水苜蓿, CP(%DM) 17%~18%	$40.0 - 0.90 \times (NDF - 50.3)$
脱水苜蓿, CP(%DM) 18%~19%	$40.0 - 0.90 \times (NDF - 50.3)$
脱水苜蓿, CP(%DM) 22%~25%	$40.0 - 0.90 \times (NDF - 50.3)$
骨肉粉, 脂肪<7.5%	$100 \times (0.162 \times CP + 0.218 \times EEH + 0.244 \times (100 - Ash - CP - EEH))/GE$
骨肉粉, 脂肪>7.5%	$100 \times (0.162 \times CP + 0.218 \times EEH + 0.244 \times (100 - Ash - CP - EEH))/GE$

附表 4.4　预测生长猪对饲料氮消化率的模型

饲料类型	生长猪对饲料氮消化率（dN，%）预测模型
硬质小麦	89.7−2.38×CF
软质小麦	89.7−2.38×CF
玉米	（[90.7−3.39×CF]+[89.0−0.79×NDF]）/2
糙米	84.7−2.34×Ash−1.31×CF+0.92×CP
黑小麦	96.2−4.51×CF
硬质细小麦麸	89.7−2.38×CF
硬质小麦麸	89.7−2.38×CF
全脂棉籽粕	84.7−2.34×Ash−1.31×CF+0.92×CP
全脂亚麻籽	84.7−2.34×Ash−1.31×CF+0.92×CP
压榨可口粉	84.7−2.34×Ash−1.31×CF+0.92×CP
菜籽粕	（[110.0−1.53×ADF]+[116.0−1.30×NDF]）/2
压榨椰子粕	84.7−2.34×Ash−1.31×CF+0.92×CP
棉籽粕,CF 7%~14%	84.7−2.34×Ash−1.31×CF+0.92×CP
棉籽粕,CF 14%~20%	84.7−2.34×Ash−1.31×CF+0.92×CP
溶剂浸提亚麻籽粕	84.7−2.34×Ash−1.31×CF+0.92×CP
压榨亚麻籽饼	84.7−2.34×Ash−1.31×CF+0.92×CP
压榨棕榈核仁粕	84.7−2.34×Ash−1.31×CF+0.92×CP
压榨浸提核仁粕	84.7−2.34×Ash−1.31×CF+0.92×CP
压榨芝麻粕	84.7−2.34×Ash−1.31×CF+0.92×CP

续附表 4. 4

饲料类型	生长猪对饲料氮消化率(dN,%)预测模型
大豆粕,CP+Fat≈46	([95.4−1.39×CF]+[101.0−0.96×NDF])/2
大豆粕,CP+Fat≈48	([95.4−1.39×CF]+[101.0−0.96×NDF])/2
大豆粕,CP+Fat≈40	([95.4−1.39×CF]+[101.0−0.96×NDF])/2
未脱壳葵花籽粕	([96.2−0.87×CF]+[100.0−0.67×NDF])/2
部分脱壳葵花籽粕	([96.2−0.87×CF]+[100.0−0.67×NDF])/2
大豆皮	([95.4−1.39×CF]+[101.0−0.96×NDF])/2
荞麦皮	84.7−2.34×Ash−1.31×CF+0.92×CP
稻子豆夹饼粉	84.7−2.34×Ash−1.31×CF+0.92×CP
稻子豆种子	84.7−2.34×Ash−1.31×CF+0.92×CP
干柑橘渣	84.7−2.34×Ash−1.31×CF+0.92×CP
干甜菜渣	84.7−2.34×Ash−1.31×CF+0.92×CP
加糖蜜干甜菜渣	84.7−2.34×Ash−1.31×CF+0.92×CP
压榨甜菜渣	84.7−2.34×Ash−1.31×CF+0.92×CP
干土豆渣	84.7−2.34×Ash−1.31×CF+0.92×CP
液体土豆饲料	84.7−2.34×Ash−1.31×CF+0.92×CP
干草	84.7−2.34×Ash−1.31×CF+0.92×CP
脱水苜蓿,CP(%DM)<16%	84.7−2.34×Ash−1.31×CF+0.92×CP
脱水苜蓿,CP(%DM)17%~18%	84.7−2.34×Ash−1.31×CF+0.92×CP
脱水苜蓿,CP(%DM)18%~19%	84.7−2.34×Ash−1.31×CF+0.92×CP
脱水苜蓿,CP(%DM)22%~25%	84.7−2.34×Ash−1.31×CF+0.92×CP

附表 4.5　猪饲料中生长猪与母猪能值之间的比值

饲料类型	比例×100(g=生长猪；s=母猪)和系数				
	MEg/DEg	NEg/MEg	MEs/DEs	NEs/MEs	DEs/DEg
玉米	97.6	80.1	97.1	79.6	104.0
大麦	96.8	76.7	96.1	76.8	102.7
糙米	97.8	80.0	97.6	80.0	100.3
黑麦	97.0	77.3	96.2	77.5	102.6
高粱	97.5	78.9	97.1	78.9	101.8
黑小麦	97.1	78.4	96.6	78.3	101.7
细硬质小麦麸	95.5	73.6	94.7	73.3	107.0
硬质小麦麸	94.9	72.5	93.8	71.5	112.3
饲用小麦粉	96.9	77.0	96.5	77.2	101.3
次粉	95.9	74.0	95.1	74.2	104.3
细小麦麸	95.3	72.2	94.3	72.3	106.8
小麦麸	94.8	70.8	93.6	70.6	110.4
小麦酒糟,淀粉<7%	92.3	63.9	90.9	64.8	108.8
小麦酒糟,淀粉>7%	93.6	65.8	92.2	67.3	104.5
小麦面筋饲料,淀粉25%	95.1	70.3	93.7	71.6	105.0
小麦面筋饲料,淀粉28%	95.4	70.9	94.2	71.7	105.7
玉米面筋饲料	94.2	67.0	92.5	68.1	116.4
玉米蛋白粉	92.2	64.3	91.9	65.2	102.0

续附表 4.5

饲料类型	比例×100(g=生长猪;s=母猪)和系数				
	MEg/DEg	NEg/MEg	MEs/DEs	NEs/MEs	DEs/DEg
玉米酒糟	93.6	66.6	91.9	67.7	115.9
饲用玉米粉	97.0	77.9	96.0	76.9	111.7
玉米麸	96.0	75.8	94.5	72.3	138.4
溶剂浸提玉米胚芽粕	93.4	639	91.6	65.7	104.8
压榨玉米胚芽饼	96.2	76.8	95.2	77.0	104.0
玉米粥饲料	96.1	75.4	94.9	75.1	110.7
干啤酒酒糟	92.3	67.9	91.0	67.5	109.8
干大麦根	93.0	64.6	91.6	65.1	107.7
碎米	97.7	81.7	97.6	81.2	100.4
浸提米糠	95.5	73.5	94.5	72.5	111.4
全脂米糠	96.8	80.6	96.1	79.2	107.4
全脂油菜籽	97.0	78.3	96.3	78.9	102.3
全脂棉籽	95.0	71.0	93.6	70.8	107.2
白花蚕豆	94.4	70.4	93.8	70.4	102.2
彩花蚕豆	94.6	71.0	93.9	70.9	102.8
全脂亚麻籽	95.8	77.9	94.9	78.0	103.8
白色羽扇豆	92.9	64.4	91.6	65.7	105.9
蓝色羽扇豆	92.6	62.2	91.0	63.9	110.4

续附表 4.5

饲料类型	比例×100（g=生长猪；s=母猪）和系数				
	MEg/DEg	NEg/MEg	MEs/DEs	NEs/MEs	DEs/DEg
豌豆	95.3	73.2	94.6	73.1	103.6
鹰嘴豆	96.0	75.1	95.5	75.1	103.7
全脂挤压大豆	93.8	71.9	93.0	71.8	108.6
烘烤全脂大豆	93.9	72.4	93.2	72.2	108.5
全脂向日葵仁籽	97.1	83.7	96.5	82.4	104.4
脱毒花生粕,含粗纤维<9%	91.2	61.3	90.4	62.1	102.7
脱毒花生粕,含粗纤维>9%	90.4	58.6	89.7	59.3	103.7
萃取可口粉	92.3	61.1	90.6	62.0	108.7
亚麻籽粕	91.7	59.7	90.4	61.0	107.4
压榨可口粉	93.3	68.0	91.8	67.9	110.9
棉籽粕,CF 7%~14%	90.8	60.1	90.0	61.0	104.8
棉籽粕,CF 14%~20%	91.3	57.9	89.9	59.3	106.5
溶剂浸提亚麻籽粕	91.8	61.5	90.2	63.1	104.3
压榨亚麻籽饼	92.6	65.0	91.1	66.3	104.2
村榨棕桐核仁粉	92.6	68.6	90.6	68.0	118.0
溶剂浸提核仁粉	92.2	45.5	89.0	46.7	119.5
压榨芝麻粕	91.9	66.5	91.1	67.1	103.2
大豆粕,CP+Fat≈46	91.4	60.5	90.3	62.0	106.3

续附表 4.5

饲料类型	比例×100(g=生长猪;s=母猪)和系数				
	MEg/DEg	NEg/MEg	MEs/DEs	NEs/MEs	DEs/DEg
大豆粕,CP+Fat≈48	91.3	60.5	90.3	61.9	106.2
大豆粕,CP+Fat≈50	91.1	60.8	90.2	62.1	105.0
未脱壳葵花粕	91.2	55.9	89.7	56.7	114.3
部分脱壳葵花粕	91.0	56.8	89.7	57.6	110.8
玉米淀粉	98.8	81.7	98.5	81.9	100.0
木薯,含淀粉67%	98.3	81.4	97.8	80.9	102.2
木薯,含淀粉72%	98.4	80.5	98.0	80.4	101.3
甘薯干	98.1	79.3	97.7	79.3	101.5
干马铃薯块茎	97.6	78.5	97.1	78.5	101.4
苜蓿蛋白浓缩物	91.8	63.7	90.9	64.9	102.0
土豆蛋白浓缩物	89.4	59.0	89.0	59.8	100.7
可可豆皮	93.0	68.6	91.0	63.3	136.7
大豆皮	93.2	53.4	90.5	57.6	136.8
荞麦皮	91.2	46.3	88.3	47.2	128.5
长豆角荚粉	96.7	70.5	95.9	69.3	109.5
干啤酒酵母	91.4	62.4	90.1	64.0	102.3
甜菜糖蜜	97.2	68.5	97.0	68.6	103.0
甘蔗糖蜜	98.1	69.9	97.8	70.3	103.0

续附表 4.5

饲料类型	比例×100(g=生长猪；s=母猪)和系数				
	MEg/DEg	NEg/MEg	MEs/DEs	NEs/MEs	DEs/DEg
葡萄籽	94.4	66.2	91.9	64.6	112.8
干柑橘渣	95.6	64.6	93.2	66.9	111.3
干甜菜渣	94.3	60.2	91.2	63.4	112.9
加糖蜜干甜菜渣	94.4	60.4	91.4	63.4	112.3
压榨甜菜渣	94.1	59.7	90.9	63.0	113.0
干豆渣	96.6	72.1	95.0	72.2	107.8
液体土豆饲料	96.0	73.2	94.7	74.3	102.4
谷氨酸生产中的酒糟	90.4	59.4	90.2	59.2	100.0
酵母生产中的酒糟	90.2	59.9	90.0	59.5	100.0
不同来源的酒糟	90.8	59.9	90.6	59.8	100.0
干草	92.7	58.6	90.8	59.1	122.1
脱水苜蓿,CP(%DM)<16%	92.7	53.0	90.0	55.1	120.5
脱水苜蓿,CP(%DM)17%~18%	92.8	54.5	90.2	56.3	118.3
脱水苜蓿,CP(%DM)18%~19%	92.8	55.2	90.3	56.9	117.4
脱水苜蓿,CP(%DM)22%~25%	92.7	58.7	90.7	59.9	112.8
小麦秸秆	88.6	54.2	87.5	54.1	155.7
酸乳清粉	97.1	81.7	96.9	80.9	100.0
甜乳清粉	96.8	83.4	96.6	82.3	100.0

续附表 4.5

饲料类型	比例×100（g=生长猪；s=母猪）和系数				
	MEg/DEg	NEg/MEg	MEs/DES	NEs/MEs	DEs/DEg
脱脂奶粉	94.1	73.3	93.9	73.1	100.0
全脂奶粉	96.5	78.9	96.4	79.2	100.0
全脂浓缩鱼汁	91.9	69.4	91.8	69.1	100.0
脱脂浓缩鱼汁	89.6	60.9	89.4	60.7	100.0
鱼粉，含蛋白质62%	90.5	65.0	90.3	64.8	100.0
鱼粉，含蛋白质65%	90.5	64.8	90.3	64.6	100.0
鱼粉，含蛋白质72%	90.4	64.5	90.3	64.2	100.0
肉骨粉，脂肪<7.5%	88.5	63.9	88.1	62.9	100.0
肉骨粉，脂肪>7.5%	89.5	69.0	89.5	67.7	100.0
油脂	99.4	89.7	99.3	89.8	100.0
L-赖氨酸盐酸盐	90.9	77.9	90.8	77.9	100.0
L-苏氨酸	91.6	77.7	91.5	77.8	100.0
色氨酸	94.0	77.3	93.9	77.3	100.0
DL-蛋氨酸	94.9	77.1	94.8	77.1	100.0
蛋氨酸羟基类似物 MHA	94.9	77.1	94.8	77.1	100.0